“十四五”高等学校数字媒体类专业规划教材

新时代数字媒体制作技术

江兴方◎编著

中国铁道出版社有限公司
CHINA RAILWAY PUBLISHING HOUSE CO., LTD.

内 容 简 介

本书为“十四五”高等学校数字媒体类专业规划教材之一，共分8章，主要包括数字媒体与数字媒体制作技术、文字与符号、图形与图像、动画、网站制作、智能化实验仿真系统的制作、视频编辑技术、中国大学MOOC在线课程制作技术等内容。这些内容是作者30多年来从事数字媒体教学软件开发摸索出来的独特的制作技巧与方法。本书循序渐进地描述开发数字媒体作品的制作过程，架起了创作思想与新时代数字媒体作品之间的桥梁，特别是开发智能化实验仿真系统与制作中国大学MOOC《大学物理》在线课程，突出了数字媒体作品的新奇特性。

本书适合作为高等院校数字媒体技术及相关专业的教材，也可供数字媒体产业领域中的技术人员或爱好者参考。

图书在版编目（CIP）数据

新时代数字媒体制作技术/江兴方编著.—北京：中国铁道出版社有限公司, 2024.8

“十四五”高等学校数字媒体类专业规划教材

ISBN 978-7-113-30424-9

Ⅰ.①新…　Ⅱ.①江…　Ⅲ.①多媒体技术-高等学校-教材　Ⅳ.①TP37

中国国家版本馆CIP数据核字（2023）第138760号

书　　名：新时代数字媒体制作技术
作　　者：江兴方

策　　划：汪　敏　　　　编辑部电话：（010）83517321
责任编辑：汪　敏　包　宁
封面设计：郑春鹏
责任校对：刘　畅
责任印制：樊启鹏

出版发行：中国铁道出版社有限公司（100054，北京市西城区右安门西街8号）
网　　址：https://www.tdpress.com/51eds/
印　　刷：三河市国英印务有限公司
版　　次：2024年8月第1版　2024年8月第1次印刷
开　　本：850 mm×1 168 mm 1/16　印张：12　字数：284千
书　　号：ISBN 978-7-113-30424-9
定　　价：38.00元

前言

本书积极贯彻落实党的二十大和全国高校思想政治工作会议精神，以习近平新时代中国特色社会主义思想为指导，落实立德树人根本任务，将党的二十大精神的课程思政元素有机融入作品的制作过程中，引导学生树立远大理想，培养强烈的爱国主义使命感与责任心、严谨的工作态度、精益求精的工匠精神和创新性思维能力。

本书分为数字媒体与数字媒体制作技术、文字与符号、图形与图像、动画、网站制作、智能化实验仿真系统的制作、视频编辑技术、中国大学 MOOC 在线课程制作技术共 8 章，采用通俗易懂的方式，通过开发智能化实验仿真系统与制作中国大学 MOOC 双语课程，详尽地介绍了适合当前 64 位计算机数字媒体作品制作的过程，架起了创作思想与数字媒体作品之间的桥梁。每章包括讨论与思考、习题等栏目，启发引导学习者边学边做。

在制作作品的过程中，得到赵以钢老师、严妍博士以及张磊、阮志强、孔文涛、李璐瑶、俞佳雯、王佳佳同学的支持，在制作中国大学 MOOC“大学物理”、“多媒体制作技术”两门课程中，笔者的孟加拉国留学生 Lohani、Monir 校订了全部录像中的英文字幕，张钢教授、郭小建副教授认真审读并修改了书中的不足之处，在此表示衷心的感谢；本书得到全国高等院校计算机基础教育研究会教学研究课题立项（2018-AFCEC-055）、浙江广厦建设职业技术大学 2024 年度专著项目（2024ZZ002）资助。

在开发新时代数字媒体作品过程中，笔者走过很多弯路，所取得的制作技术也不一定是最佳路径。所幸的是，《新时代数字媒体制作技术》提供了笔者 30 多年来从 CAI 到网络课堂、从基于 CD-ROM 到在线课程，涵盖文本、图像、动画、声音、视频等数字媒体元素的真实的制作技巧与方法。读者也可以根据自己的特点，创作出具有自己特色的作品。如果在制作过程中有新的体会或者想法，欢迎与笔者联系，笔者的 QQ 号是 2394586357。尽管目前计算机硬件得到了较大提升，但是软件部分还需要不断地开发，希望读者们不断努力，续写数字媒体制作技术新篇章。

江兴方

于白云东苑

2024 年 4 月 18 日

目录

第1章 数字媒体与数字媒体制作技术

21世纪，人类进入了数字时代。数字媒体技术迅猛发展，特别是处理文本、图形、图像、声音与影像的软件系统，从使用32位操作系统到使用64位操作系统的计算机，软硬件均提升了一个台阶，因此，相应的数字媒体制作技术也应当具有新时代的特征，特别是进入21世纪20年代，新时代数字媒体得以广泛应用，人们学习新时代数字媒体技术显得十分重要。一方面，过去制作多媒体作品得心应手的专家也需要适应新时代数字媒体制作的要求，与时俱进；另一方面，从零开始的初学者，需要从基本制作原理、基本制作方法、基本制作技巧入手，循序渐进、一步一个脚印地学习和掌握新时代数字媒体制作技术，以制作自己满意的作品。

1.1 媒体

媒体（medium）按《辞海》中的解释为“媒介”，指的是双方发生关系的人或事物。大众传播媒介，包括报纸、杂志、广播、电视、电影、书籍、网络终端等，其中广播、电视、电影称为电子传播媒体，而网络终端是基于互联网信息传输的，包括手机、iPad、LED广告屏幕等。1957年，国际电报电话咨询委员会（International Telegraph and Telephone Consultative Committee, CCITT），将媒体分为五类，即感觉媒体、表示媒体、显示媒体、存储媒体和传输媒体。能直接作用于人的感觉器官，使人产生直接感觉的媒体，称为感觉媒体，如表现为视觉、听觉、触觉的文字、图形、图像、声音、动画、视频等；人为地研究出来的能有效地存储感觉媒体或将感觉媒体从一个地方传送到另一个地方的媒体，称为表示媒体，如ASCII编码、图像编码、声音编码、视频信号等；用于通信中使电信号和感觉媒体之间产生转换的媒体，称为显示媒体，如获取信息并表现文字、图形、图像、声音、视频等信息的物理设备，如显示器、打印机、扬声器、键盘、数码照相机、摄像机等；用于存放某种媒体的介质称为存储媒体，如磁盘、硬盘、光盘、U盘；用于传输某些媒体的称为传输媒体，如光缆、电缆、微波和红外无线链路及其交换设备等。

1.2 数字媒体

数字媒体是指以二进制数形式0或者1比特（bit）记录、处理、传播、获取过程的信息载体，这些信息载体包括数字化的文字、图形、图像、声音、视频影像和动画等感觉媒体，表示这些感觉媒体的表示媒体（编码）等逻辑媒体，以及存储、传输、显示逻辑媒体的实物媒体，这些通过计算机存储、处理、传播的信息媒体就是数字媒体（digital media）。《2005 中国数字媒体技术发展白皮书》中对数字媒体的定义是，将数字化内容的作品，以现代网络为主要传播载体，通过完善的服务体系，分发到终端和用户进行消费的重要桥梁。

当前数字媒体已渗透到每个人的生活中，从学习强国到中国大学 MOOC，从 QQ 群转发的祝福、新闻、风景名胜的介绍，到微信群各种有趣的短视频，无论是文字、图片、语音、音乐，还是动画、视频，时常影响着人们，不仅带给大家精神食粮，而且丰富了人们的业余生活，大大开阔了眼界，增长了知识。

数字媒体具有互动性、直观性、实时性。

第一，互动性。涉及知识性信息，如中国大学 MOOC、视频会议、网上授课，都可以一边学习知识、了解信息，一边参与互动、发言、讨论。

第二，直观性。一方面所有人每天都能通过手机等终端了解更多图文并茂的信息，开拓知识面，丰富业余生活；另一方面有一批人开发适合于不同年龄、不同层次的数字媒体形式，不断地通过互联网发布和传播。

第三，实时性。涉及广告、电子商务，这些数字媒体常在车载广告、LED 广告、手机、计算机弹出屏幕上呈现，以促进商务活动。

随着数字媒体普及，大众对数字媒体形式也提出了更高的要求，因此数字媒体正在向与虚拟现实、媒体艺术、人工智能相关的方向，以及数字媒体互动技术方向迈进。

1.3 数字媒体技术

随着智能手机、虚拟现实眼镜、语音输入识别、人脸识别、无人驾驶技术产品的不断涌现，数字媒体以全新的形式推动数字存储技术、网络技术、智能计算技术、先进光电技术向纵深发展，为人类记忆历史、传承知识、创造文明成果提供强有力的工具和手段。

媒体技术就是将成熟的多媒体技术应用于新颖信息载体，通过网络在手机、iPad、LED 广告屏幕上进行显示，让用户方便地观看、浏览和使用数字化产品。用户可以选择所需要的信息。数字媒体技术是信息与通信工程专业术语，其中的概念和分析方法广泛应用于通信与信息系统、信号与信息处理、电子与通信工程等信息技术领域。

数字媒体技术继承了多媒体技术中的数字技术，借助于互联网与数字媒体终端这一翅膀在新时代天空中翱翔。伴随着数字媒体技术的发展，虚拟现实技术、数字媒体艺术、人工智能、数字媒体互动技术蓬勃发展，因此它们之间的关系是既有区别，又相互促进，共同发展。

1.3.1 数字媒体技术与虚拟现实技术

虚拟现实（virtual reality，VR）起源于 20 世纪 50 年代，随着计算机图形技术、计算机仿真技术、人工智能、传感器技术、显示技术、网络并行处理技术的迅猛发展，作为计算机辅助生成的技术模拟系统，具有沉浸性（immersion）、交互性（interactivity）、构想性（imagination），神秘的 VR 眼镜如图 1-1 所示，其视角可达 110°，具有 2 160 × 1 200 像素的分辨率，屏幕刷新率为 90 Hz，双 OLED，其响应时间短，低余辉。

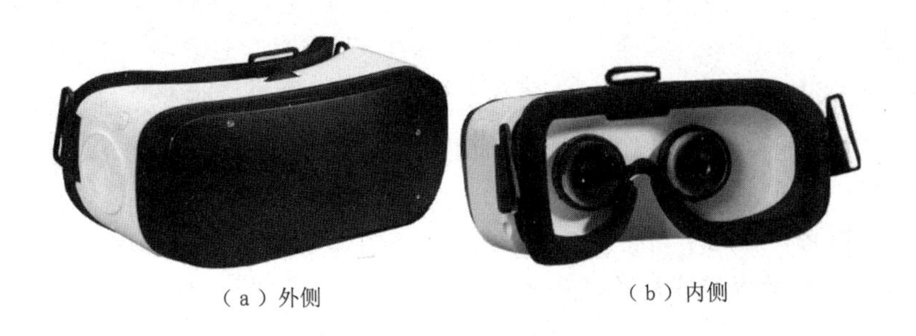

（a）外侧　　（b）内侧

图 1-1　神秘的 VR 眼镜

数字媒体技术与虚拟现实技术相辅相成，数字媒体技术融合了媒体技术、数字技术、艺术，因此具有集成性和趣味性。VR 是一种通过佩戴 VR 头盔、VR 眼镜，手持操作手柄，使人以沉浸方式进入并体验人为创设的虚拟世界的计算机仿真技术。美国学者 Nicholas Negroponte（音译尼古拉·尼葛洛庞帝）对虚拟现实的构想是，“通过让眼睛接收到在真实情境中才能被接收到的信息，产生‘身临其境’的感觉，更重要的一点是，你所看到的形象会随着你视点的变化而即时变化，能增强现场的动感”。

2016 年称为 VR 元年，以计算机技术为核心的 VR 集成了计算机技术、多媒体技术、人工智能、人机交互理论、传感器技术、人体行为学、人体工程学、心理学等各项关键性技术，从人的视觉、听觉、触觉、味觉、嗅觉等感官系统来模拟三维空间的技术，在游戏、社交、制造、营销、教育等领域越来越体现出其价值所在。5G 的出现有利于 VR 朝着规模化的方向发展；5G 的商用，特别是 5G 的大宽带、高传输速率，有利于 8K 以上超高清内容的实时传输和播放，解决 VR 画面清晰度欠佳的问题。5G 网络延迟时间小于 10 ms，可以解决因延时导致用户眩晕的问题，同时也有利于实现语音识别、视线跟踪、手势感应等功能。

1.VR 游戏

传统意义上的“电子游戏”是一种基于终端的交互式娱乐形式，具有参与性、互动性、娱乐性。VR 严肃游戏则不是以娱乐为主要目的，是现实中某些场景、情境、任务等以仿真度极高的标准再现的形式，让用户通过获取某些在现实中有用的知识与技能，在本质上来说可用于学习医学（如心电图、X 光片、CT 诊断、核磁共振）、历史（如历史故事），了解太空（再现 930 亿光年空间、展示星云星团）、设计工程、欣赏音乐等基础学科相关的知识。在 VR 幼儿游戏中，让幼儿佩戴 VR 眼镜，了解各国美丽风景，扩大知识面和兴趣范围。VR 海洋游戏，是通过 VR 手柄进行交互，根据收集的鱼类信息，回收污染物获得积分值，从而了解海洋知识，提高动手能力，达到保护海洋的目的。

2. 在线会议

使用广泛的腾讯会议拉近了人与人之间的距离，通过网络可以聆听会友的声音（相当于电话的作用），看到会友的视频（相当于电视的作用），实时地进行情感交流（相当于会议室开会）。

3. 虚拟演示

通过头戴装置，手持操作手柄，在头戴装置中有定时器、眼镜，可以看到预设的水泵水轮机中流水的状态，尤其是以各种色彩展示平时无法看到的水流流动速度的大小与方向。

4.VR 作品

利用虚拟现实正在还原即将消失的行为文化形式，以视觉、听觉、触觉等感知方式，还原古镇文化、历史遗存，并由此作为旅游文化内涵。

5.VR 教育

利用 VR 将原来枯燥的学习带入轻松有趣的氛围中，实现“在玩中学，在做中学”，寓教于乐，快乐学习。VR 教育游戏是通过头盔、手柄等装备，采集学习者的行为数据，并通过视觉、听觉、触觉等多种感官交互，形成学习者和 VR 教育游戏之间的信息传递，促进学习者互动能力的发展，进而帮助学习者实现有意义的知识构建，掌握并应用所学到的知识。

1.3.2 数字媒体技术与数字媒体艺术

数字媒体技术与数字媒体艺术既有联系又有区别，两学科之间相互促进，又朝着不同的方向发展。

数字媒体技术的核心是编程和研发艺术所依靠的研发平台，主要侧重于数字编程、软件应用开发方面。数字媒体技术涉及素描、数字色彩、设计概论、形态构成、摄影摄像、多媒体技术基础、计算机图像处理、数字图形设计、计算机二维动画制作、计算机三维动画制作、影视基础、影视后期制作、网页设计与制作、标志设计与企业形象、计算机辅助设计与 CAD、广告策划、展示设计及其相应的编程知识课程。数字媒体技术属于工科门类，是与计算机科学与技术、软件工程、网络工程、信息安全、物联网工程、智能科学与技术、空间信息与数字技术、电子与计算机工程、数据科学与大数据技术、网络空间安全、新媒体技术、电影制作、保密技术、服务科学与工程、虚拟现实技术、区块链工程等并列的计算机类专业。

数字媒体艺术是在研发艺术的平台上，使表现的内容变得更舒服、更通俗，是让研发艺术平台变得更美观、更神奇，相比于数字媒体技术，更侧重于艺术，包括美术功底、审美能力、艺术创新能力。数字媒体艺术涉及数字信号处理、微机原理与接口技术、计算机网络、数字图形处理、网页设计、多媒体信息处理与传输、流媒体技术、动画原理与网络游戏设计、影视技术基础、摄影摄像、视频特技与非线性编辑、虚拟现实、影视艺术导论、艺术设计概念、设计美学、画面构图、数字媒体新技术与艺术欣赏等基础课程。数字媒体艺术属于艺术门类，是与艺术设计学、视觉传达设计、环境设计、产品设计、服装设计、公开艺术、工艺美术、艺术与科技、陶瓷艺术设计、新媒体艺术、包装设计等专业并列的设计类专业，具有跨自然科学、社会科学、人文科学特征，体现科学、艺术、人文的理念，以数字科技为基础，立足于传媒行业，遍及艺术作品创作和数字产品的艺术设计的应用领域。

1.3.3 数字媒体技术与人工智能技术

人工智能是人为制造的一些智能机器，能按不同条件自动地为人们服务，它是科学地研究、开发并用于模拟、延伸和扩展人的智能的理论、方法、技术。人类智能包括解题、下棋、猜谜、讨论问题、编制计划、编制程序、驾车等，是人类在改造客观世界活动中结合思维过程的脑力劳动。人工智能综合计算机、控制论、信息论、数学、心理学、哲学、语言学等交叉性边缘科学，是对人脑的模拟，是现代计算机技术智能化发展的产物，其特征是，记忆、分析、计算、比较、判断、推理、联想、决策，具有较强的学习能力和自适应能力，通过程序训练，模拟人类的行为思考能力。

由于人工智能的兴起与发展，人们对数字媒体需要有新的认识，在数字媒体技术中包含着大量的人工智能应用课题。人工智能技术是计算机技术高度发展的产物，可以充分模拟人脑的运动过程，实现技术的智能化。人工智能的应用不仅有效降低了人们在生产过程中的劳动工作量，而且能有效减少作业中的失误和差错，更有意义的是，人工智能机器系统具有人类的思考能力，能进行有效的创作。

1.4 数字媒体制作技术

从数字媒体的制作角度来看，数字媒体制作技术第一方面包括场景设计、程序设计、媒体后台处理；第二方面涉及媒体元素的数字化表达、存储与传输。具体地说，数字媒体制作技术包括文字、图形、图像、音频、动画、视频等信息媒体的数字化表达，以及这些媒体或者媒体集成的作品的存储与传输。其中视频的数字化制作，涉及影视后期基础知识、视频剪辑、视频特效、字幕设计与制作、音视频合成技术、视频输出等方面。

数字媒体制作技术包括数字媒体互动技术的制作。数字媒体互动技术从以文本、图形、图像、语音、音乐、动画、视频为主，结合基于头盔等装备的 VR 技术的多媒体展示，还包括基于终端，如智能手机、触摸屏等进行问卷答题统计、网络商务活动、知识学习活动。多媒体展厅如图 1-2 所示。图 1-3 所示为 VR 展厅一角。

图 1-2　多媒体展厅

图 1-3　VR 展厅一角

数字媒体互动技术可以应用于科普场馆以及配合实物陈列的博物馆等，采用声、光、电以及新颖的互动技术，像声音控制、语音识别启动、手势启动等，从而更具奇异的科学性、参与的互动性、动作的趣味性。参观者可以用指点、手划、语音、手势等形式触发，获得视觉、听觉、触觉沉浸式全景体验。

区别于传统单视角观众作为旁观者，而数字媒体互动技术可以让观众根据自己的喜好，自主地选择影视作品中的人物视角，从其他视角来欣赏影视作品，既身临其境，又能深层次地感受体会影视作品所提供的信息；区别于传统影视作品中观众只能按照作品已经设定好的时间顺序，探索影视作品所传递的思想，数字媒体互动技术可以让观众选择叙事主线，自主地摸索影视作品的结局。

1.5 从 32 位到 64 位计算机带来的机遇与挑战

1946 年 ENIAC 计算机问世，当时的计算机重达 30 t，每小时的功耗为 150 kW · h，每秒执行 5 000 次加法。而今计算机不断朝着运算速率快、体积小、质量小等方向发展。其特征就是中央处理单元 CPU 处理能力不断加速，最初的计算机 CPU 是从 1 位开始做起的，1 个字节为 8 位，即 1 Byte=8 bit。ASCII 编码（美国信息交换标准码，American Standard Code for Information Interchange）通过 8 位编码最多可以获取 128 个信息符号，囊括了数字、英文字母及一些特殊符号等。

1.5.1 微处理器研究成就

1971 年特德 · 霍夫（Ted Hoff, 1937— ）与他的同事完成了第一个可使用的微处理器 4004，其中第一个 4 是客户定制的产品编号，最后一个 4 是第 4 个芯片，在该芯片上集成了 2000 多个晶体管，处理能力相当于世界上第一台计算机 ENIAC。

1972 年，特德 · 霍夫与佛德利克 · 费金（Federico Faggin）成功研制出 8 位微处理器 8008 芯片，在 13.8 mm^2 的芯片上能执行 45 种指令的 CPU。

1973 年 8 月，特德 · 霍夫等人把新型的金属氧化物半导体电路（MOS）应用于 Intel 8080 芯片上，成为第二代微处理器。

1978 年推出的 Intel 8086 芯片拥有 16 根数据线和 20 根地址线，有四个 16 位通用寄存器，时钟频率 4.77~10 MHz，芯片上有 4 万个晶体管。

1979 年 8 月，日本推出第一台键盘一体化计算机 PC8001，具有 8 位 CPU 处理器，整个主机仅仅手掌那么大，如图 1-4 所示，内部空间非常小，只集成了显示接口、RS-232 串口、打印机接口和 CMT 磁带机接口，PC 作为个人计算机首次亮相。

（a）键盘一体化计算机PC8001

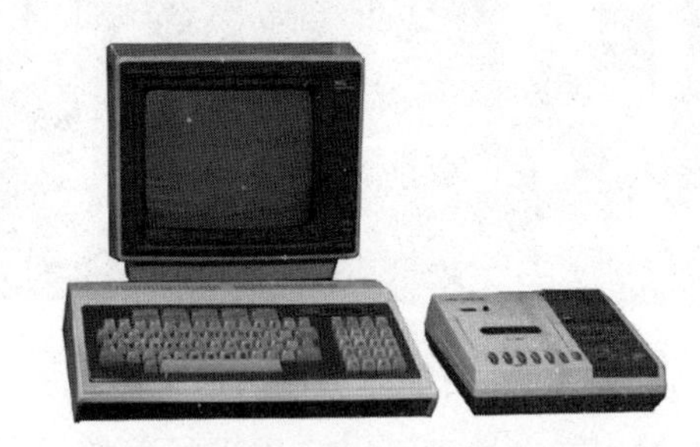

（b）带显示器与插卡机的PC8001

图 1-4 PC8001

1982 年 Intel 80286 16 位个人计算机推出，16 位微处理器，一次能处理 2 个字节，其数据总线宽度为 16 位，在集成度、处理速度、数据总线、内部结构等方面达到了中档小型机的水平，其代表 IBM PC/XT 机型在相当一段时间内是主流机型，其拥有量当时是世界第一位。

1985 年 Intel 80386 32 位处理器诞生，频率为 16 MHz，拥有 27.5 万个晶体管，制造技术 1.5 μm，32 位微处理器一次能处理 4 个字节，大部分应用软件是在 32 位操作系统构架下开发的。1989 年推出 Intel 80486 32 位个人计算机，频率为 25 MHz，拥有 120 万个晶体管，制造技术 1 μm；1994 年 3 月 10 日诞生了 Intel Pentium 处理器，频率为 66 MHz，拥有 310 万个晶体管，制造技术 0.8 μm；1997 年推出了 Intel Pentium Ⅱ处理器，频率为 300 MHz，拥有 750 万个晶体管，制造技术 0.25 μm；1999 年推出了 Intel Pentium Ⅲ处理器，频率为 500 MHz，拥有 950 万个晶体管，制造技术 0.18 μm；2000 年推出了 Intel Pentium 4 处理器，频率为 1.5 GHz，拥有 4 200 万个晶体管，制造技术 0.18 μm；2012 年发布了 Intel 三代酷睿 i7 处理器，制造技术 22 nm，开启了微电子新时代。

2001 年 5 月 Intel 和 HP 公司推出 Itanium 微处理器 Intel Architecture 64（IA-64）。

2003 年 4 月 AMD（Advanced Micro Devices，超微半导体公司）推出 64 位 X86 构架下的 Opteron 微处理器，64 位计算机逐渐被大众接受使用。

64 位操作系统是专门为了满足机械设计与分析、三维动画、视频编辑与创作、高性能科学计算需要大量内存的浮点性能的客户需求而设计的；64 位操作系统只能安装在 64 位计算机上，如果 32 位操作系统安装在 64 位计算机上，其效能降低；64 位计算机采用 64 位操作系统，一次提取 8 个字节的数据；寻址能力强，如 Windows Vista X64 Edition 支持多达 128 GB 的内存和 16 TB 的虚拟内存。

2005 年 Intel 推出第六代微处理器酷睿 Core。

2008 年中国龙芯 2 号，推向市场。

2011 年中国龙芯 1B、3B、2H 发布。

2012 年 Intel 推出三代酷睿 i7 处理器，制作工艺 22 nm。

2015 年 Intel 发布 14 nm 的处理器。

2019 年中国推出龙芯 3A 4000 和 FT2000/4。

2019 年 Intel 推出 Core i9-9900K 处理器；AMD 推出 Ryzen 3000 系列微处理器 AMD Ryzen 9 3900X，在 90.3 mm^2 的芯片上拥有 1.516×10^8 个晶体管，运算速度达到 21.6 亿次运算 /s。

2020 年 Intel 推出第十代微处理器。

2023 年 Intel 推出第十三代处理器。

但是，由于开发 64 位操作系统的成本高，其应用软件远不如 32 位操作系统下的应用软件，例如公式编辑器，Microsoft Equation 3.0 是非常成熟的公式编辑器，很多公司构想开发适合于 64 位计算机的公式编辑器，常常出现不理想的情况，例如，有的制作公式编辑器其减号“-”需要用中文状态下进行编辑；有的公式编辑器双击后出现乱码；有的公式编辑器制作后立即变成图片，无法修改；有的公式编辑器默认底与同行文字对齐，每次需要降低若干磅，不会自动地上下居中；有的公式编辑器所有的符号全部是斜体，制作的公式不符合出版标准。因此在 64 位计算机 Microsoft Office Word 系统中必须带有 Microsoft Equation 3.0；再像 64 位计算机 Microsoft Office PowerPoint 系统中，矢量图着色工具远不尽如人意，也没有附带 32 位操作系统中的矢量图着色工具；另外，32 位计算机中开发的一些多媒体作品，也无法在 64 位计算机中使用，例如 Multimedia ToolBook，而且还没有适合开发相应作品的软件，这样就构成了从 32 位计算机向 64 位计算机数字媒体应用技术的挑战。

1.5.2 国外计算机研究成就

1946年2月14日，美国宾夕法尼亚大学的莫克利（John W. Mauchly）和艾克特（J. Presper Eckert）制造了世界上第一台电子数字计算机ENIAC（见图1-5），这台计算机长30.48 m，宽1 m，有30个操作台，拥有17 468个电子三极管、7 200个真空管二极管、1 500个水晶二极管、70 000个电阻，10 000个电容器、1 500个继电器、6 000多个开关、重达30 t，最终花了48万美元，功率为150 kW，每秒执行5 000次加法或400次乘法运算，运算速度相当于手工计算的20万倍。

图1-5 第一台计算机ENIAC局部

1954年，美国贝尔实验室Jean Howard Felker研制成功第一台晶体管计算机TRADIC，如图1-6所示，装有800个晶体管。其计算机的体积缩小为衣橱那么大。晶体管计算机局部，如图1-7所示。

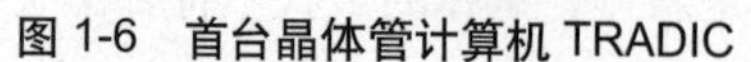

图1-6 首台晶体管计算机TRADIC

图1-7 晶体管计算机局部图

1958年，美国《连线》杂志报道了得州仪器公司的工程师Jack Kilby发明了安装有3个元件的全球第一块集成电路板。集成电路就是制作在晶片上的完整的电子电路，这一晶片比手指甲还小，却包含了几千个晶体管元件。由于集成电路体积小、质量小、寿命长、可靠性好，从此集成电路引入计算机，而且集成电路的集成程度每3~4年提高1个数量级。以集成电路为特征的第三代计算机，相比电子管计算机和晶体管计算机，体积更小、价格更低、可靠性更高、运算速度更快。

1976 年 4 月 1 日，斯蒂夫·盖瑞·沃兹尼亚克（Stephen Gary Wozniak）和史蒂夫·乔布斯（Steve Jobs）共同创立苹果公司，并推出了自己的第一款计算机 Apple-I，1977 年苹果公司推出了 Apple-II 型计算机，如图 1-8 所示，个人计算机（PC）从此诞生。

图 1-8 Apple-II

大规模集成电路技术就是可以在一个芯片上容纳几百个元件。到了 20 世纪 80 年代，超大规模集成电路（very large scale integration，VLSI）技术，在芯片上可以容纳几十万个元件。1981 年 8 月 12 日，IBM 公司的唐·埃斯特奇（D. Estridge）领导的开发团队研发了 IBM-PC，如图 1-9 所示。

甚大规模集成电路技术可以将一个芯片上容纳元件的数量扩充到数百万个。在硬币大小的芯片上，能容纳如此多个元件使计算机的体积和价格不断下降，而功能和可靠性也不断增强。计算机逐渐进入多媒体计算机时代。一体机如图 1-10 所示。

图 1-9 IBM-PC

图 1-10 一体机

2005 年 IBM 公司推出的 Blue Gene/L 单机组合了 3.3 万个处理器，运算速度 0.72 万亿次 /s，组合后的计算机有 13 万个处理器，相当于 360 万亿次 /s 的运算速度，交付给美国劳伦斯利弗莫尔国家实验室使用。

2013 年 IBM 公司推出“走鹃”计算机，运算速度达到 1 000 万亿次 /s 的运算速度。

1.5.3 中国计算机研究成就

中国第一代计算机是我国科学家通过学习苏联的技术，中国计算机技术奠基人华罗庚教授、钱三强教授，在 1958 年中科院计算所研制的 103 型电子管计算机，如图 1-11 所示，其运行速度为 1 500 次 /s，仅比美国晚了 12 年。1959 年，中国成功研制了第一台大型数字电子计算机 104 型机，运算速度为 1 万次 /s；1960 年，中国成功研制第一台大型通用电子计算机，107 型通用电子数字计算机。1964 年，中科院计算技术研究所自行设计的 119 型机，如图 1-12 所示，运算速度达到 5 万次 /s，也是当时世界上运算最快的电子管计算机。

图 1-11 103 型电子管计算机

图 1-12　119 型计算机

中国第二代计算机是 1964 年 10 月哈尔滨军事工程学院（国防科技大学的前身）成功研发的 441-B 型全晶体管计算机，如图 1-13 所示。

图 1-13　441-B 型全晶体管计算机

中国第三代计算机包括 1970 年中科院计算所研制的小规模集成电路通用数字电子计算机 111 型机，如图 1-14 所示；1973 年 8 月 26 日北京大学、北京有线电厂和燃化部等单位联合研制成功运算速度 100 万次 /s 的 150 型机，如图 1-15 所示；1976 年中国科学院计算所成功研制的 1 000 万次 /s 的大型电子计算机 013 型机，如图 1-16 所示。

图 1-14　111 型计算机

图 1-15　中国首台运算速度每秒百万次电子计算机

图 1-16　运算速度为 1 000 万次 /s 的 013 型机

中国第四代计算机包括 1977 年航天部陕西骊山微电子公司，采用大规模集成电路的 16 位微型计算机 -77 型机；1983 年 12 月，运算速度为 1 亿次 /s 的“银河 I 号”巨型计算机，如图 1-17 所示；1993 年 5 月，运算速度为 6.4 亿次 /s 的“曙光一号”计算机，运算速度达到当时世界先进水平；2009 年 6 月 15 日，曙光公司开发的“曙光 5000A”，运算速度超百万亿次 /s，入驻上海超算中心并正式开通启用，如图 1-18 所示。

图 1-17　银河 I 号装配中

图 1-18　曙光 5000A

联想公司邀请当时中科院研究员倪光南加盟，应用“LX-80 联想式汉字系统”技术（俗称汉卡，又称软字库），第一次使计算机可以识别和输入汉字。联想 586 计算机如图 1-19 所示，联想一体式液晶显示器计算机如图 1-20 所示。

图 1-19　586 计算机

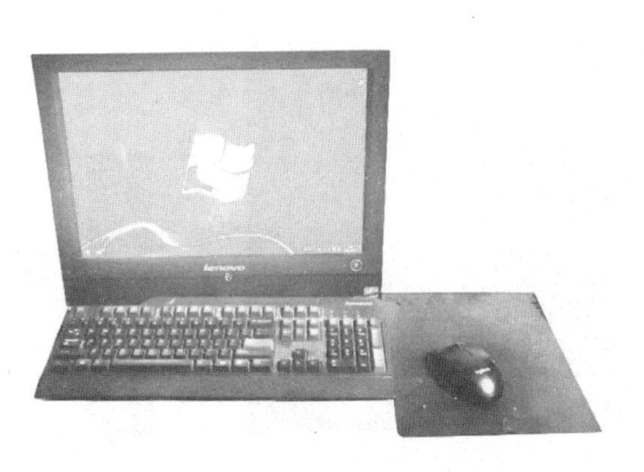

图 1-20　一体式液晶显示器计算机

2018 年 6 月，我国的神威·太湖之光，最高运算速度达到 12.5 亿亿次 /s，持续运算速度 9.3 亿亿次 /s，如图 1-21 所示。

图 1-21　神威 · 太湖之光

1.5.4　存储介质的演化

计算机除了主板、显卡、音频卡、视频卡、输入 / 输出设备以外，还有存储介质，所述的存储介质分内存和外存，其中外存从早期的五英寸磁盘、三英寸磁盘发展到光盘、U 盘、移动硬盘。五英寸磁盘如图 1-22 所示，单面存储 360 KB，双面存储 720 KB，双密度存储 1.2 MB；三英寸磁盘，在计算机中称为 A 盘，用“a:”表示，如图 1-23 所示；光盘（compact disk）包括 CD-ROM（compact disk read only memory，如图 1-24 所示）、CD-R（compact disk recordable）、CD-RW（compact disk rewritable），相应的光驱分别如图 1-25 至图 1-27 所示；U 盘是基于 USB 接口无须电源的即插即用存储介质，早期 U 盘的容量为 16 MB（见图 1-28），相当于 22 张双面存储 720 KB 的五英寸磁盘的容量，现在常见的 U 盘容量为 64 GB（见图 1-29），相当于 16 MB 的 U 盘 4 000 倍以上；常见的移动硬盘，其容量为 2 TB，如图 1-30 所示，容量相当于 64 GB 的 U 盘 31.25 倍，也是采用 USB 接口。

图 1-22　5 英寸磁盘

图 1-23　3.5 英寸软盘

图 1-24　光盘

图 1-25　CD-ROM 光驱

图 1-26　CD-R 光驱

图 1-27　CD-RW 光驱

图 1-28　早期 16 MB 的 U 盘

图 1-29　29 GB 的 U 盘

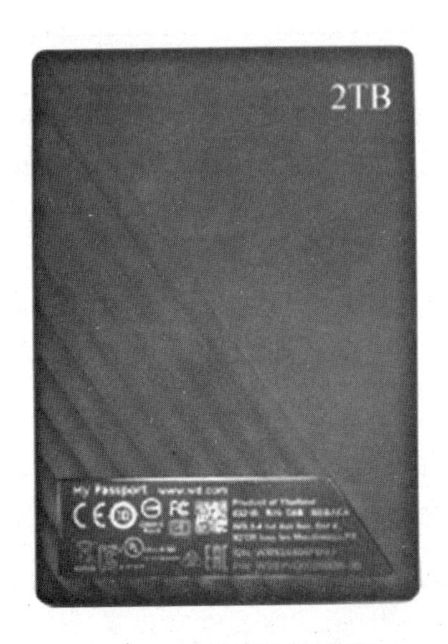

图 1-30　2 TB 的移动硬盘

讨论与思考

1. 数字媒体与多媒体在说法上有何联系，有何区别？

2. 从高等学校本科专业目录上看数字媒体技术与数字媒体艺术之间的联系与区别是什么？

3. 从学科分类与代码角度来看，数字媒体制作技术接近于哪个代码？

习　题

一、填空题

1. 根据国际电报电话咨询委员会的定义，媒体可分为五大类，它们是__________、__________、__________、__________、__________。多媒体的概念包括两个方面，其一是____________________，其二是____________________。

2. 试述 1957 年 CCITT 将媒体分为五类：

（1）感觉媒体指的是__________。

（2）表示媒体指的是__________。

（3）显示媒体指的是__________。

（4）存储媒体指的是__________。

（5）传输媒体指的是__________。

3. 超文本的概念最初是 60 年代由美籍丹麦学者__________提出来的，它是由若干个节点及节点间的链路构成的语义网络，其非线性结构类似于人类的联想记忆结构，从而使信息节点按“联想”关系加以组织，作为一种新颖的数据管理技术，超文本提供了一种与传统数据库不同的沿链访问数据的新方法。

4. __________又称人机对话，表现在计算机对用户的操作作出反应。

5. 媒体存储介质有______________________________。

6. 1946 年 2 月 14 日，美国宾夕法尼亚大学的__________教授和__________博士，制造了世界上第一台电子数字计算机 ENIAC 电子管计算机，长 30.48 m，宽 1 m，有 30 个操作台，拥有 17 468 个电子三极管、7 200 个真空管二极管、1 500 个水晶二极管、70 000 个电阻，10 000 个电容器、1 500 个继电器、6 000 多个开关、重达 30 t，功耗为 150 kW · h，最终花了军方 48 万美元。1954 年，美国贝尔实验室__________研制成功第一台 TRADIC 晶体管计算机装有 800 个晶体管。1958 年，美国《连线》杂志报道了得州仪器公司的工程师__________（与__________分享发明集成电路专利）发明了安装有 3 个元件的全球第一块集成电路板。形成以集成电路为特征的第三代计算机。中国第四代计算机包括 1977 年航天部陕西骊山微电子公司，采用__________的 16 位微型计算机 -77 型机；1983 年 12 月，运算速度为 1 亿次 /s 的“银河 I 号”巨型计算机，等等。

7. CD-ROM 指的是__________，英文名为__________；DVD 指的是__________，英文名为__________。

二、问答题

1. 什么是数字媒体？什么是数字媒体技术？什么是数字媒体制作技术？

2. 为什么说数字媒体与超文本、交互性是分不开的？举例说明。

3. 媒体存储介质有哪些，具体名称、特点与应用你了解多少？

4. 写出从电子管计算机到超大规模集成电路计算机几个阶段中重要的代表人物与计算机型号。

5. 从电子管计算机到超大规模集成电路计算机在国外、国内主要有哪些代表机型？说说其特征。

6. 简述基于 CD-ROM 的多媒体软件与基于网络的多媒体软件的相同点和不同点。

（1）相同点：

（2）不同点：

7. 简述二进制与九龙环的关系。

第2章 文字与符号

新时代数字媒体制作技术顺应时代的发展潮流和需求，突出了作品设计的思想性、软件制作的规范性、作品浏览的方便性等，有利于学习者少走弯路。

64 位 CPU 的计算机，可以安装 64 位操作系统和 32 位操作系统。安装 64 位操作系统，可以直接运行 32 位系统的文件和 64 位软件，不会发生错误，但是不能直接使用 16 位软件，例如，在 64 位操作系统中，Photoshop 6、Visio 3.2 版本就不能使用了；相反在 32 位系统中，如果运行用于 64 位系统的文件，系统就会提示“不是有效的 Win32 应用程序”。从另一个角度来看，32 位操作系统理论上只能支持 4 GB 内存，64 位操作系统可以支持更大容量的内存。

64 位操作系统的设计目的是满足机械设计、分析，三维动画制作，视频编辑、创作，科学计算、高性能计算等领域中，需要大量内存、浮点型计算的客户需求。

64 位 CPU 通用寄存器（General-Purpose Registers，GPRs）的数据宽度为 64 位，其指令集就是运行 64 位数据的指令，即处理器一次可以运行 64 位（bit）数据，是 32 位 CPU 通用寄存器一次运行处理数据的两倍，因此 64 位的 CPU 计算机运算速度更快，处理信息的能力更强。

通俗地说，64 位 CPU 的计算机与 32 位 CPU 的计算机，它们的运算速度不同。首先了解一下 CPU 的架构技术，通常我们可以看到在计算机硬件上会有“X86”和“X64”的标识，其实这是两种不同的 CPU 硬件架构,“X86”代表 32 位操作系统,“X64”代表 64 位操作系统。那么 32 位和 64 位中的“位”又是什么意思呢？相对于 32 位技术而言, 64 位的 CPU 计算机，由于其彻底否定了 16 位系统的软件，许多熟练使用的软件需要用新的软件代替，但是开发新的软件，其稳定性远不如成熟的软件，因此完成从 32 位操作系统到 64 位操作系统，不仅是一个学习新软件的过程，更重要的是完善新软件功能的过程。

2.1 文字

文字与画同源，文字就是抽象的画。

半坡遗址发现，早在 6 000 多年前有 50 多种刻画符号；汉字发明于大汶口文化的早期，距今有 4 000 多年；汉字形成系统文字，成熟于公元前 16 世纪的商朝，甲骨文就是其中之一，随后形成古朴典雅的篆书、静中有动的隶书，以及魏碑、楷书、行楷、宋体和黑体。汉字成为世界上使用时间最久，使用人数最多的一种文字。文字流传下来，留在封存的岩壁、动物龟甲、金属构件与器皿上，更多的是留在石碑、竹简、书籍中。自从有了计算机以来，文字还可以存储在磁盘、光盘、U 盘、移动硬盘，甚至云端。

汉字的计算机输入涉及汉字信息处理系统，具体还是要从计算机汉字编码开始说起。

2.2 汉字信息处理系统

汉字信息处理系统，包括编码、输入、存储、编辑、输出、传输等环节。其中汉字编码是实现使用汉字的人使用计算机的关键一步。

1. 汉字与字符的编码

GB 2312 是由原中国标准总局 1980 年发布，1981 年 5 月 1 日实施的《信息交换用汉字编码字符集　基本集》，是一种由无重码的 4 位数字组成，前两位称为区，后两位称为位，故称区位码，在区位码状态只需要输入 4 个十进制数，0~9，即可显示相应的汉字或者字符；以 01~09 为字符区，包括拉丁字母、希腊字母、日文平假名、日文片假名、拼音、俄语西里尔字母，以及序号、数字、数学符号、特殊符号等 682 个；10~55 为一级汉字区，包括常用的 3 755 个汉字，并且按拼音字母顺序排列；56~87 为二级汉字区，包括不常用的 3 008 个汉字，并且用部首顺序排列，其特点是不含繁体字，共 7 525 个汉字和字符，没有达到 $10 \times 10 \times 10 \times 10=10\ 000$ 的上限。

GB 18030 是 2000 年发布，2001 年 8 月 31 日实施的《信息交换用汉字编码字符集基本集扩充》，兼容 GB 2312，采用 A、B、C、D、……、Z 二十六个字母与原来的 0~9 十个数字组成四位编码，收录了 27 484 个汉字与字符，涵盖中文简体和繁体、日文、韩文、中国少数民族文字，满足我国，以及日本、韩国和东南亚国家信息交换。值得注意的是，以 A、B、C、D、……、Z 二十六个字母与 0~9 十个数字组成四位编码，最多可以编码 $36 \times 36 \times 36 \times 36=1\ 679\ 616$ 个汉字与字符。

2. 五笔字型汉字输入法

区位码以其标准编码、没有重码为特色，但是要记住这么多汉字编码是不可能的事。于是出现了拼音码以及衍生码、五笔字型及其衍生码、自然码、表形码、认知码、电报码、郑码等多种汉字编码。其中拼音码以从小学习的汉语拼音为编码方式，容易学习，容易掌握。五笔字型从构字方式入手，并配有诗的口诀，朗朗上口，成为专业打字员的首选。

五笔字型，将汉字笔画区别为横、竖、撇、捺、折，分别称为一区、二区、三区、四区、五区，一区包括 GFDSA 五键，分别称为 11, 12, 13, 14, 15；二区包括 HJKLM 五键，分别称为 21, 22, 23, 24, 25；三区包括 TREWQ 五键，分别称为 31, 32, 33, 34, 35；四区包括 YUIOP 五键，分别称为 41, 42, 43, 44, 45；五区包括 NBVCX 五键，分别称为 51, 52, 53, 54, 55。其中 34 的含义中第一笔撇，第二笔捺，正好是“人”和“八”合适。

王永民先生首创五笔字型，经过几十年的深化与发展，共有五笔 86 版、五笔 98 版、五笔新世版，包括五笔字型字根助记词、拆字口诀、末笔识别码口诀、末笔口诀、字形口诀，等。特别有纪念意义的是，86 版五笔字型字根助记词，见表 2-1。

表 2-1　86 版五笔字型字根助记词

键名	键符	口诀
一区横起笔		
11	G	王旁青头(兼)五一
12	F	土士二干十寸雨
13	D	大犬三(羊)古石厂
14	S	木丁西
15	A	工戈草头右框七
二区竖起笔		
21	H	目具上止卜虎皮
22	J	日早两竖与虫依
23	K	口与川，字根稀
24	L	田甲方框四车力
25	M	山由贝，下框
三区撇起笔		
31	T	禾竹一撇双人立，反文条头共三一
32	R	白手看头三二斤
33	E	月(衫)乃用家衣底
三区撇起笔		
34	W	人和八，三四里
35	Q	金勹缺点无尾鱼，犬旁留乂一点夕，氏无七(妻)
四区点起笔		
41	Y	言文方广在四一，高头一捺谁人去
42	U	立辛两点六门病
43	I	水旁兴头小倒立
44	O	火业头，四点米
45	P	之宝盖，摘礻(示)衤(衣)
五区折起		
51	N	已半巳满不出己，左框折尸心和羽
52	B	子耳了也框向上
53	V	女刀九臼山朝西
54	C	又巴马，丢矢矣
55	X	慈母无心弓和匕，幼无力

在五笔字型编码系统中，11 键，12 键，13 键，14 键……分别对应着一级简码：一地在要工，上是中国同，和的有人我，主产不为这，民了发以经。同样 11 键，12 键，13 键，14 键……与 11 键组合，又组成了二级简码：五二三本七，睛量呈车同，生后且全钱，主闰汪业定，怀卫姨骊线……

在拆字口诀中有“人和八，三四里。”说的是“人”和“八”都是字根，在“34”位，要区分“人”和“八”，“人”为一级简码“34”，“八”编码为“34 31 41”，其意义是对于字根“八”先报户口“34”，第一笔“31”，第二笔“41”。

在拆字口诀中有“土士二干十寸雨”，说明“寸”和“雨”都是字根，先报户口“12”，第一笔“11”，第二笔“21”，最后一笔“41”。“寸”和“雨”完全相同，则需要进行选择，上面一个为“雨”，下面一个为“寸”，需要记忆一下，习惯了也可以盲打。至于“土”编码为“21 21 21 21”；“士”编码为“21 11 21 11”；“二”编码为“21 11”；“干”编码为“21 11 11 21”；“十”编码为“21 11 21”，习惯了自然而然可以盲打了。

难打的一些字，也可以记一下，例如“凹”编码是“25 25 11 13”，“凸”编码是“21 11 25”。也可以采用拼音进行辅助，一般来说，五笔字型难打的字，用拼音打字很方便就能打出来。

采用五笔字型汉字输入法输入汉字，节省了很多输入汉字的时间，而且输入的错字也容易进行校对。其特点就是需要有恒心，背熟用熟字根助记词拆字口诀，一劳永逸。

2.3 文本的编辑

文本的编辑首先设置页面的大小，Word 默认版面为竖版 A4，如果需要用 16 开版面，页面布局就需要进行修改。

1. 页面布局

执行“页面布局 / 页边距”命令，打开“页面布局”对话框，如设定上边距为 2.2 cm，下边距为 5.3 cm，左边距为 3.1 cm，右边距为 3.1 cm，选择 A4 纸；选择奇偶页不同，首页不同；设定每行 39 个字，每页 40 行，这样水平跨度为 10.5 磅，竖直跨度为 15.6 磅。

2. 符号的正体与斜体

在制作优秀的数字媒体作品时，文字与符号也是十分重要的，不注意文字与符号的规范，会让较优秀的作品打一些折扣。如图 2-1 所示，F=ma，在一维坐标系下，F 和 a 不需要写成矢量，但是 F、m、a 三个符号都是变量，应该是斜体。从物理学上讲，F 和 a 是强度量，m 是广延量，因此制作数字媒体的工作人员，还是需要具备一定的专业知识，了解文字、符号的规范，才能做好数字媒体作品。

图 2-1　字幕中的变量做成斜体更完美

在同一个 PPT 页面上，同一个符号又出现正体，又出现斜体，需要纠正。如图 2-2 所示，多次出现符号 A，在这里 A 表示点，又表示功，一般而言尽量避免此类问题，那么既然 A 表示点用斜体，就不能再出现 A 正体，B 也是如此；此页 PPT 中，Φ 表示磁通量，是变量，应当是斜体，但是还出现 6 次正体，对学习者有影响，还是规范文字与符号更好一些。

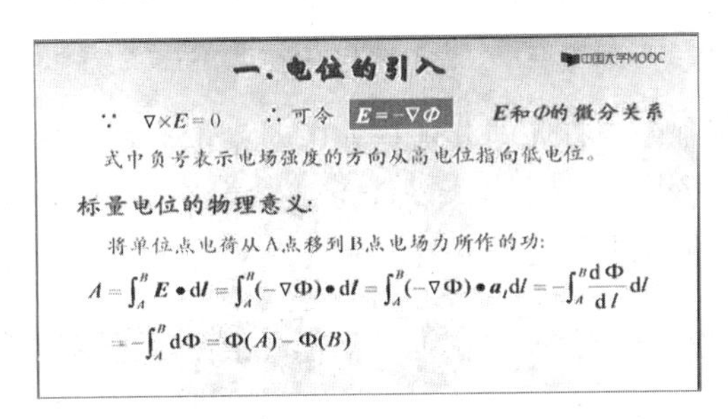

图 2-2　同一页面同一符号正斜体统一更好

3. 公式输入及其制表位的应用

在制作数字媒体作品时，符号的选取与正斜体应当规范。例如对于二维高斯分布函数，

$$f(x,y)=\frac{1}{2\pi\sigma_1\sigma_2}\mathrm{e}^{-\frac{(x-\mu_1)^2}{2\sigma_1^2}-\frac{(y-\mu_2)^2}{2\sigma_2^2}} \tag{2-1}$$

式中，σ 表示统计中的标准差；σ_1 是 x 方向的标准差；σ_2 是 y 方向的标准差；因此符号 σ 为斜体。π 是圆周率，π=3.141 59⋯，e 是自然对数底，e=2.718⋯，因此 π、e 都是世界上独一无二的，为正体。

基于“Microsoft 公式 3.0”的制作方法如下。

执行“插入/对象”命令,打开“对象”对话框,如图 2-3 所示。拖动滚动条选择“Microsoft 公式 3.0”选项，如图 2-4 所示，单击“确定”按钮。

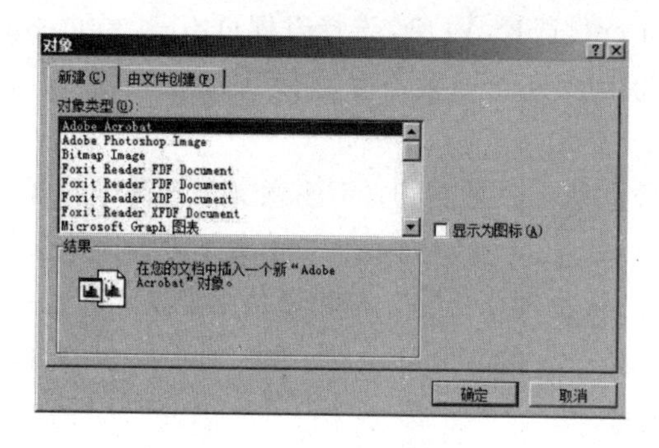

图 2-3 “对象”对话框

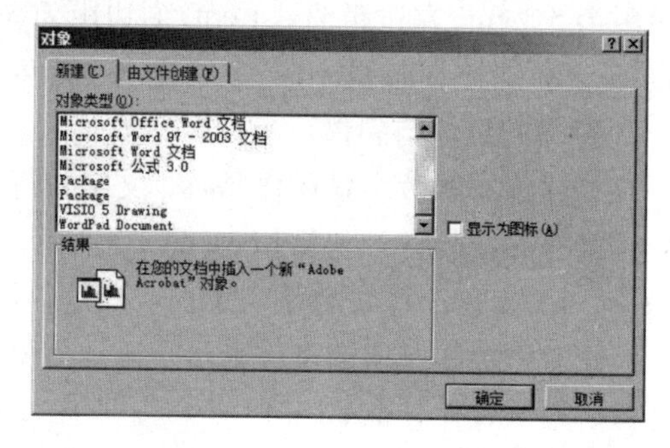

图 2-4 选择“Microsoft 公式 3.0”选项

执行“样式/其他”命令，打开“其他样式”对话框，如图 2-5 所示。拖动滚动条选择 Symbol 字体，单击“确定”按钮即可，如图 2-6 所示，凡是希腊符号正体全部采用这种方式制作。如果对于磁通量 Φ 进行制作，则选择 Symbol 和“倾斜 (I)”，如图 2-7 所示。

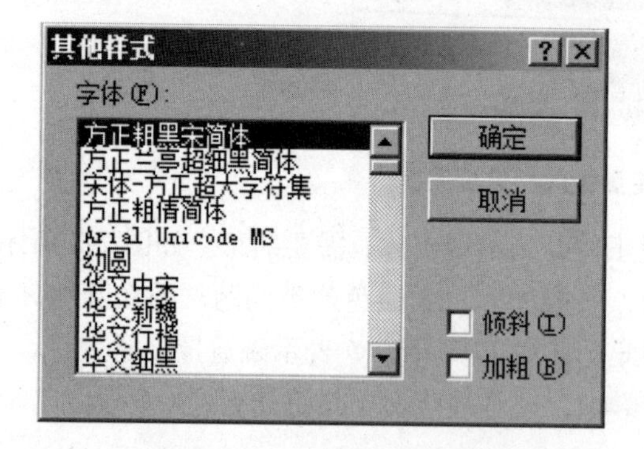

图 2-5 “其他样式”对话框

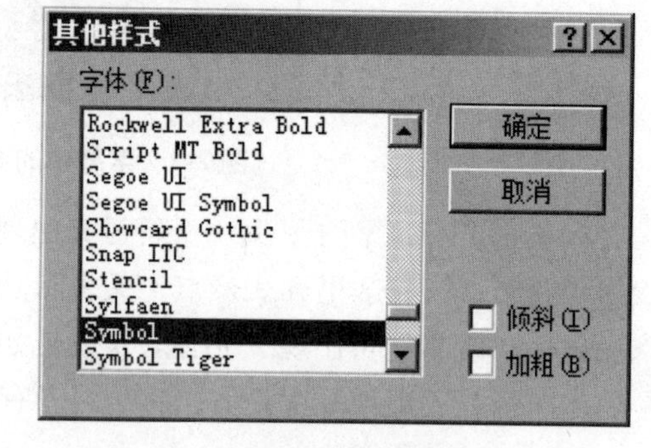

图 2-6 选择字体

执行“样式/其他”命令，打开“其他样式”对话框，如图 2-8 所示。拖动滚动条选择 Times New Roman 字体，单击“确定”按钮即可，凡是在公式中制作正体的英文字符，全部采用这一方法进行制作，包括虚数符号 i。

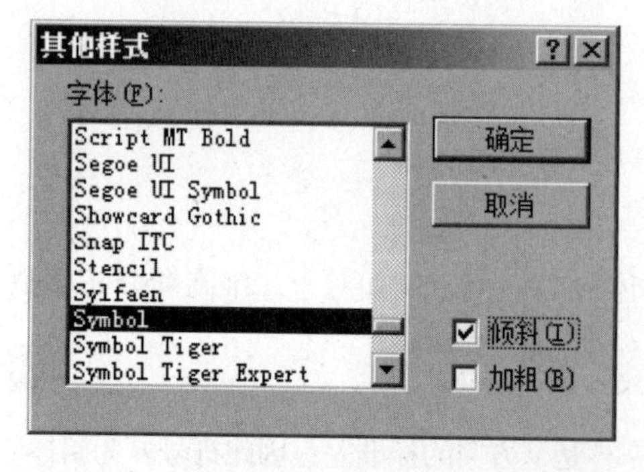

图 2-7 打开对话框

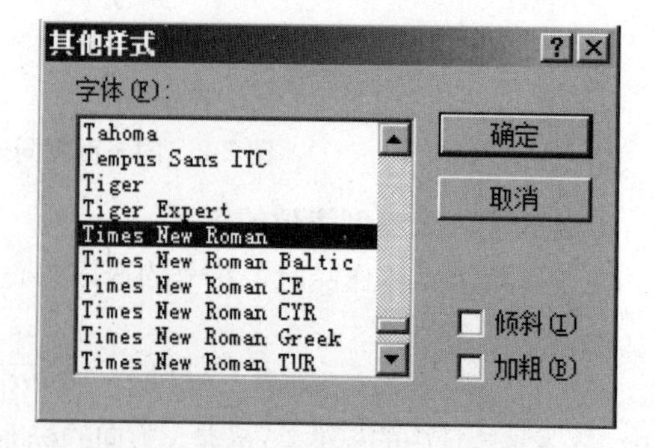

图 2-8 选择字体

在制作公式（1）的过程中，还要注意以下几个问题。

第一，由于 $f\,(x,y)$ 中 x 和 y 之间靠得太近，需要插入 1/4 空格，变成 $f\,(x,\ y)$，方法是，在公式工具栏中（见图 2-9），选择第一行第二个区域中的第二行第二个图标，如图 2-10 所示。如果采用 Word 中的空格方式，则无法实现将 x 和 y 之间空开一些。

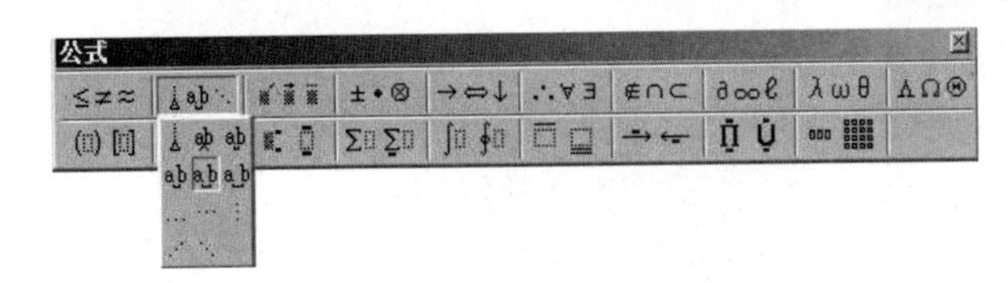

图 2-9　公式工具栏

图 2-10　1/4 空格

第二，快捷（组合）键的使用，分子分母用【Ctrl+F】；上标用【Ctrl+H】；下标用【Ctrl+L】；根号用【Ctrl+R】；式（1）中的同侧上下标可以用【Ctrl+J】来完成等。

第三，如式（1）所示，如何实现公式居中，而公式号“(1)”居右？如果采用中的居右则公式不居中；如果采用居中，则“(1)”不居右；要实现公式居中，“(1)”居右，需要采用“制表位”。

单击“开始”选项卡“段落”组右下角的箭头按钮，如图 2-11 所示，打开“段落”对话框，如图 2-12 所示。

单击“段落”对话框左下方的“制表位”按钮，弹出“制表位”对话框，如图 2-13 所示。在“制表位位置”文本框中输入“2 字符”，选择“左对齐”单选按钮，单击“设置”按钮，如图 2-14 所示；在“制表位位置”文本框中输入“19 字符”，选择“居中”单选按钮，单击“设置”按钮，如图 2-15 所示；在“制表位位置”文本框中输入“38 字符”，选择“右对齐”单选按钮，单击“设置”按钮，如图 2-16 所示；最后单击“确定”按钮，完成公式（1）的设置，然后将光标移到 $f\,(x,y)=\frac{1}{2\pi\sigma_1\sigma_2}\mathrm{e}^{-\frac{(x-\mu_1)^2}{2\sigma_1^2}-\frac{(y-\mu_2)^2}{2\sigma_2^2}}$ 的左方，按【Tab】键，公式就居中了；将光标移到（1）的左方，按【Tab】键，（1）就居右了；这样式（1）制作完毕。

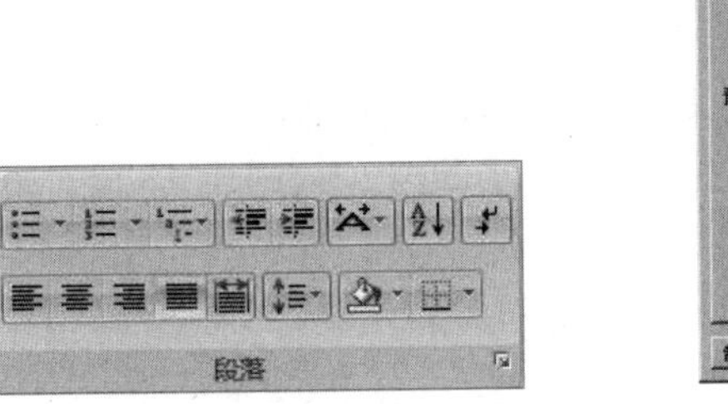

图 2-11　段落

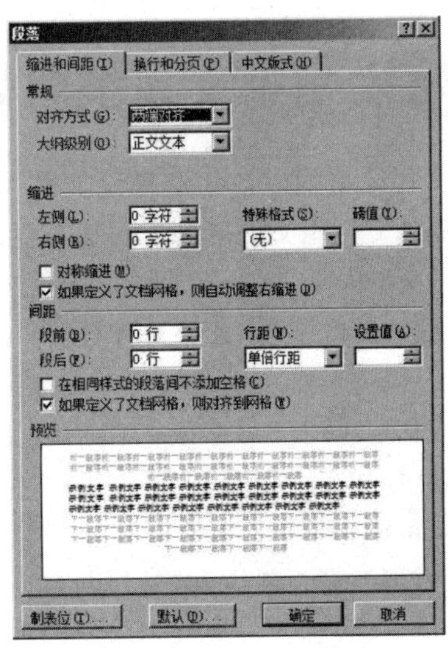

图 2-12　“段落”对话框

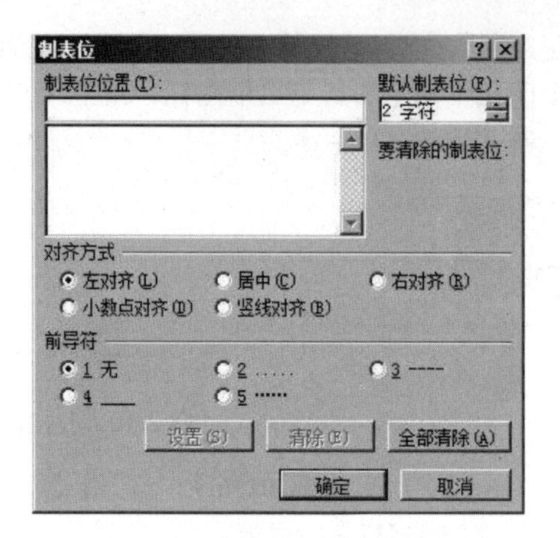

图 2-13 “制表位”对话框

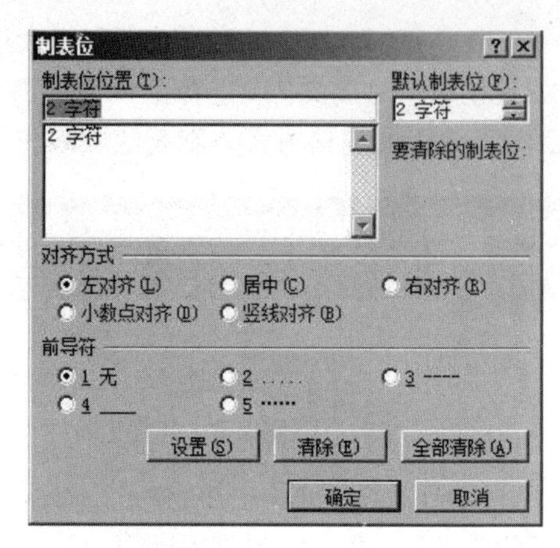

图 2-14 “2 字符”左对齐设置

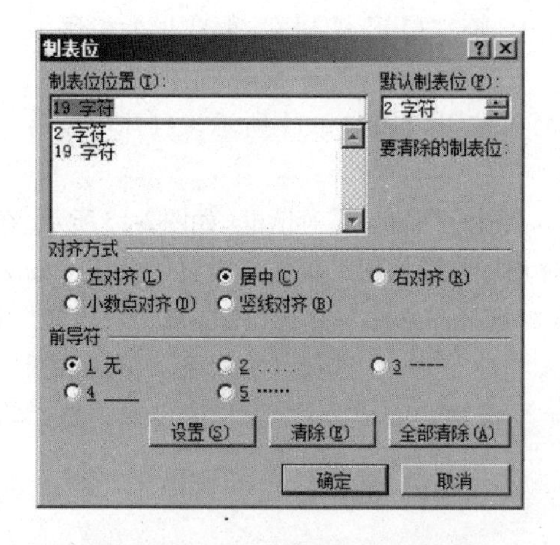

图 2-15 “19 字符”居中设置

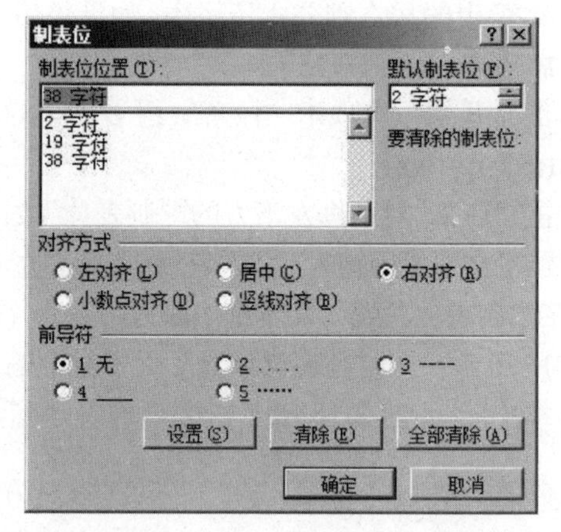

图 2-16 “38 字符”右对齐设置

2.4 实用论文规范格式

实用论文规范格式以数学建模论文基本要求为例。本科生数学建模竞赛，要求在 72 小时内完成一篇论文，论文规范格式的基本要求如下。

第一，论文结构要完整，包括论文题目、摘要、正文、参考文献、附录。其中正文部分包括(1) 问题重述；(2) 模型假设；(3) 符号说明；(4) 模型建立；(5) 问题一、二、三等；(6) 模型改进。

第二，一级标题用三号，段前段后各 1.5 行；二级标题用四号，段前段后各 1 行；三级标题用小四号加粗，段前段后各 0.5 行；正文用小四号，行间距 18 磅，非汉字符号用 Times New Roman。

第三，公式要注意正斜体，常量与微分符号、导数符号用正体，变量全部是斜体，公式居中，公式号居右。

第四，论文中所有图需要自己制作或者绘制（这一部分参见第 3 章中的 Visio 与示意图）。

第五，所有表格用三线，即三条横线，上下横线 1.5 磅粗，其他 0.5 磅粗。

2.4.1 页面布局

制作一个 Word 文档，首要任务是设置好页面布局，需要根据要求进行设置，如果没有具体页面要求，就默认采用 A4 纸，20.9 cm 宽，29.6 cm 高；如果有边距要求按照要求进行设置，如果没有要求则默认上边距为 25.4 mm，下边距为 25.4 mm，左边距为 31.8 mm，右边距为 31.8 mm；纸张方向默认“纵向”；分栏可以按要求进行分栏，默认为一栏，即不分栏，如图 2-17 所示。

图 2-17 默认页边距

2.4.2 标题设置

在编辑文章时，一般先设定五号字，汉字为宋体，非汉字采用 Times New Roman；值得注意的是，在用到“第一”或者“1.”序号时，一按【Enter】键后系统会自动出现“第二”或者“2.”，往往需要删除，可以使用【Ctrl+Z】组合键回退其第二步的自动操作，也可以单击“自动编号工具”按钮，使其处于弹出状态；当所有文档录入完成后，再进行编辑，这样才能事半功倍。

由于系统默认的“标题 1”是“二号宋体字加粗”，其缺点是非汉字也是宋体字，因此需要进行修改，如按要求一级标题修改为“三号宋体字加粗”+“Times New Roman”，段前 1.5 倍行距，段后 1.5 倍行距，单倍行距 18 磅，如图 2-18 所示；二级标题修改为“四号宋体字加粗”+“Times New Roman”，段前 1 倍行距，段后 1 倍行距，单倍行距 18 磅，如图 2-19 所示；三级标题修改为“小四号宋体字加粗”+“Times New Roman”，段前 0.5 倍行距，段后 0.5 倍行距，单倍行距 18 磅，如图 2-20 所示。

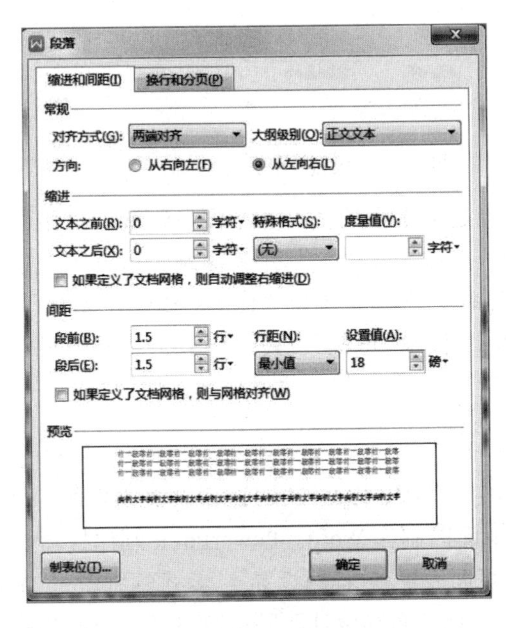

图 2-18 一级标题设置

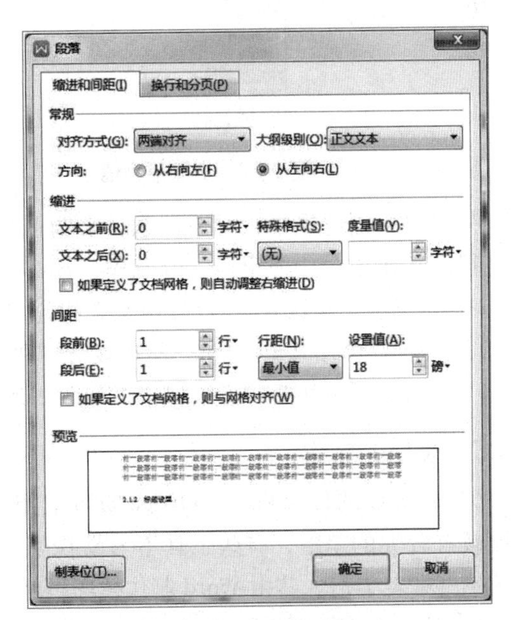

图 2-19 二级标题设置

值得注意的是，在图 2-18 至图 2-20 中必须取消勾选“如果定义了文档网络，则自动调整右缩进”“如果定义了文档网络，则与网格对齐”复选框，否则达不到要求；“行距”默认值为“单倍行距”“1 倍”，如图 2-21 所示，单击“单倍行距”右侧的下拉按钮，选择“最小值”，如图 2-22 所示，设置为 18 磅，如图 2-23 所示。

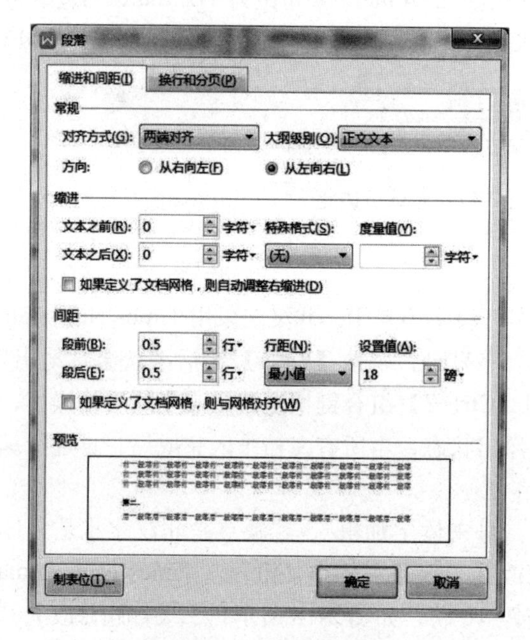

图 2-20　三级标题设置

图 2-21　默认行距

图 2-22　选择最小值

图 2-23　设置 18 磅

在制作标题过程中，对于图题、表题制作也是很重要的，一旦制作好，就可以用格式刷进行反复使用，一劳永逸。以制作“图 2-20　三级标题设置”作为图题为例，首先选中“图 2-20　三级标题设置”，设置中文字体为“黑体”、西文字体为“Times New Roman”、字号为“小五”，如图 2-24 所示；然后设置“段落”，段前“6 磅”、段后“6 磅”、行距最小值“15.6”磅，最后取居中，设置完毕，如图 2-25 所示。

2.4.3　表格的制作

64 位 CPU 的计算机中，Office 版本层出不穷，与 32 位 CPU 的计算机中成熟的 Office 相比较有较大的差距，有些工具不容易找到。下面以制作 Word、PowerPoint 制作技巧一览表为例（见表 2-2），其中 Word 制作技巧包括“页面设置”“标题设置”“公式的制作”“制表位的应用”“表格的制作”；PowerPoint 制作技巧包括“布局设计”“标题设计”“公式的制作与着色”“矢量图的着色”“行间距的调整”等。

图 2-24 “字体”对话框

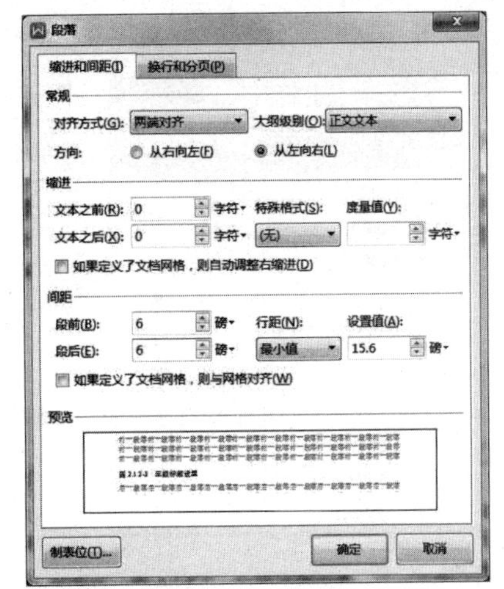

图 2-25 “段落”对话框

表 2-2 Word、PowerPoint 制作技巧一览表（原始表）

Word 制作技巧	PowerPoint 制作技巧
页面设置	布局设计
标题设置	标题设计
公式的制作	公式的制作与着色
制表位的应用	矢量图的着色
表格的制作	行间距的调整

规范的制作方法是，首先选中表中每格，将文字设置成“小五”号，因为表格中的文字不能大于正文中的文字，然后右击，在弹出的快捷工具栏中（见图 2-26）选择“田▾”中的“无框线”按钮“⊞”，如图 2-27 所示；或者单击“开始”选项卡中的“段落”组中的“田▾”中的“无框线”按钮“⊞”，如图 2-28 所示。选中整个表，“下框线”“上框线”线粗细选择 1.5 磅，如图 2-29 所示；选中表头“下框线”线粗细为 0.5 磅，如图 2-30 所示，再由左右向中间收缩。制成的表见表 2-3。

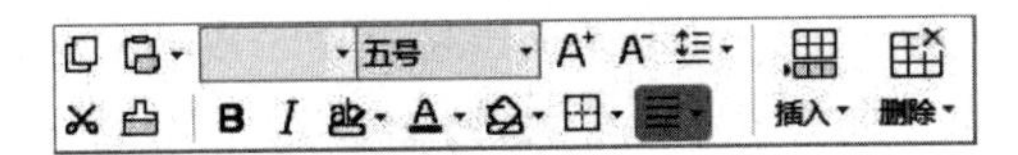

图 2-26 右击表格弹出的快捷工具栏

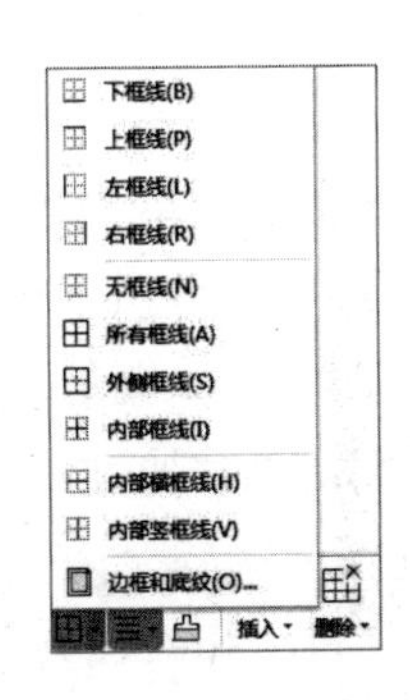

图 2-27 选择“无框线”

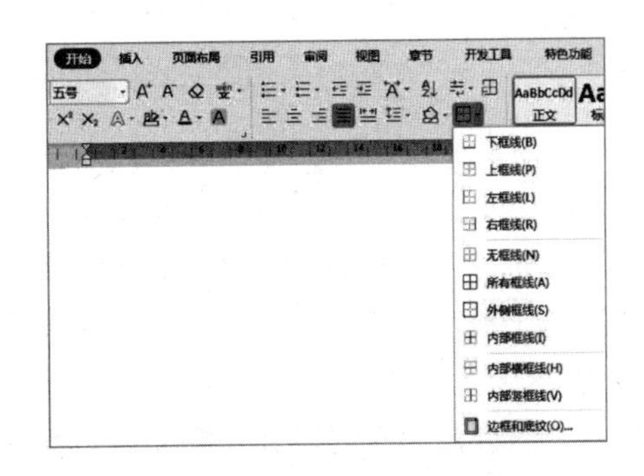

图 2-28 单击“无框线”按钮

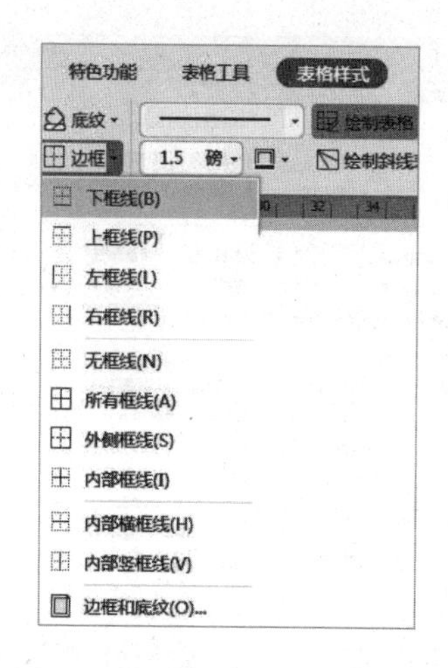

图 2-29　设置“下框线”“上框线”为 1.5 磅

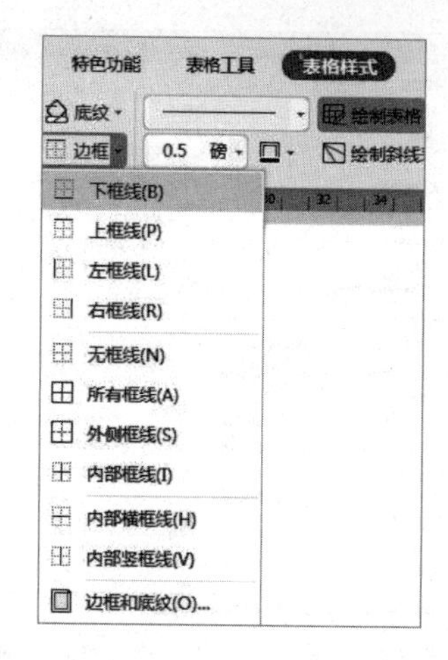

图 2-30　设置表头“下框线”为 0.5 磅

表 2-3　Word、PowerPoint 制作技巧一览表（制成表）

Word 制作技巧	PowerPoint 制作技巧
页面设置	布局设计
标题设置	标题设计
公式的制作	公式的制作与着色
制表位的应用	矢量图的着色
表格的制作	行间距的调整

2.5　实用电子演示文稿的制作

PPT 是 PowerPoint 的缩写，称为电子演示文稿。开头部分、主体部分和结尾部分称为演讲三要素。一个成功的演讲，开头先声夺人，富有吸引力；主体部分层层展开，步步推向高潮；结尾干脆利落，简洁有力。PowerPoint 电子演讲稿有助于成功演讲，因此 PowerPoint 的应用在近几十年中不断地从学术走向课堂，从学校科研机构走向各行各业，真正家喻户晓。要做好一个 PowerPoint 电子演讲稿还是要注重其内容的科学正确、排版的合理布局、结构的顺序安排、色彩的精密搭配、动画视频的点缀插播等多个方面。

2.5.1　布局设计

随着计算机的不断发展，屏幕分辨率由 640 × 480 像素到 1 024 × 768 像素，从宽高比 4 : 3 的 2 048 × 1 536 像素到宽高比 16 : 9 的 2 560 × 1 440 像素，因此制作 PowerPoint 演讲电子稿时首先要确定宽高比是 4 : 3，还是 16 : 9。手机屏幕分辨率从 96 × 96 像素，发展到 2020 年 3 月 26 日华为推出的 P40，其分辨率为 2 340 × 1 080 像素，因此满足通过手机学习中国大学 MOOC 课程的需要。

PowerPoint 电子演讲稿的布局设计，需要有封面、封底、目录和内容页面，题目称为一级标题，因此目录中包含若干个二级标题，在内容页中每个二级标题一般设置有相同的装饰条，更加醒目。在内容页中需要注意以下几点：

（1）字体过小过多，一般每行不超过 18 个字为宜。

（2）文字与图片颜色相近，对比度太小，图片边缘过渡比较生硬，会影响美观。

（3）文字中出现 2 个或者 2 个以上错别字，或者出现病句，观众一眼看出，会影响演示文效果。

（4）排版太乱，图表中的文字大于页面主要文字，喧宾夺主。一行开头文字要么不留空格，要么空 2 格，如果出现空 1 格，演讲质量大打折扣。

（5）色彩过于鲜艳复杂，令人眼花缭乱。

（6）图片放大过度，出现模糊、马赛克现象；图片纵横比失调，就会显得别扭。

（7）插播动画、录像没有现场调试，导致演讲失败。

由此可见，PowerPoint 演讲电子稿的布局设计十分重要。

随着计算机、手机屏幕分辨率越来越高，在选择合适的宽高比后，按照中等屏幕分辨率设计制作，封面最重要，在演讲中讲究先声夺人，富有吸引力，配以 PowerPoint 电子演示文稿，让观众第一眼留下新、奇、特的印象。新者，每一次感受；奇者，出乎意料；特者，与众不同。PowerPoint 软件系统给足了创造新、奇、特的可能性。从电子演示文稿给人第一眼的对比度来说，黑白对比度最高，黑屏上出现白字比白屏上出现黑字冲击力更高，但是使用这一方式的人很少。对比度稍弱的就是深蓝色底出现黄色或者白色文字，再加上动态出现，往往能给人耳目一新的感受。如果不采用动态展示，题目采用楷体或者魏碑体，采用双色重叠又叉开一些，造成立体字的感觉也较为不错，如图 2-31 所示。

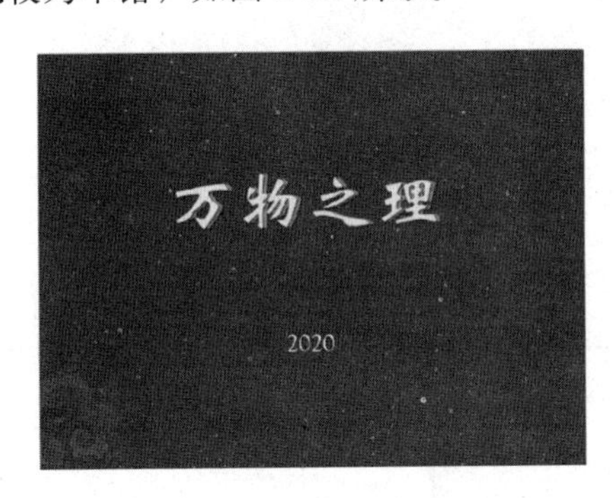

图 2-31　PowerPoint 演讲电子稿封面

目录页可配以小饰品并且作为链接按钮，如图 2-32 所示的笑脸。图 2-32 中左上角的“虚拟仿真实验数学项目”、右下角的“近代物理实验”属于背景，这样设计可以节省页面空间，采用深蓝色背景运用 Photoshop 中的羽化技术，让蓝色与白色之间实现渐变；6 条二级标题前整齐地排列着 6 个笑脸，只要单击其中任何一个笑脸，就可以导航到相应的页面，在每个页面上也排列相应 6 个笑脸，实现每页快速导航；如图 2-33 所示，其中的桥梁寓意是这虚拟仿真实验教学项目连接着“大学物理实验”和“专业实验”，并采用 Photoshop 中的羽化技术与白色过渡。

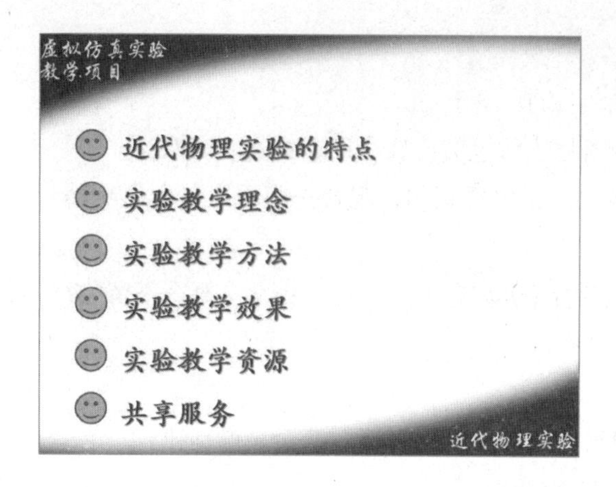

图 2-32 PowerPoint 电子演示文稿目录页

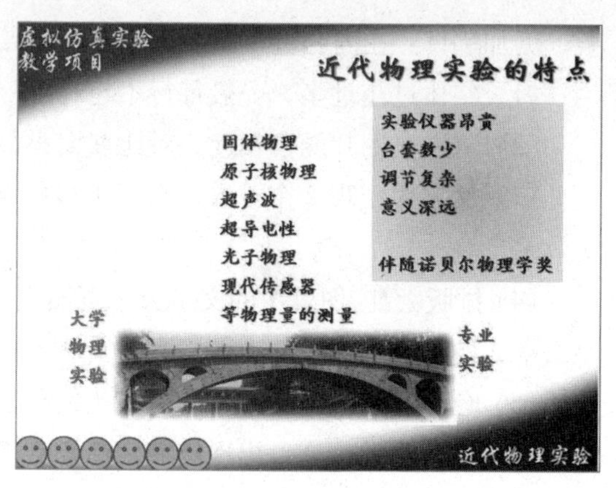

图 2-33 PowerPoint 电子演示文稿内容页

2.5.2 标题设计

如图 2-34 中汇报提纲有 4 个并列的二级标题，分别是“大赛简介”“典型事务”“先行之事”“邻校经验”，4 个二级标题都是选用绿底白字圆角长方形，可以充当链接按钮，在内容页的制作过程中同样采用统一的绿底白字圆角长方形装饰条意味着它们之间并列的含义，如图 2-35 所示。

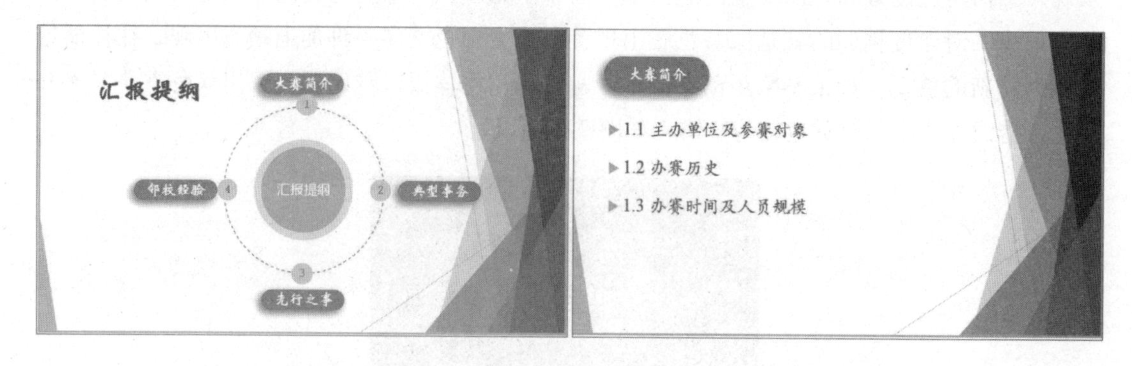

图 2-34 4 个并列二级标题

图 2-35 内容页

在具体二级标题的内容页中“第一篇 力学”（见图 2-36）与“第三篇 电磁学”（见图 2-37）平级。

值得注意的是，图 2-34 和图 2-35 是采用 16∶9 格式制作的 PowerPoint 电子演讲稿，图 2-36 和图 2-37 是采用 4∶3 格式制作的 PowerPoint 电子演示文稿，其中火箭与蓝色图渐变过渡、CT 与蓝色图渐变过渡是采用 Photoshop 中的羽化技术，选择羽化半径为 10，制作时先新建一个尺寸高宽都大于火箭、CT 图的区域，并设置为蓝色底，然后设置羽化半径为 10，用长方形截取工具截取的火箭、CT 图要略小于原始的火箭、CT 图，并复制到事先设置为蓝色底的图层上，取羽化半径为 0，用长方形截取更大的火箭、CT 图，如图 2-38 和图 2-39 所示。

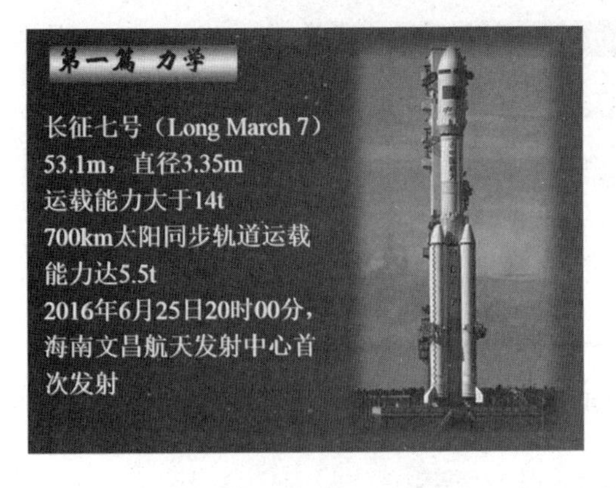

图 2-36　第一篇 力学

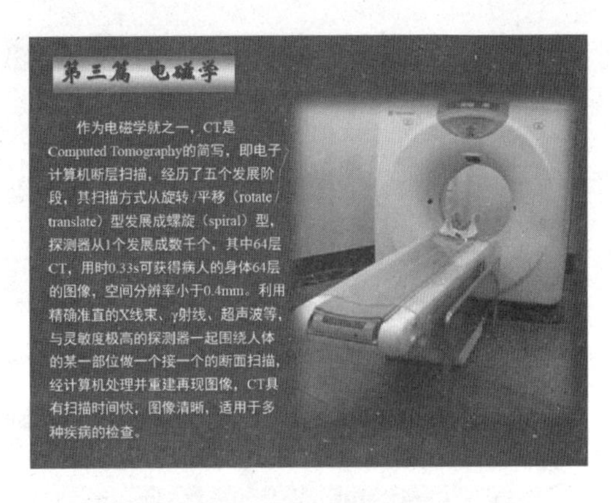

图 2-37　第三篇 电磁学

图 2-38　截取的火箭图

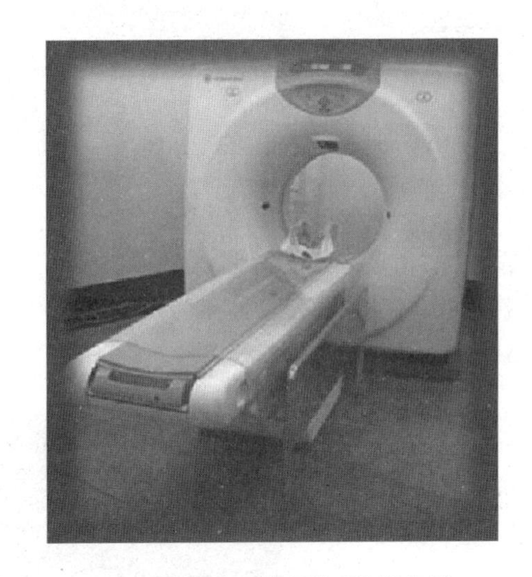

图 2-39　截取的 CT 设备图

2.5.3　单个公式的制作及其着色技术

执行“开始→所有程序/Microsoft Offices”命令，打开 PowerPoint，依次单击“插入/对象”按钮（见图 2-40），打开“插入对象”对话框，如图 2-41 所示，选择“Microsoft 公式 3.0”选项，利用公式编辑器（见图 2-42）输入公式

$$f(x,\ y)=\frac{1}{\sqrt{2\pi\sigma}}\mathrm{e}^{\mathrm{i}\frac{x^2+y^2}{2\sigma^2}} \tag{2-2}$$

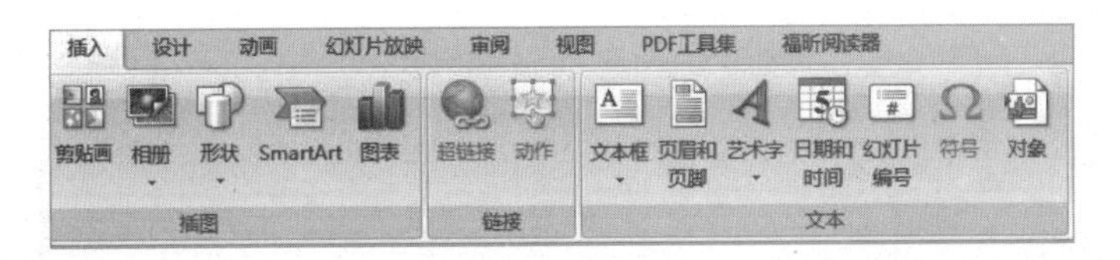

图 2-40　单击“插入/对象”按钮，打开“插入对象”对话框

在 PowerPoint 演讲电子稿页面上显示的是黑色公式，如图 2-43 所示。问题是，在采用蓝色背景的 PowerPoint 演讲电子稿页面中，如何将公式修改成黄色？

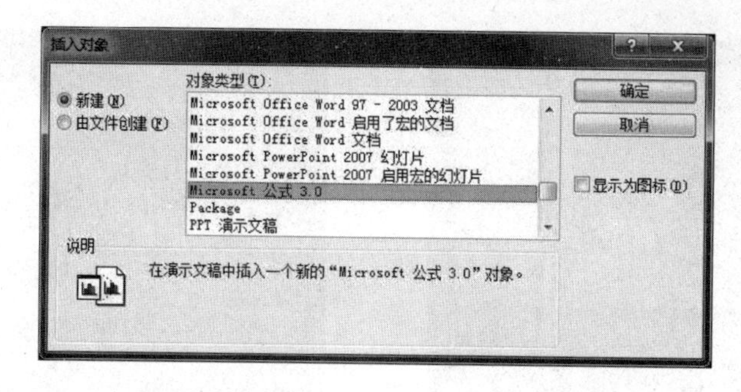

图 2-41　选择"Microsoft 公式 3.0"选项

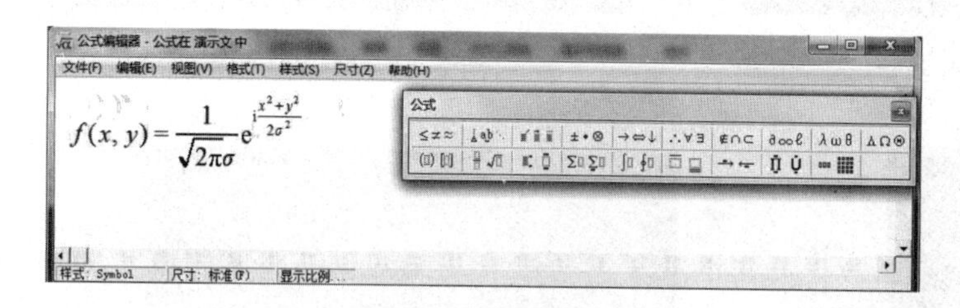

图 2-42　输入公式

$$f(x,y)=\frac{1}{\sqrt{2\pi\sigma}}\mathrm{e}^{\mathrm{i}\frac{x^2+y^2}{2\sigma^2}}$$

图 2-43　默认黑色公式

方法是，右击蓝色背景中的黑色公式，在弹出的快捷菜单中执行"另存为图片"命令，如图 2-44 所示，在打开的"另存为"对话框中，将公式以"111.png"格式另存在桌面上，如图 2-45 所示。

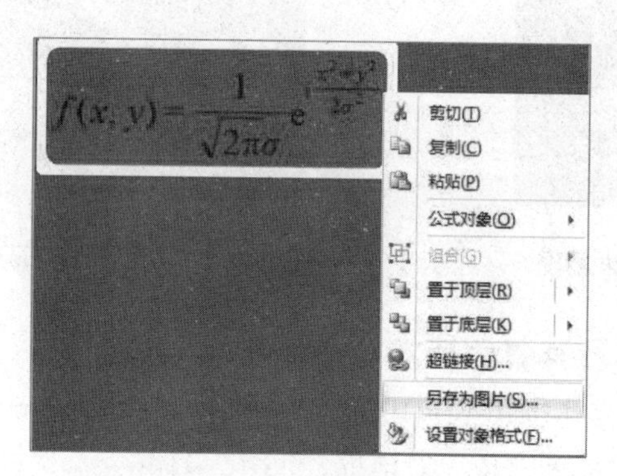

图 2-44　执行"另存为图片"命令

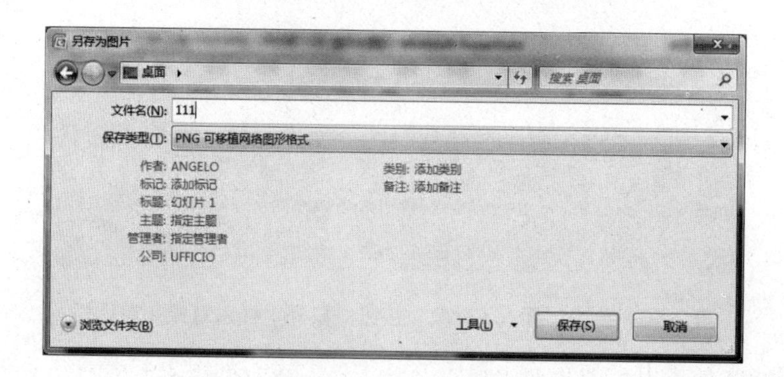

图 2-45　另存为桌面"111.png"格式的图片

在 PowerPoint 演讲电子稿页面中，删去圆角宽边长方形包围着的黑色公式，右击桌面上的“111.png”图片，在弹出的快捷菜单中执行“设置图片格式”命令（见图 2-46）弹出“设置图片格式”对话框，如图 2-47 所示，在其中单击“重新着色”按钮，弹出图 2-48 所示的列表框，选择第一个浅色变体按钮，“111.png”图由黑色立即变成了接近白色的米黄色了。

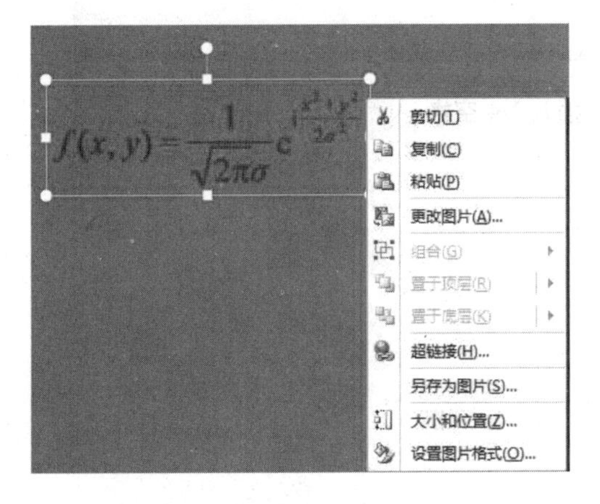

图 2-46 执行“设置图片格式”命令

图 2-47 “设置图片格式”对话框

值得注意的是：

第一，上述公式制作过程，涉及分子和分母，用快捷键【Ctrl+F】；涉及根号，用快捷键【Ctrl+R】；涉及上标，用快捷键【Ctrl+H】；涉及 e 和 i，用“样式 / 其他 /Times New Roman”；涉及“π”，用“样式 / 其他 /Symbol”；涉及“f (x，y)”中 x 与 y 之间插入 1/4 空格变成 f (x，y)，则采用公式编辑器中的第一行第二块中的 1/4 空格按钮，如图 2-49 所示。

第二，像制作“重新着色‘ ’按钮”中的“ ”，其制作技术为，先打好引号“”，在引号中插入图片，右击后在弹出的快捷菜单中选择最后一个“设置对象格式”命令，如图 2-50 所示，选择“大小”栏，设置高度绝对值为 0.45 cm；然后在 PowerPoint 界面上，单击“开始”/“字体”组右下角的对话框启动器按钮，如图 2-51 所示，弹出“字体”对话框，在“字体”对话框中选择“字符间距 / 位置”为“下降”0.11 cm（或者 2 磅），如图 2-52 所示，制作完成。

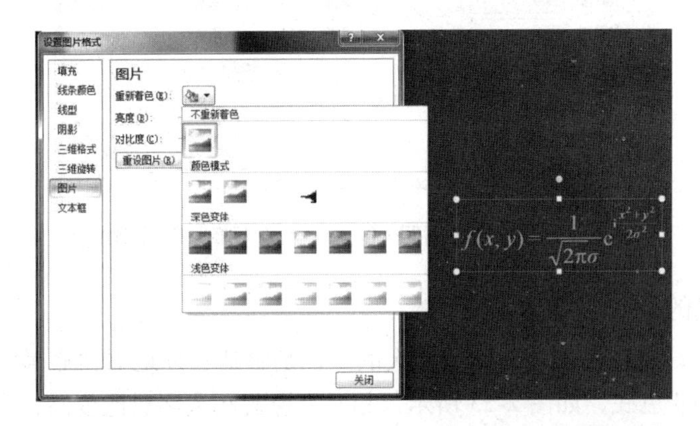

图 2-48 “111.png”图由黑色立即变成了接近白色的米黄色

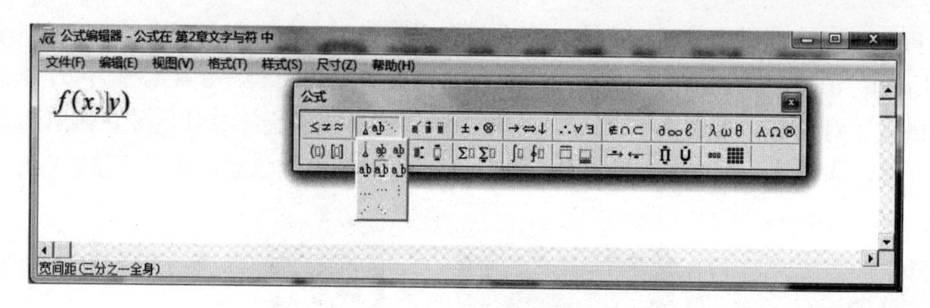

图 2-49　插入 1/4 空格

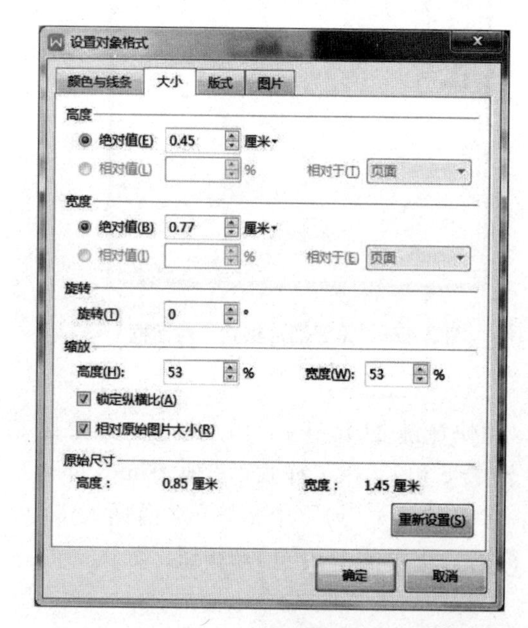

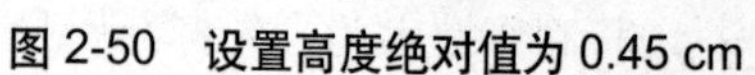
图 2-50　设置高度绝对值为 0.45 cm

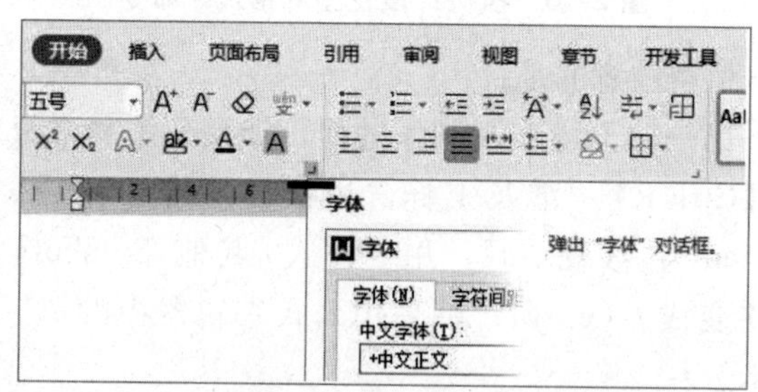

图 2-51　单击“开始 / 字体”组中的对话框启动器按钮

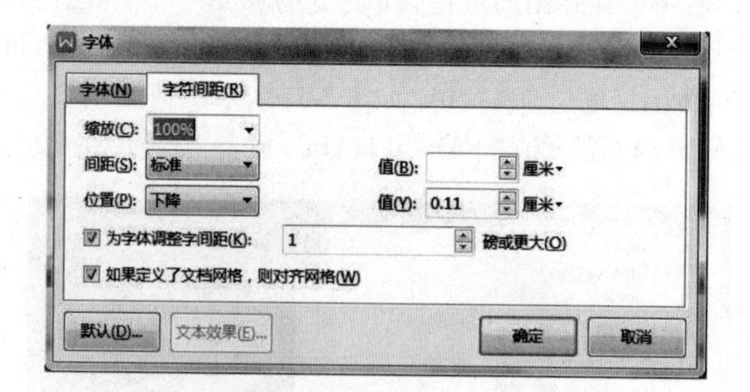

图 2-52　“字符间距 / 位置”为“下降”0.11 cm

2.5.4　多个公式的制作及其着色技术

从对比度来看，白底黑字是对比度最大的，但是眼睛长期地看白底黑字容易疲劳，一般选用深色的底，如蓝色底，如图 2-53 所示，相对来说蓝底黄字对比度高，所以蓝底黄字、蓝底白字是经常使用的方案。

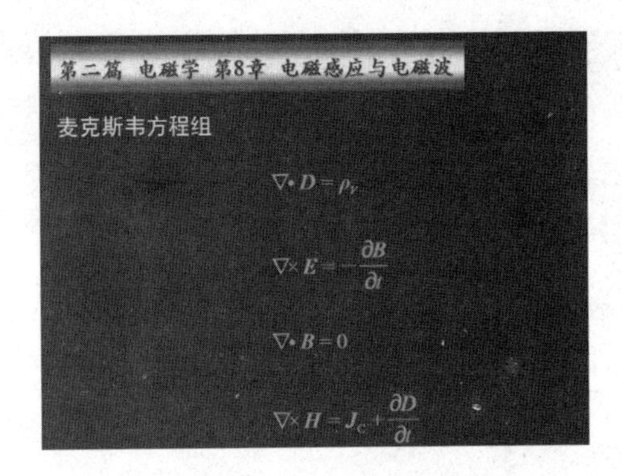

图 2-53 公式着色

又例如制作一个公式$\nabla\cdot \boldsymbol{D}=\rho_V$，其中$\nabla$在直角坐标系中是$\frac{\partial}{\partial x}\boldsymbol{i}+\frac{\partial}{\partial y}\boldsymbol{j}+\frac{\partial}{\partial z}\boldsymbol{k}$，$\rho$是一个标量；$\boldsymbol{D}$是一个矢量，通过“样式 / 其他”命令，打开“其他样式”对话框，如图 2-54 所示，用下拉滚动条选择 Times new Roman，勾选“倾斜 (I)”和“加粗 (B)”，单击“确定”按钮；矢量与矢量相点乘后得到的是标量，因此右边ρ_V是一个标量，V是下标，可以通过【Ctrl+L】组合键来制作。

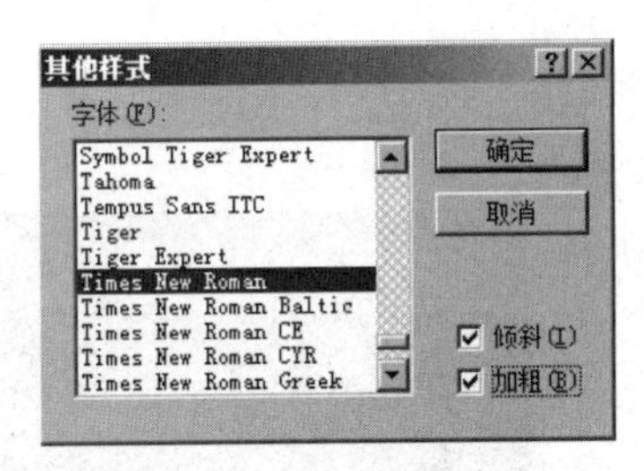

图 2-54 公式中的矢量表示

问题是，在 PPT 中制作的公式，默认是黑色的，如图 2-53 所示，需要修改成黄色或者白色，这样对比度大一些。其方法是，右击公式$\nabla\cdot \boldsymbol{D}=\rho_V$，在弹出的快捷菜单中执行“另存为图片”命令（见图 2-55），弹出“另存为图片”对话框，如图 2-56 所示，将图片保存在“C:\ 图片 1”路径下，如图 2-57 所示，单击“保存”按钮。

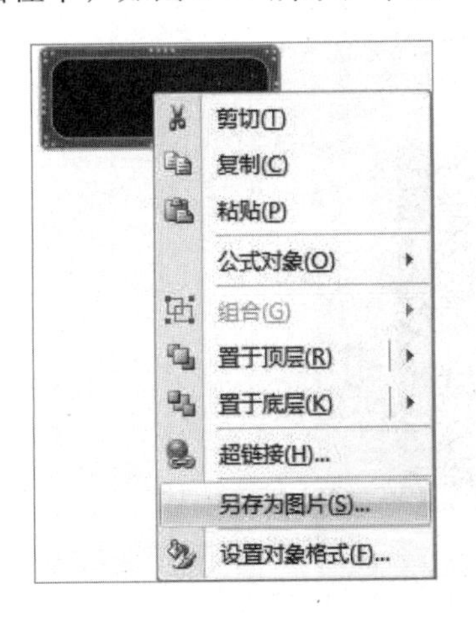

图 2-55 执行“另存为图片”命令

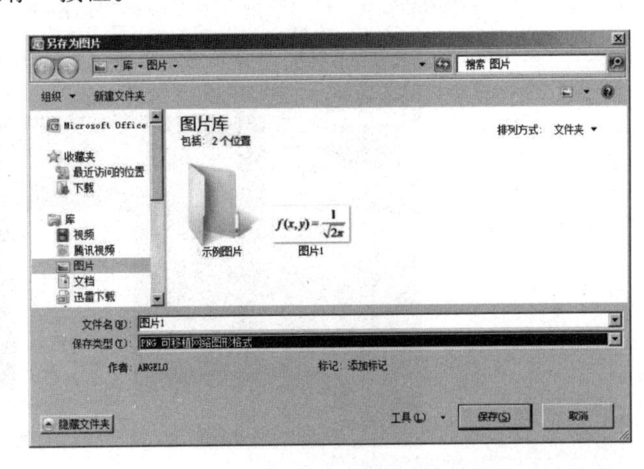

图 2-56 “另存为图片”对话框

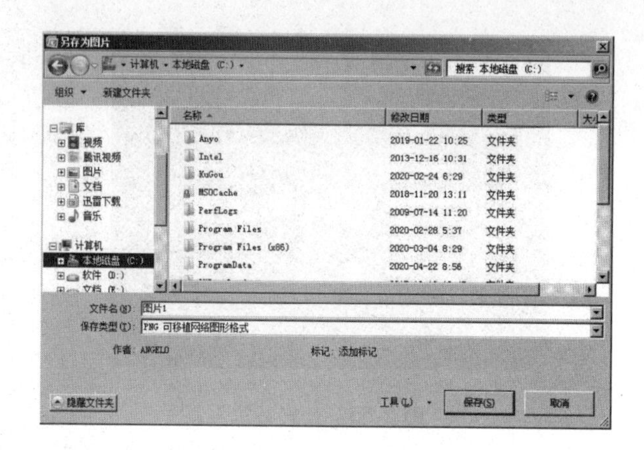

图 2-57　保存在“C:\ 图片 1”

将“C:\ 图片 1”拖动到 PPT 界面中，如图 2-58 所示，这时公式的处理子边缘不是外直角内圆角的厚实边框，而是 8 个处理子的线框。右击拖动进来的公式$\nabla \cdot D=\rho_V$，在弹出的快捷菜单中执行“设置图片格式”命令（见图 2-59），弹出“设置图片格式”对话框，如图 2-60 所示。

图 2-58　将“C:\ 图片 1”拖动到 PPT 界面中

图 2-59　右击拖动进来的公式

在“设置图片格式”对话框中，单击“重新着色”按钮，弹出着色列表，如图 2-61 所示，包括“不重新着色”“颜色模式”“深色变体”“浅色变体”，选择右下方的黄色图标，单击“关闭”按钮，着黄色的公式如图 2-62 所示，对比度明显得到了提高。例如，通过该方法完成麦克斯韦四个方程组的着色，如图 2-53 所示。

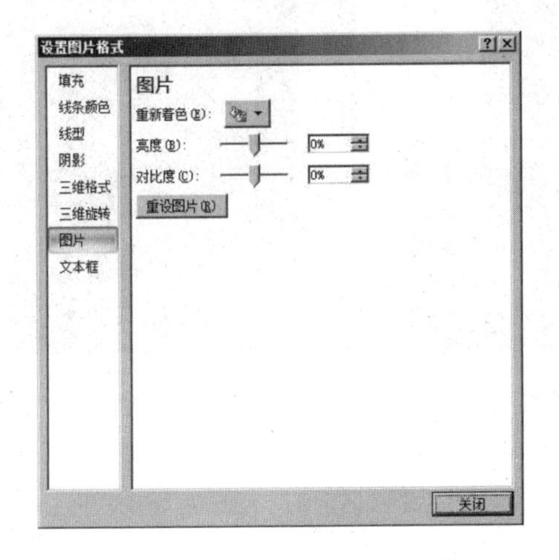

图 2-60 “设置图片格式”对话框

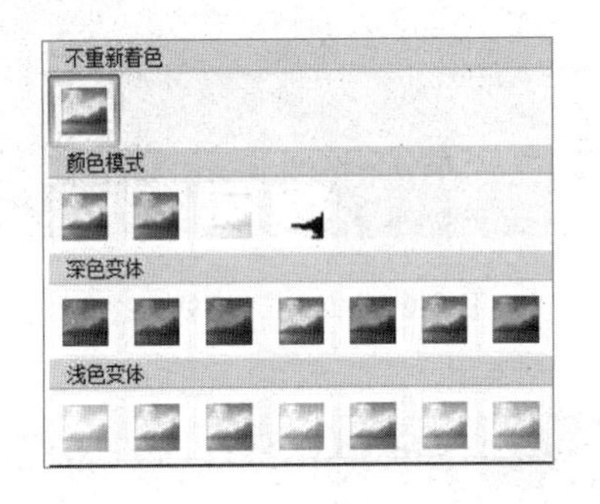

图 2-61 “浅色变体”着黄色

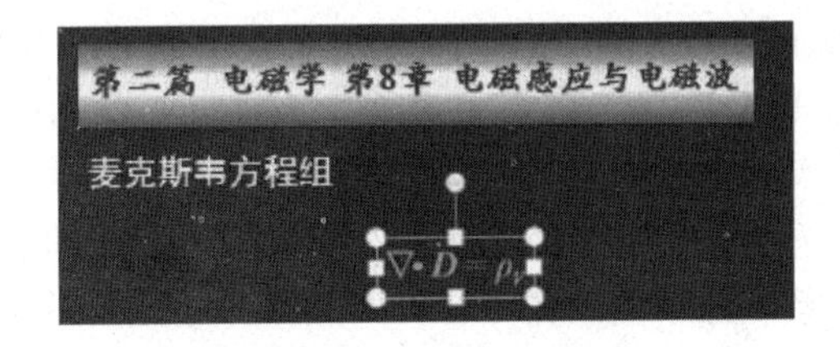

图 2-62 着好黄色的公式

接下来，还有几个问题在制作中需要注意。

第一，四个方程如何对齐？如何等间距排列？

如图 2-63 所示，选中要对齐的四个方程，单击“格式 / 对齐”下拉按钮，选择 左对齐(L)，使四个方程靠左对齐；单击“格式 / 对齐”，选择纵向分布 纵向分布(V)，使得四个方程等间距排列，如图 2-64 所示，实现四个方程左对齐且上下等间距。用同样的方法对四个黄色的公式左对齐，如图 2-65 所示，选择黑色的$\nabla \cdot D=\rho_V$和黄色的$\nabla \cdot D=\rho_V$，单击“格式 / 对齐”，选择 顶端对齐(T)，实现与黑色的$\nabla \cdot D=\rho_V$一样高；对于黑色的$\nabla\times \boldsymbol{H}=J_C+\dfrac{\partial D}{\partial t}$和黄色的$\nabla\times \boldsymbol{H}=J_C+\dfrac{\partial D}{\partial t}$，单击“格式 / 对齐”，选择 底端对齐(B)，实现与黑色的$\nabla\times \boldsymbol{H}=J_C+\dfrac{\partial D}{\partial t}$一样低。如果黄色的$\nabla \cdot D=\rho_V$比黑色的$\nabla \cdot D=\rho_V$高，则单击“格式 / 对齐”，选择 底端对齐(B)；如果黄色的$\nabla\times \boldsymbol{H}=J_C+\dfrac{\partial D}{\partial t}$比黑色的$\nabla\times \boldsymbol{H}=J_C+\dfrac{\partial D}{\partial t}$低，则单击“格式 / 对齐”选择 顶端对齐(T)。具体问题具体分析。最后选择黄色的四个公式，单击“格式 / 对齐”，选择 纵向分布(V)，使四个黄色公式等间距排列，再删除四个黑色公式，得到图 2-64 所示的黄色公式左对齐、上下等间距，居屏幕中央。

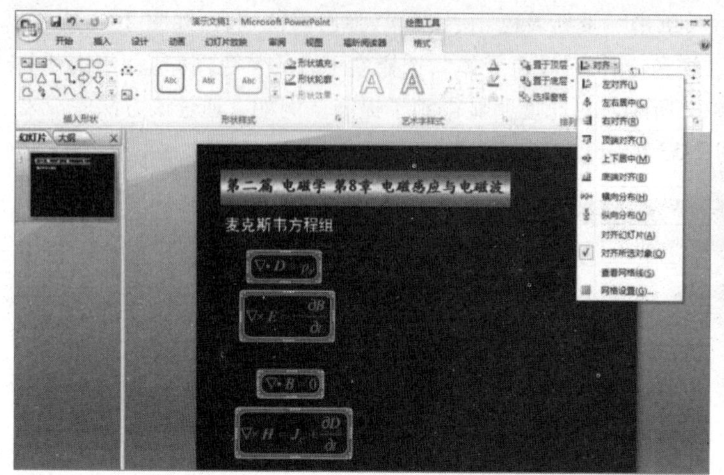

图 2-63　单击“格式 / 对齐”下拉按钮

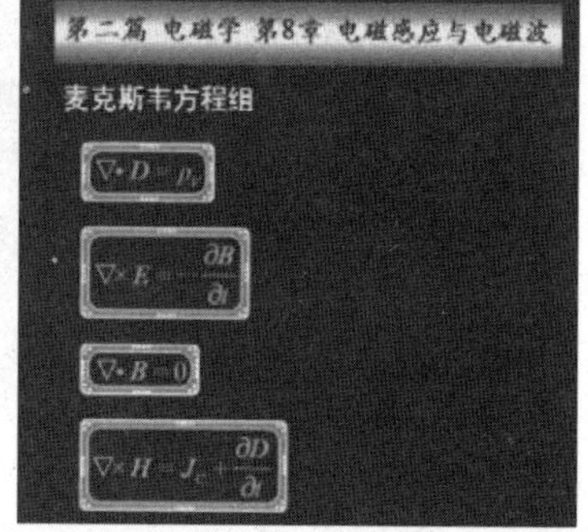

图 2-64　左对齐、等间距

2.6　渐变的色条制作

如何制作红中嵌黄、渐变的色条？制作红中嵌黄、渐变的色条、看上去有立体感，黄色看上去向外凸出，在黄色区域输入蓝色的“第二篇 电磁学 第 8 章 电磁感应与电磁波”，格外醒目。

制作方法是，选择文本工具，在 PPT 界面上右击，在弹出的快捷菜单中执行“设置形状格式”命令，弹出“设置形状格式”对话框，如图 2-65 所示；单击“填充 / 渐变填充”，并选择类型为“线性”，方向为“90°”，再单击“预设颜色”按钮，如图 2-66 所示，选择第二排第四个黄红渐变图标，选择合适的长度与宽度，得到图 2-67 所示的渐变条；选择图 2-68 所示的渐变条，按【Ctrl+C】和【Ctrl+V】组合键复制一个，再单击“格式 / 旋转”，选择 垂直翻转(V)，得到上下颠倒的“红黄”渐变条，将“红黄”渐变条与“黄红”渐变条上下对齐，变成“红黄红”渐变条，如图 2-69 所示。

图 2-65　“设置形状格式”对话框

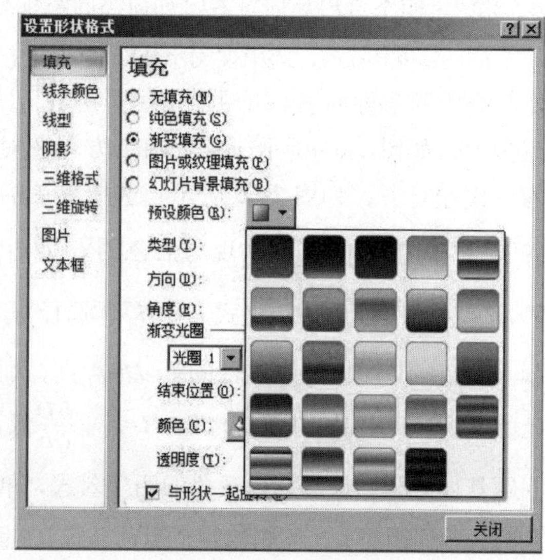

图 2-66　设置“预设颜色”

图 2-67 “黄红”渐变条

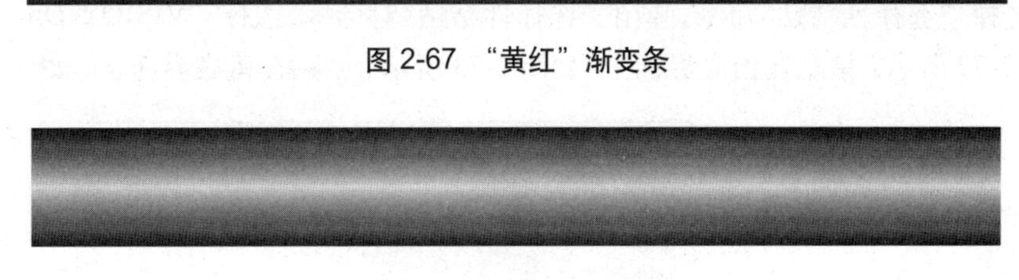

图 2-68 “红黄红”渐变条

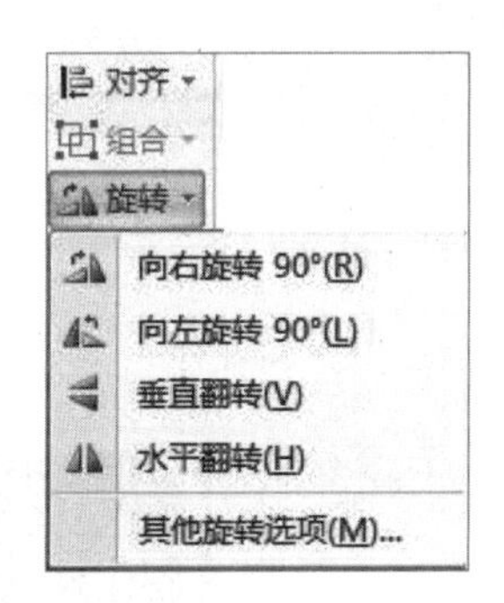

图 2-69 旋转

注意：如果不是采用文本工具，而是采用矩形工具则需要增加什么步骤，读者自己探索实践。

2.7 PPT 中矢量图的制作及其着色技术

利用 Visio Professional 很容易绘制一根杆的影长分析图，如图 2-70 所示。

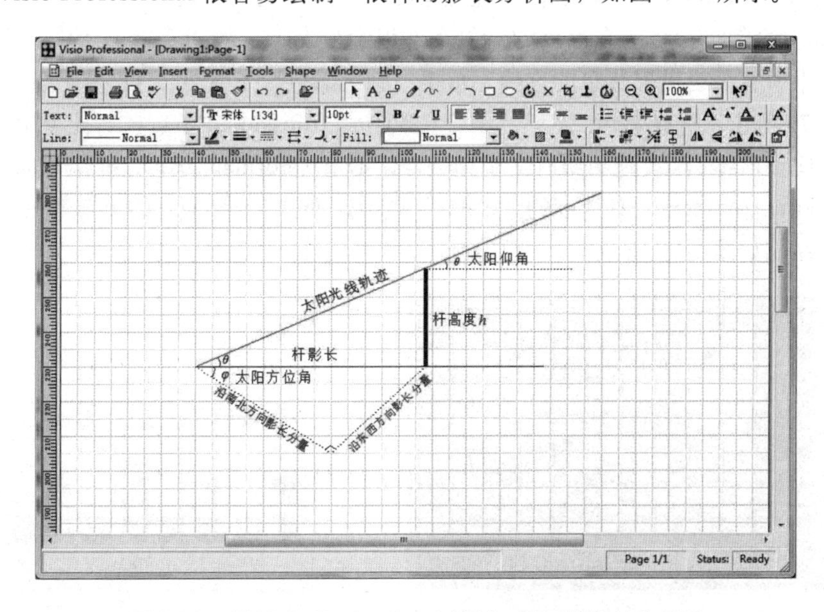

图 2-70 用 Visio Professional 绘制一根杆的影长分析图

按【Ctrl+C】组合键复制到剪贴板中，在PowerPoint电子演讲稿页面单击“粘贴”按钮（见图2-71），选择“选择性粘贴”命令，弹出“选择性粘贴”对话框，选择“VISIO 5 Drawing对象”选项，如图2-72所示。粘贴在白底界面上，如图2-73所示。粘贴在蓝底界面上，如图2-74所示。

图2-71　选择“选择性粘贴”

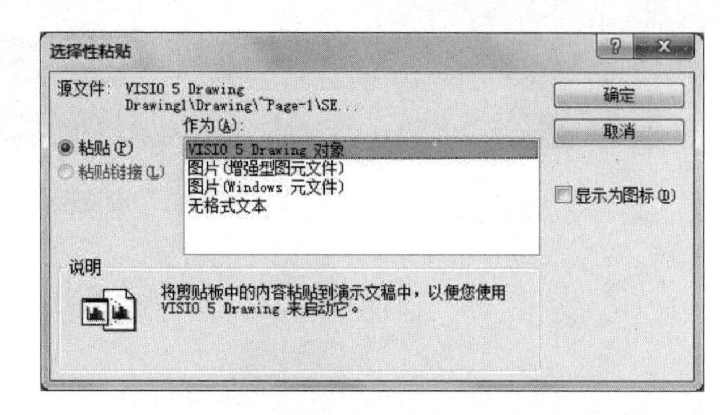

图2-72　选择“VISIO 5 Drawing对象”选项

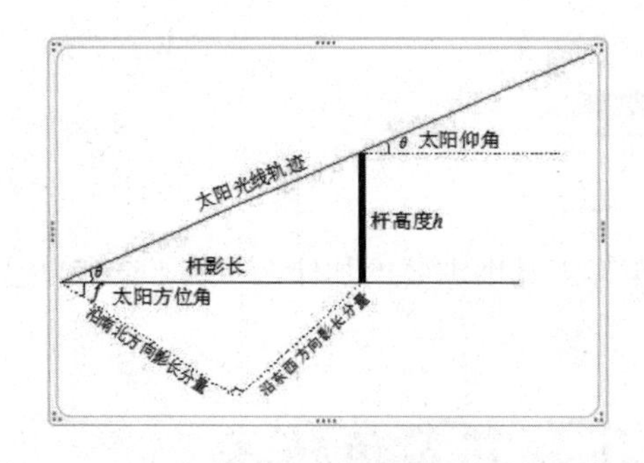

图2-73　粘贴在白底界面上

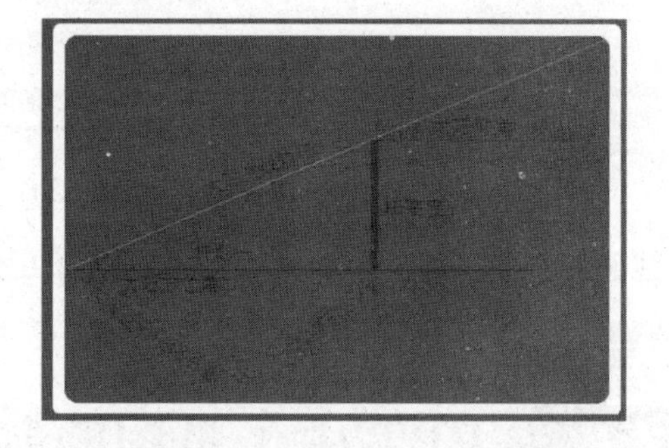

图2-74　粘贴在蓝底界面上

显然图2-74中的文字与线条与蓝色底造成的对比度太低，一种方法是在Visio Professional中绘制时，将所有黑色的对象全部用黄色表示，如图2-75所示，其修改颜色的方法是，选中所有需要设置黄色的直线，单击“画笔颜色”工具，打开画笔颜色工具对话框，如图2-76所示，选择黄色“□”，尽管在Visio Professional中黄色对比度很小，但是在蓝色底上对比度很高；其次选中所有文字和符号，单击“Format/Text”，弹出“text”对话框，如图2-77所示，在“text”对话框的“Color”栏中选择“5”黄色，如图2-78所示，蓝色底上对比度很高，如图2-75所示。

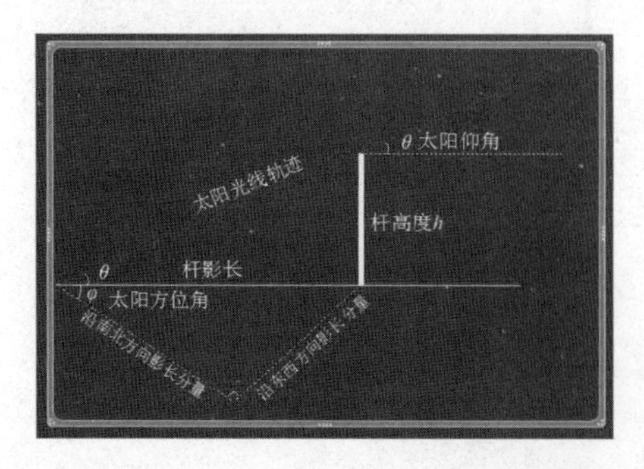

图2-75　在Visio Professional中修改对象为黄色

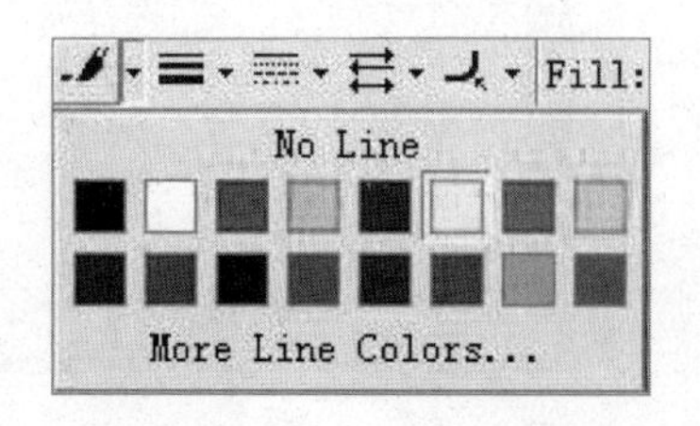

图2-76　线条选择黄色

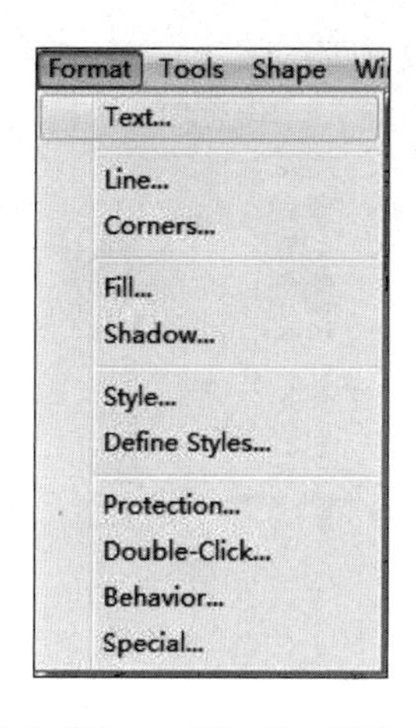

图 2-77 单击"Format/Text"，弹出"Text"对话框

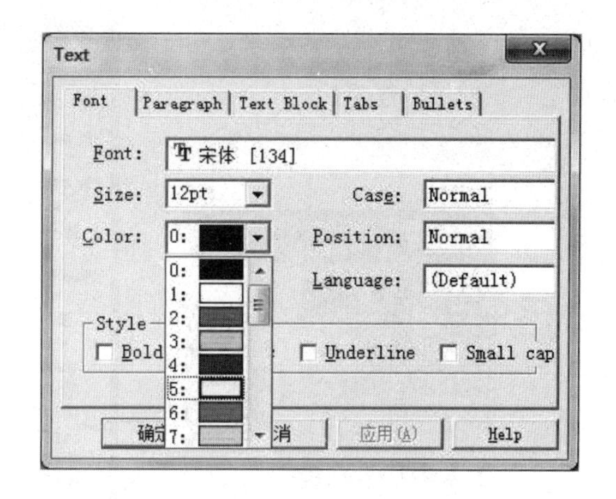

图 2-78 在"Color"中选择"5"黄色

另一种方法是采用公式变色法，同时对于复杂的示意图，或者是事先做好的非矢量图，也采用公式变色法。方法是，右击图 2-74 所示的插入图，在弹出的快捷菜单中执行"另存为图片"命令，打开"另存为图片"对话框，单击"桌面"，将图片保存在桌面上，在"文件名"文本框中输入"112"，如图 2-79 所示，单击"确定"按钮，最后删除原图，单击"插入 / 图片"，如图 2-80 所示，打开"插入图片"对话框，如图 2-81 所示，在"文件名"文本框中输入"112"，单击"打开"按钮，如图 2-82 所示。右击图片，在弹出的快捷菜单中选择"设置图片格式"命令，打开"设置图片格式"对话框，单击"重新着色 / 浅色安排 / 背景颜色 2 浅色"，图中条线和文字就立即变成接近白色的淡黄色，如图 2-83 所示。

显然，图 2-83 与图 2-75 是采用不同方法提高图的对比度，其效果也不同，在图 2-75 中太阳光线为红色，在图 2-83 中太阳光线也是接近白色的淡黄色了。

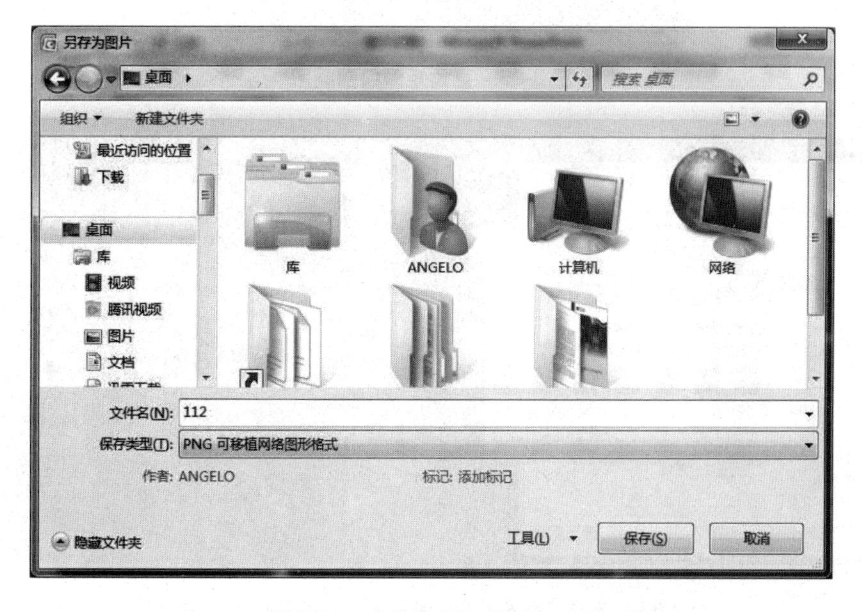

图 2-79 另存为桌面"112.png"

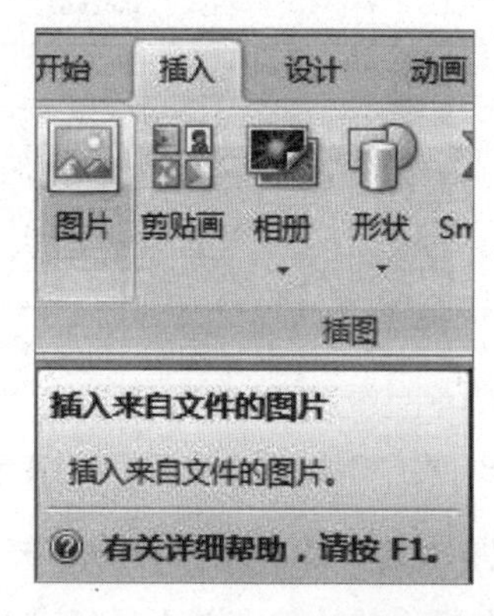

图 2-80　单击“插入 / 图片”

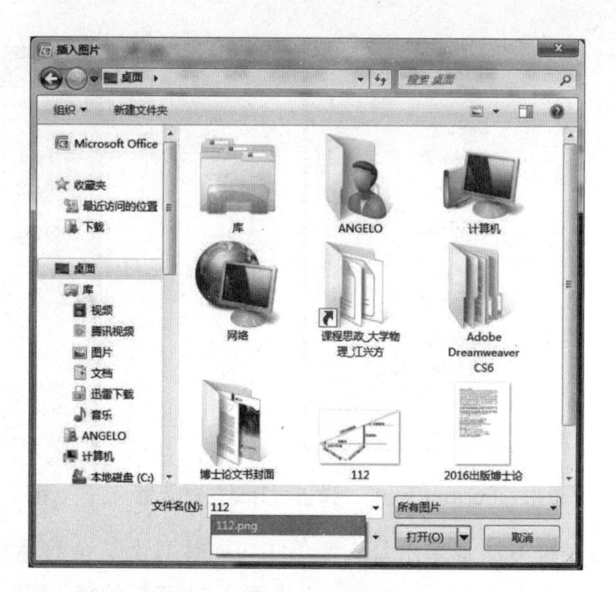

图 2-81　打开“112.png”图

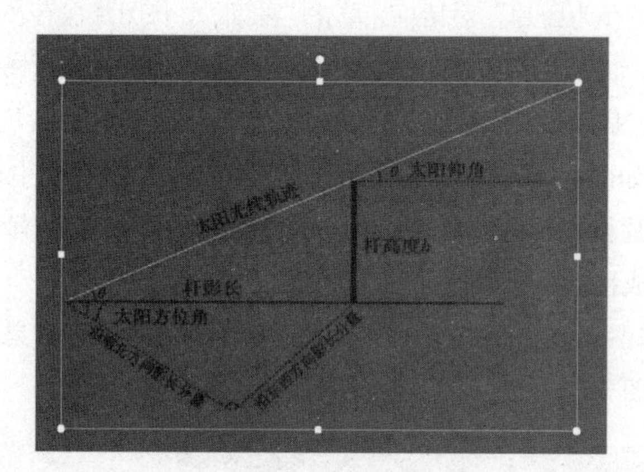

图 2-82　直角矩形包围的图

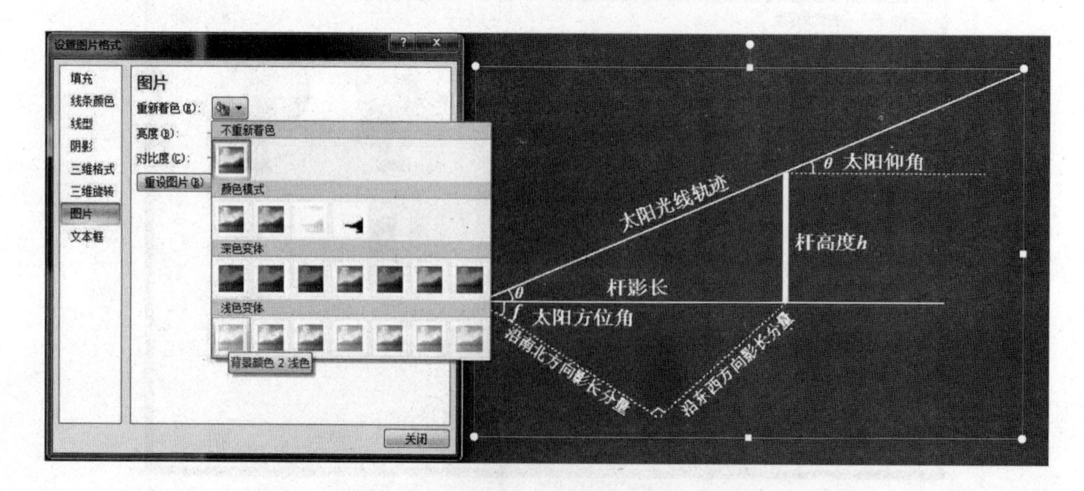

图 2-83　选择“重新着色 / 浅色安排 / 背景颜色 2 浅色”

2.8 PPT 电子演讲稿中行间距的调整

如图 2-84 所示，界面分成二级标题（“第三篇　电磁学”）与正文上下两部分，正文部分又分文字与图左右两部分，其中左边文字部分的行间距设置对于整个页面美观程度至关重要。

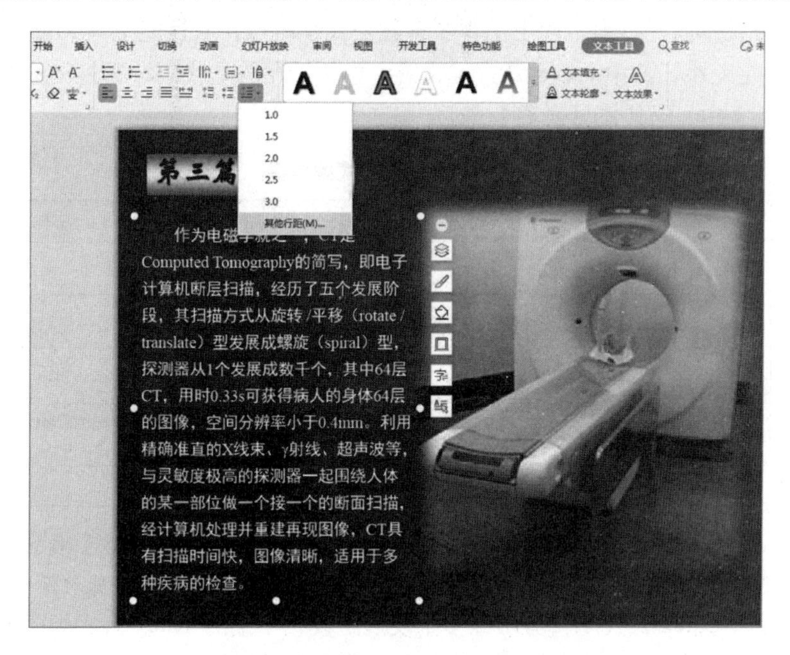

图 2-84　单击“开始 / 段落 / 行距”

PPT 电子演讲稿中行间距的调整方法是，选中正文的文字部分，单击“开始 / 段落 / 行距”，则显示“1.0”“1.5”“2.0”“3.0”“其他行距”，如图 2-85 所示，弹出“行距”对话框，显示“行距”为 1.35，如图 2-85 所示；如果将“行距”修改为“1.0”，效果如图 2-86 所示，显然图 2-86 没有图 2-84 匀称美观。

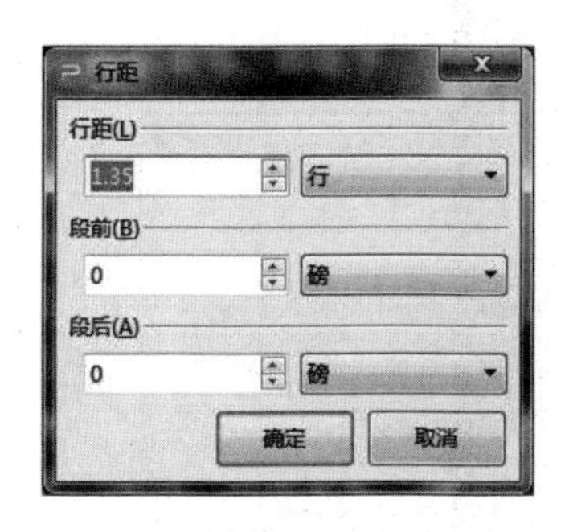

图 2-85　“行距”1.35

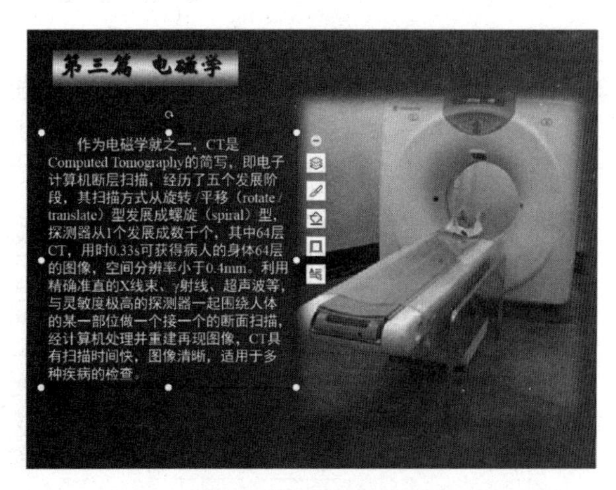

图 2-86　“行距”为 1.0

2.9 Microsoft Equation 3.0 与 Latex 在线公式编辑器

Microsoft Equation 3.0 即 Microsoft 公式 3.0，在公式编辑器领域非常优秀，尤其是其用来制作公式正体、斜体及多种字体方面，但是它的制作依赖于公式编辑器。由于基于 64 位计算机编辑公式方式不同，目前市面上出现了多款公式编辑器，从性能上与 Microsoft Equation 3.0 相比还有一定差距，其中 Latex 公式编辑器，由于采用的是代码，通过浏览器就能解译出公式，公式与其 Latex 码具体见表 2-4。

表 2-4　Latex 公式编辑器

格式	Latex 码	例子	Latex 码
$\frac{a}{b}$	\frac{a}{b}	$\frac{2}{3}$	\frac{2}{3}
μ	\mu	$J=\int_0^\infty e^{-x^2}dx$	J= \int_0^ \infty e^{- x^{2}} dx
$x^k v^2$	x^{k}	$p=\frac{2}{3}\mu v^2$	p=\frac{2}{3} \mu v^{2}
$\sqrt{ab}$	\sqrt{ab}	$f(x,y)=\frac{1}{\sqrt{2\pi}\sigma}e^{-i\frac{x^2+y^2}{2\sigma^2}}$	f(x,y)= \frac{1}{ \sqrt{2 \pi } \sigma}e^ {-i\frac{ x^{2}+y{2} }{2\sigma ^{2}}}
v^2	v^{2}		

由此可见，采用 Latex 公式编辑器编辑公式，就像是编写代码，通过浏览器解译就能得到公式，而且适合于网页编辑，因此深受网页制作者喜爱，能在网络上发布带有公式的文档。但是也可以看到，Latex 公式编辑器历经多个发展阶段，早期的 Latex 公式编辑器编辑出来的公式与文档底对齐，没有达到公式与同行文字自动水平居中的要求；改进后的 Latex 公式编辑器编辑的公式与同行文字自动水平居中，但是像表 2-4 中的 e、i、π 以及微分符号 d 仍然是斜体，无法改成正体，相信今后的版本将越来越接近 Microsoft Equation 3.0 的编辑要求，又能适合于网络与文字同行编辑。

讨论与思考

1. 为什么说文字与画同源，文字是抽象的画？

2. 在 64 位计算机中，相应的 Office 软件也做出相应的改进，试问，制表位工具在哪里找到？表格中的文字左右居中、上下居中工具在哪里找到？设置表格中的单元格文字左右空开的距离从 0.19 cm 变为 0.01 cm 的工具在哪里找到（见图 2-87），有什么意义？

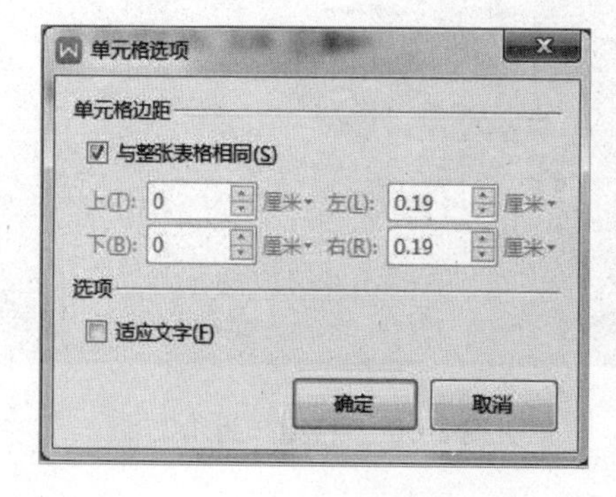

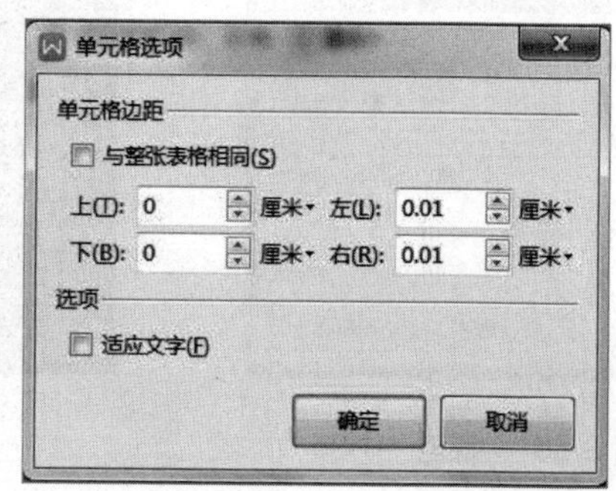

图 2-87　修改单元格边距

3. 在 Word 中，以什么方式进行页面设置，实现上边距 2.5 cm, 下边距 5.3 cm，左边距 3 cm, 右边距 3 cm；奇偶页不同、首页不同；每页定义 40 行，每行定义 40 个字（提示：“页面布局 / 页边距 / 自定义边距”）。

4. 在 Word 中，设置了奇偶页不同、首页不同，如何插入页码？使页码位于页面的上端两侧，并去除页码下方短横线；延长篇眉长横线至合适位置。

（提示：“页面布局 / 页面边框 / 边框”）

5. 在制作公式时，要注意正斜体，说说哪些是正体，哪些是斜体？

6. 在制作好公式后，要求公式居中，公式编号置右，如何实现？

【提示】制表位。

7. 如何实现标题一笔一画逐渐出现，试作一个作品。

8. 如何开发签名系统，试作一个作品。

9. 说说自己在编辑文档过程中，有没有遇到下列错误：

（1）非汉字没有使用 Times New Roman。（2）变量不用斜体。括号用斜体。微分符号用斜体。（3）公式正斜体不分;公式没有居中,公式号没有居右。（4）“×”打成“x”或者“*”。（5）没有图题；图题没有比正文字小一号；图题没有制作段前段后空 6 磅。（6）没有表题；表题位于表的下方；表题没有比正文字小一号；表题没有制作段前段后。（7）参考文献没有按规范：人名、论文名 [J]、刊期名、年、卷、期、页书写。请举例说明。

10. 说一说在 Word 中如何去除自动编号功能？

【提示】单击“文件 / 选项 / 编辑”，取消选择“键入时自动应用自动编号列表”“自动带圈编号”复选框即可。

习　　题

一、填空题

1. GB 2312 是 1981 年 5 月 1 日实施的全称为《信息交换用汉字编码字符集　基本集》，是一种由无重码的 4 位数字组成，前两位称为______，后两位称为______，包括拉丁字母、希腊字母、日文平假名、日文片假名、拼音、俄语西里尔字母，以及序号、数字、数学符号、特殊符号等 682 个；汉字 3 008 个，不含繁体字。1984 年我国台湾地区五家公司创建了大五码 BIG5，收录了______个中文字与字符，不含简体字。GB 18030 为 2000 年 3 月 17 日发布的《信息交换用汉字编码字符集基本集扩充》其特点是________________________。

2. 在制作英语测试题时，常常因为（A）、（B）、（C）、（D）选项对不齐而苦恼，对于下面一题 4 个选项，你打算如何对齐？

In the 1850’s Harriet Beecher Stow’s “Uncle Tom’s Cabin” become the best seller of the generation, ______a host of imitators.

(A) inspiring　　(B) inspired　　(C) inspired by　　(D) to inspire

3. PowerPoint 通常采用深蓝色背景，其公式与文字采用______色或者______色，使得公式或者文字具有较大的对比度；你是如何将公式的颜色由黑色变成所需要的颜色？你如何调整行距？

4. 你会用什么软件进行动态文字的制作？在制作过程中遇到了哪些问题，采用什么方法进行解决？制作的作品名称为__________，发布日期__________，递交地址________________。

二、问答题

1. 说说 GB 2312 与 GB 18030 之间各自的特点，写出编号为 9814、6EC6 相应的生僻汉字。

2. 在制作公式中，i、e、π 是世界上独一无二的常量，其中$i^2=-1$，e=2.718…，π=3.141 59…，通常需要怎样制作？制作下列公式，需要采用什么技巧？

$$f(x)=\frac{1}{\sqrt{2\pi}\,\sigma}\mathrm{e}^{-\mathrm{i}\frac{x^2+y^2}{2\sigma^2}}$$

3. 试述$f(t)=\int_{-\infty}^{+\infty}\frac{1}{\sqrt{2\pi}}\mathrm{e}^{-\mathrm{i}x^2t}\mathrm{d}x$制作时要注意几个要点，具体是什么？

4. 你是如何制作公式的，并确保公式居中，公式编号位于右侧，如图 2-88 所示。

物平面透过率函数表示为

$$t\,(x_0)=\sum_{n=-N/2}^{N/2}\mathrm{rect}\frac{x_0-nd}{d/M} \qquad (1)$$

式中，N是刻痕数，数目很大，n为整数。

图 2-88 公式居中，公式编号位于右侧

5. 试观察图 2-89（a）与图 2-89（b）的差异，你准备如何进行修改，写出具体步骤。

The ARMA model is described as

$(x_t-\mu)-\phi_1(x_{t-1}-\mu)--\ -\phi_p(x_{t-p}-\mu)=\varepsilon_t-\theta_1\varepsilon_{t-1}--\ -\theta_q\varepsilon_{t-q}$, (5)

If the mean of ε_t is zero and the variance is Δ^2_ε, it is called stationary white noise. Using the backward operator $\phi(B)$、$\theta(B)$, , the ARMA model can be expressed as $\phi(B)$、$\theta(B)$.The ARMA model can be expressed as $\phi(B)(x_t-\mu)=\theta(B)\varepsilon_t$, and the least square method is used to estimate the parameters in Equation (4)..

Assuming that x_t has the inverse form,

$x_t-\sum_{j=1}^{\infty}I_jx_{t-j}=\varepsilon_t$, (6)

Equation (4) is rewritten as

$[1-\phi_1B-\phi_2B^2--\ -\phi_pB^\gamma]x_t=[1-\theta_1B-\theta_2B^2--\ -\theta_qB^q]\varepsilon_t$,

In the formula, $\varepsilon_t=(1-I_1B-I_2B^2--\ )x_t$. By omparing the coefficients, we get

$1-\phi_1B-\phi_2B^2--\ -\phi_pB^\gamma=[1-\theta_1B-\theta_2B^2--\ -\theta_qB^q](1-I_1B-I_2B^2--\ )$,

Compare B to the same power on both sides

$$\begin{cases}\phi_1=\theta_1+I_1\\ \phi_2=\theta_2-\theta_1I_1+I_2\\ \phi_3=\theta_3-\theta_1I_2-\theta_2I_1+I_3 \quad ,(7)\\ -\\ \phi_j=\theta_j-\theta_1I_{j-1}-\theta_2I_{j-2}--\ -\theta_{j-1}I_1+I_j\end{cases}$$

（a）修改前

The ARMA model is described as

$$(x_t-\mu)-\varphi_1(x_{t-1}-\mu)-\cdots-\varphi_p(x_{t-p}-\mu)=\varepsilon_t-\theta_1\varepsilon_{t-1}-\cdots-\theta_q\varepsilon_{t-q}, \qquad (5)$$

If the mean of ε_t is zero and the variance is Δ^2_ε, it is called stationary white noise. Using the backward operator $\varphi(B)$, $\theta(B)$, the ARMA model can be expressed as $\varphi(B)$, $\theta(B)$.The ARMA model can be expressed as $\varphi(B)(x_t-\mu)=\theta(B)\varepsilon_t$, and the least square method is used to estimate the parameters in Equation (5).

Assuming that x_t has the inverse form,

$$x_t-\sum_{j=1}^{\infty}I_jx_{t-j}=\varepsilon_t, \qquad (6)$$

Equation (5) is rewritten as

$$[1-\varphi_1B-\varphi_2B^2-\cdots-\varphi_pB^\gamma]x_t=[1-\theta_1B-\theta_2B^2-\cdots-\theta_qB^q]\varepsilon_t,$$

In the formula, $\varepsilon_t=(1-I_1B-I_2B^2-\cdots)x_t$. By comparing the coefficients, we get

$$1-\varphi_1B-\varphi_2B^2-\cdots-\varphi_pB^\gamma=[1-\theta_1B-\theta_2B^2-\cdots-\theta_qB^q](1-I_1B-I_2B^2-\cdots),$$

Compare B to the same power on both sides

$$\begin{cases}\varphi_1=\theta_1+I_1\\ \varphi_2=\theta_2-\theta_1I_1+I_2\\ \varphi_3=\theta_3-\theta_1I_2-\theta_2I_1+I_3\\ \cdots\\ \varphi_j=\theta_j-\theta_1I_{j-1}-\theta_2I_{j-2}-\cdots-\theta_{j-1}I_1+I_j\end{cases}, \qquad (7)$$

（b）修改后

图 2-89 修改符号

6. 制作图 2-90 所示目录时，如何在标题与页码之间中间补点？

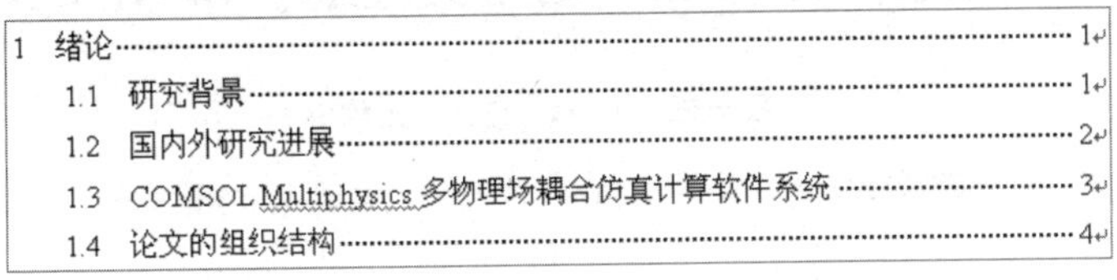

1 绪论……………………………………………………………………1
1.1 研究背景……………………………………………………………1
1.2 国内外研究进展……………………………………………………2
1.3 COMSOL Multiphysics 多物理场耦合仿真计算软件系统…………3
1.4 论文的组织结构……………………………………………………4

图 2-90　标题左对齐，页码右对齐，中间补点

7. 在 Word 中如何显示篇眉后插入页码？在制作过程中出现如图 2-91 所示的问题，你采用什么方法进行纠正？

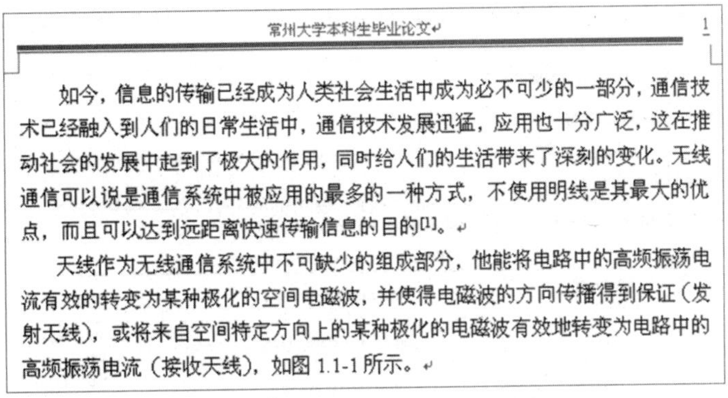

常州大学本科生毕业论文　1

如今，信息的传输已经成为人类社会生活中成为必不可少的一部分，通信技术已经融入到人们的日常生活中，通信技术发展迅猛，应用也十分广泛，这在推动社会的发展中起到了极大的作用，同时给人们的生活带来了深刻的变化。无线通信可以说是通信系统中被应用的最多的一种方式，不使用明线是其最大的优点，而且可以达到远距离快速传输信息的目的[1]。

天线作为无线通信系统中不可缺少的组成部分，他能将电路中的高频振荡电流有效的转变为某种极化的空间电磁波，并使得电磁波的方向传播得到保证（发射天线），或将来自空间特定方向上的某种极化的电磁波有效地转变为电路中的高频振荡电流（接收天线），如图 1.1-1 所示。

图 2-91　插入页码后“1”下方有一短横，粗细双条线右侧短了一截

8. 如图 2-92 所示，页码“2”下方有一条短线，“量子力学习题解答”下方线是单线，而且右方短了一截，你如何操作，使其变成图 2-93 所示的状态，在“量子力学习题解答”下方线是文武线。

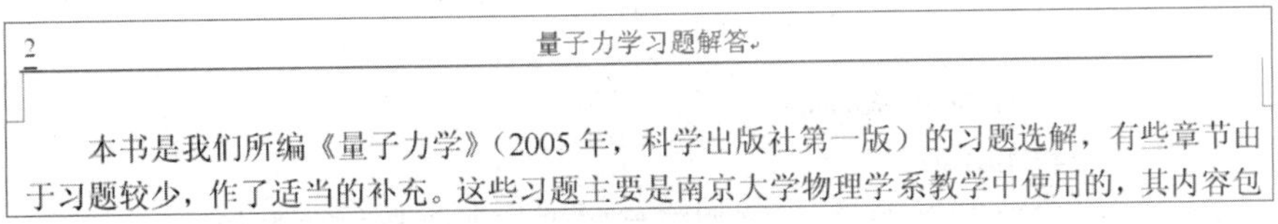

2　量子力学习题解答

本书是我们所编《量子力学》(2005 年，科学出版社第一版）的习题选解，有些章节由于习题较少，作了适当的补充。这些习题主要是南京大学物理学系教学中使用的，其内容包

图 2-92　“2”下方有一短线，“量子力学习题解答”下方线是单线，而且右方短了一截

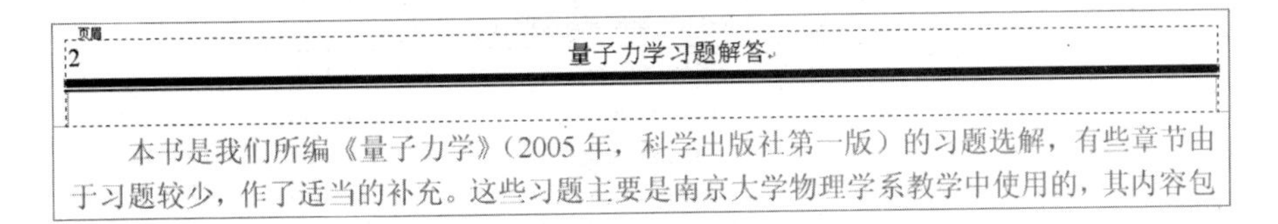

页眉
2　量子力学习题解答

本书是我们所编《量子力学》(2005 年，科学出版社第一版）的习题选解，有些章节由于习题较少，作了适当的补充。这些习题主要是南京大学物理学系教学中使用的，其内容包

图 2-93　文武线

9. 如何制作图 2-94 所示脚注？

光栅 Talbot 效应光强分布研究

江兴方 [1,2]　黄正逸 [1]　王钦华 [2]

（[1] 江苏工业学院数理学院，常州 213164　[2] 苏州大学现代光学研究所，苏州 215006）

[1,2] 基金项目：江苏省现代光学技术技术重点实验室开放课题（KJS0730）资助。
e-mail: xfjiang@jpu.edu.cn

图 2-94　脚注

10. 试观察图 2-95（a）与图 2-95（b）的差异，你准备如何进行修改，写出具体步骤。

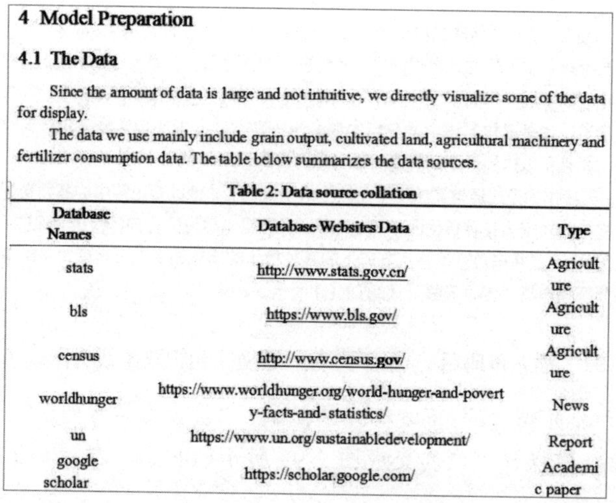

4 Model Preparation

4.1 The Data

Since the amount of data is large and not intuitive, we directly visualize some of the data for display.

The data we use mainly include grain output, cultivated land, agricultural machinery and fertilizer consumption data. The table below summarizes the data sources.

Table 2: Data source collation

Database Names	Database Websites Data	Type
stats	http://www.stats.gov.cn/	Agricult ure
bls	https://www.bls.gov/	Agricult ure
census	http://www.census.gov/	Agricult ure
worldhunger	https://www.worldhunger.org/world-hunger-and-povert y-facts-and- statistics/	News
un	https://www.un.org/sustainabledevelopment/	Report
google scholar	https://scholar.google.com/	Academi c paper

（a）

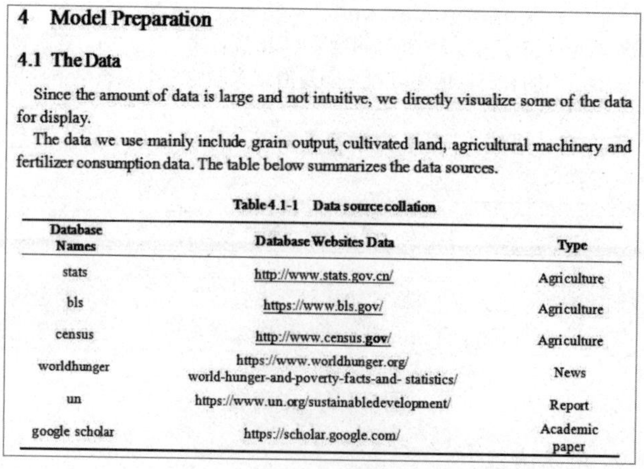

4 Model Preparation

4.1 The Data

Since the amount of data is large and not intuitive, we directly visualize some of the data for display.

The data we use mainly include grain output, cultivated land, agricultural machinery and fertilizer consumption data. The table below summarizes the data sources.

Table 4.1-1　Data source collation

Database Names	Database Websites Data	Type
stats	http://www.stats.gov.cn/	Agriculture
bls	https://www.bls.gov/	Agriculture
census	http://www.census.gov/	Agriculture
worldhunger	https://www.worldhunger.org/ world-hunger-and-poverty-facts-and- statistics/	News
un	https://www.un.org/sustainabledevelopment/	Report
google scholar	https://scholar.google.com/	Academic paper

（b）

图 2-95　表格的修改

【提示】白，黄（或者黄，白）；可单击“视图 / 工具栏 / 图片”中的“重新着色”按钮完成；单击“格式 / 行距”调节行距。

11. 在制作页眉时插入页码出现什么问题，你是如何解决的？

12. 在 PowerPoint 中制作公式，需要改变颜色和尺寸，例如将黑色改成红色，你是如何实现的？

13. 试叙述在 PowerPoint 中插入录像的方法。

14. 说说若干种动态文字的制作方法。

图形与图像

数字图可以划分为矢量图和位图。矢量图是采用一组指令或者采用参数来描述点、直线、曲线、圆、圆弧、矩形等元素的位置、维度、大小和形状等，易于对矢量图的各个元素进行移动、缩放、旋转和扭曲等，而不会出现马赛克般失真现象，故称图形。Visio Professional 就是绘制矢量图的优秀软件，广泛地应用于书稿绘图中；位图的特征是描述图像中各个像素点的强度与颜色的数位，适合于表现比较细致的层次，比较丰富的色彩和包含大量细节的图像，其缺点是放大后会出现马赛克般失真现象，故称图像。

本章将以利用 Visio Professional 制作矢量图图形与利用 Photoshop 处理位图图像为例，分别说明图形的制作技术和图像的修改技术。

3.1 矢量图形的制作

1. 绘制杆的影长分析图

利用 Visio Professional，绘制一根杆的影长分析图，如图 3-1 所示。

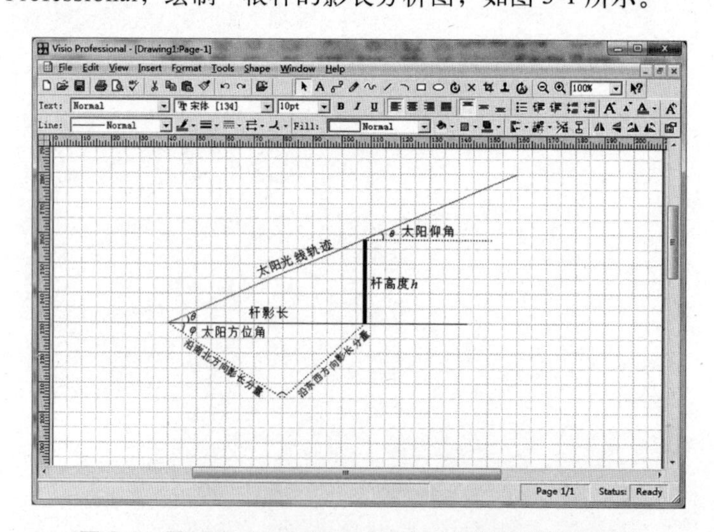

图 3-1　用 Visio Professional 绘制一根杆的影长分析图

首先从 Visio Professional 界面中可以看到 File、Edit、View、Insert、Format、Tools、Sharp、Window、Help 9 个菜单栏。

制作方法：打开 Visio Professional 界面，使用“直线工具”绘制一条斜线，再选择“线着色工具”，打开线调色板，如图 3-2 所示，选择红色，这样入射的太阳光线就为红色了。

使用同样的方法，绘制出两条水平线，并在地面上绘制出两条垂直的直线，所不同的是，这四段线不需要改成红色，是默认的黑色，另外，将其中一条短的水平线与地面上相互垂直的两条直线做成虚线。其方法是，选中这三段线，单击“线方式”按钮，打开相应面板，如图 3-3 所示。选择虚线，表示直角的两段线也采用相同的方法制作；再绘制一条竖线，选中竖线后单击“线粗细”按钮，打开相应面板，如图 3-4 所示，选择粗线；也可以采用“矩形工具”绘制一个长方形，选中长方形，单击“填色工具”，打开调色板，选择黑色，如图 3-5 所示，选择黑色填充。

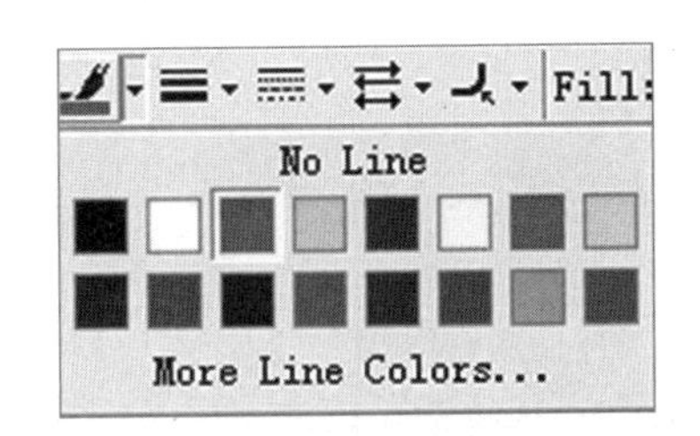

图 3-2　选择红色

图 3-3　选择虚线

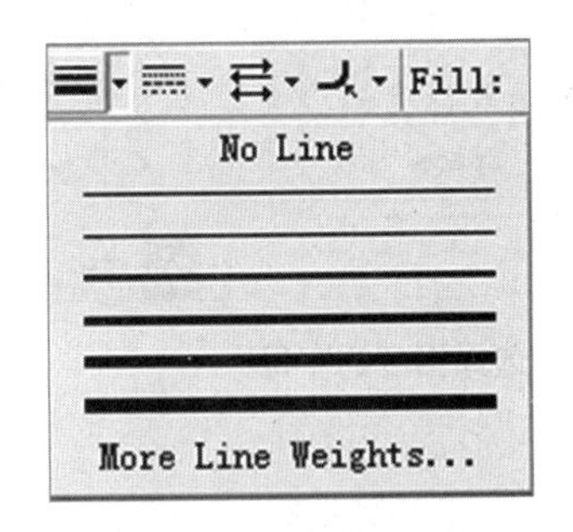

图 3-4　选择粗线

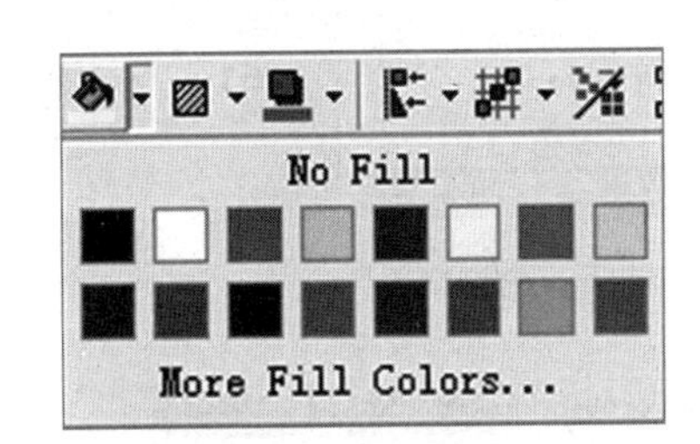

图 3-5　选择黑色

利用“文字工具”，分别输入“太阳仰角”“杆高度 h”“杆影长”“太阳方位角”“太阳光线轨迹”“沿南北方向影长分量”“沿东西方向影长分量”，所不同的是“太阳光线轨迹”“沿南北方向影长分量”“沿东西方向影长分量”三段文字需要顺着直线走向放置。其制作方法是，先选中“太阳光线轨迹”，如图 3-6 所示，再选中“旋转工具”，这时包围文字“太阳光线轨迹”的就不再是 8 个正方形处理子，而是 4 个正方形和 4 个圆圈形处理子，如图 3-7 所示，拖动圆圈形即可进行旋转，直至达到要求为止。值得注意的是，可以先读取太阳光线的倾斜角度，按相同的倾斜角度设置“太阳光线轨迹”角度位置，方法是，选中太阳光线，以 Sharp/Size & Position 方式打开 Size & Position，在 Size & Position 对话框中，选择“Begin, Length, Angle”，读取太阳光线轨迹的倾斜角度为 22.619 9°，用同样的方法，设置“太阳光线轨迹”的倾斜角度也为 22.619 9°。“沿南北方向影长分量”“沿东西方向影长分量”也采用相同的方法完成沿相应的直线排列。

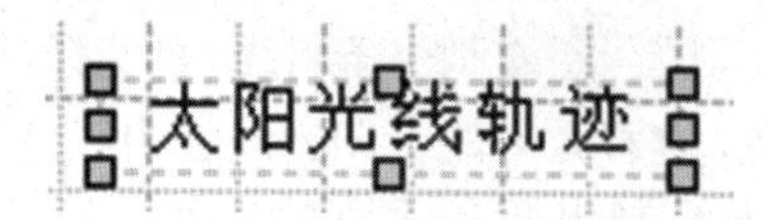

图 3-6 选中“太阳光线轨迹”

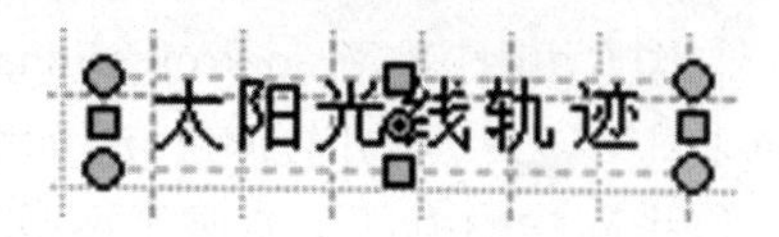

图 3-7 旋转处理子

接下来就是角度 θ 和 φ，可以通过小键盘选择“希腊字母”，如图 3-8 所示，打开“希腊字母”对话框，如图 3-9 所示，选择相应的字母，然后设定字体为 Times New Roman、斜体；也可以单击“Insert/Equation”，如图 3-10 所示，打开公式编辑器，制作 θ 和 φ。

最后选择“自由曲线工具” 绘制一段弧表示角的位置，一共绘制 3 段，采用默认的黑色。

这样图 3-1 中的所有元素制作完毕，接下来选中全部制作的元素，按【Ctrl+C】组合键将其复制到剪贴板中，在 Word 或 PowerPoint 界面中右击，在弹出的快捷菜单中选择“选择性粘贴”命令粘贴到相应的位置上，在弹出的“选择性粘贴”对话框中选择“VISIO 5 Drawing 对象”，如图 3-11 所示。

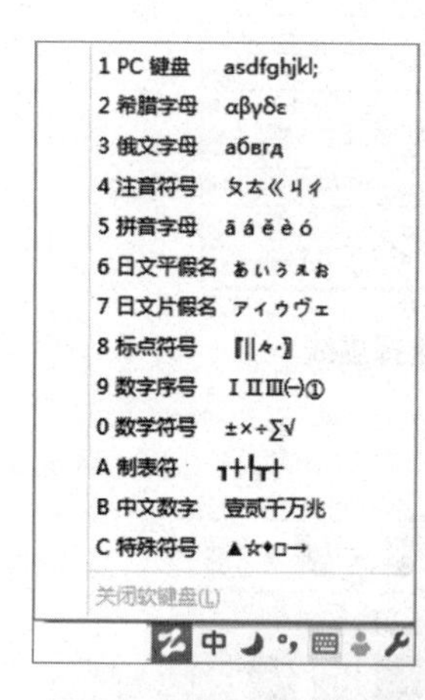

图 3-8 选择“希腊字母”

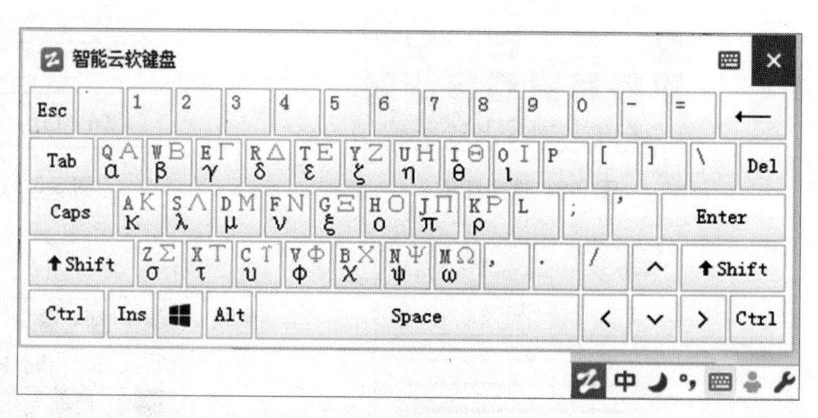

图 3-9 选择相应的字母

Insert Format Tools Shape Windo
Page...
Field...
Lotus Notes Field...
Picture...
Control...
Equation...
Microsoft Graph...
Object...
Hyperlink... Ctrl+K

图 3-10 打开公式编辑器

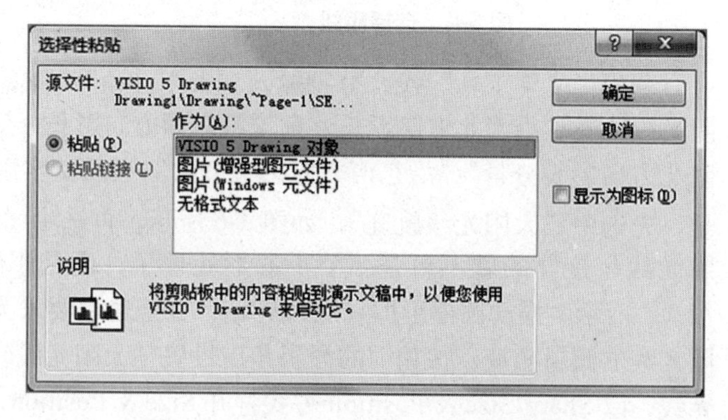

图 3-11 选择“VISIO 5 Drawing 对象”

2. 制作框图

利用 Visio Professional 制作“农产品供应链成本”框图，如图 3-12 所示。

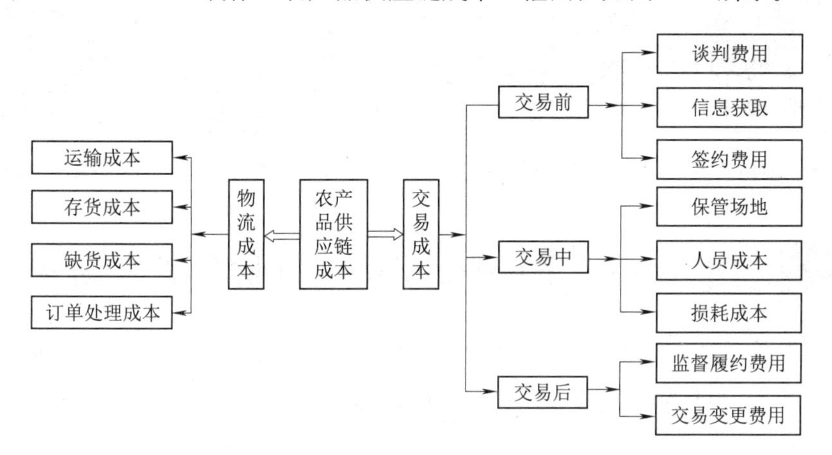

图 3-12 “农产品供应链成本”框图

设计方案：以“农产品供应链成本”为中心，左右分布，所有文本采用长方形块结构（也可以采用圆形或者椭圆形结构），从“农产品供应链成本”出发的箭头用较粗的，其他必须上下居中，左右居中对齐。

制作方法：

（1）打开 Visio Professional 界面，利用“文本域工具”，在界面上绘制一个文本域，以“宋体”、“12px”格式输入“农产品供应链成本”，8 个字呈 2 列 4 行，再单击“填色工具”，如图 3-13 所示。选择黄色进行填色，再单击“线着色工具”，如图 3-14 所示。选择红色进行着色，文字呈红色，底呈黄色，这样对比度高，而且醒目。

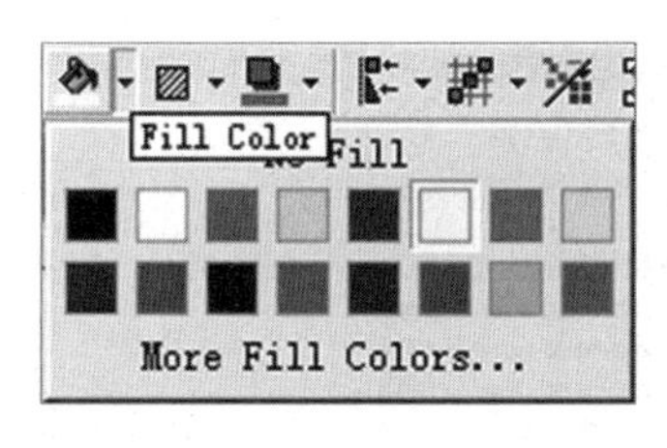

图 3-13 填色工具

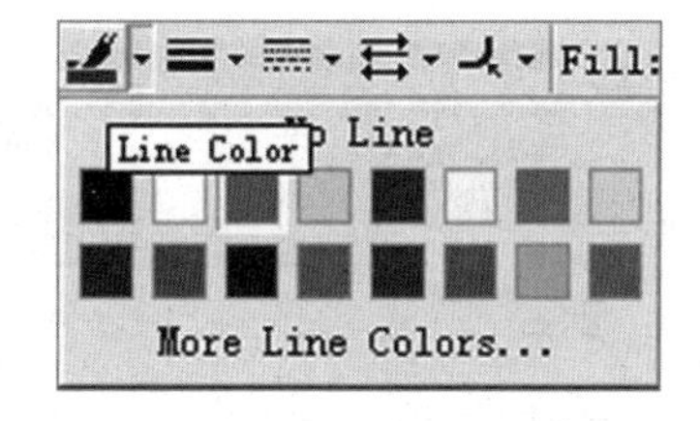

图 3-14 线着色工具

（2）使用“直线工具”制作，并且单击“线着色工具”，如图 3-14 所示，选择蓝色进行着色。将制作的置于“农产品供应链成本”右侧，再选中，按【Ctrl +C】组合键复制，按【Ctrl+V】粘贴，单击“水平反转”按钮，得到并移到“农产品供应链成本”左侧。

（3）依次制作“物流成本”“交易成本”，呈 1 列 4 行；然后制作“运输成本”“存货成本”“缺货成本”“订单处理成本”“交易前”“交易中”“交易后”“谈判费用”“信息获取”“签约费用”“保管场地”“人员成本”“损耗成本”“监督履约费用”“交易变更费用”，都是 1 行，再制作蓝色箭头若干。然后利用排列按钮（见图 3-15）中的“上下居中”按钮和分布按钮（见图 3-16）中的上下均匀分布按钮，再通过“放大工具”（见图 3-17）和“缩小工具”（见图 3-18），即可完成“农产品供应链成本”框图。

图 3-15　填色工具

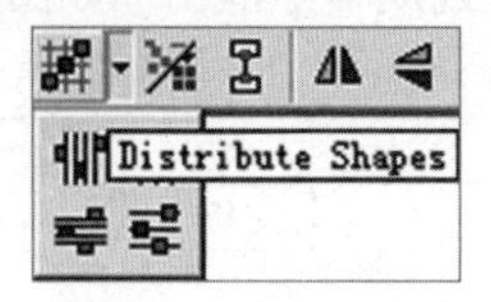

图 3-16　线着色工具

图 3-17　放大工具

图 3-18　缩小工具

3.2 用 Visio Professional 辅助制作扇形合成图

设计 13 本书，分布在一个扇形画面上，书的扫描尺寸为 902 × 629 像素，因此初始画布尺寸设为 2 700 × 1 800 像素，将 13 本书分布在上半圆区域中，相邻两本书中心的圆心角相差为 15°。

利用 Visio Professional 制作模板。方法是，单击“Visio/ Visio32”（见图 3-19），打开 Visio Professional 界面，如图 3-20 所示，利用“直线工具”绘制一条水平线；利用“弧线工具”画两个圆弧组成一个半圆；再利用“直线工具”绘制一条直线，并单击 Shape/Size & Position（见图 3-21），打开“Shape/Size & Position”对话框，在 Angle 文本框中输入 15° Angle: 15deg，如图 3-22 所示。同理，再画出 30°、45°、60°、……，得到图 3-23 所示的 13 段射线与 1 个半圆，选中这 13 段射线与 1 个半圆后，按【Ctrl+C】组合键，在 Adobe Photoshop 中新建 2 700 × 1 800 像素新画布，如图 3-24 所示，在新画布中按【Ctrl+V】组合键，如图 3-25 所示。

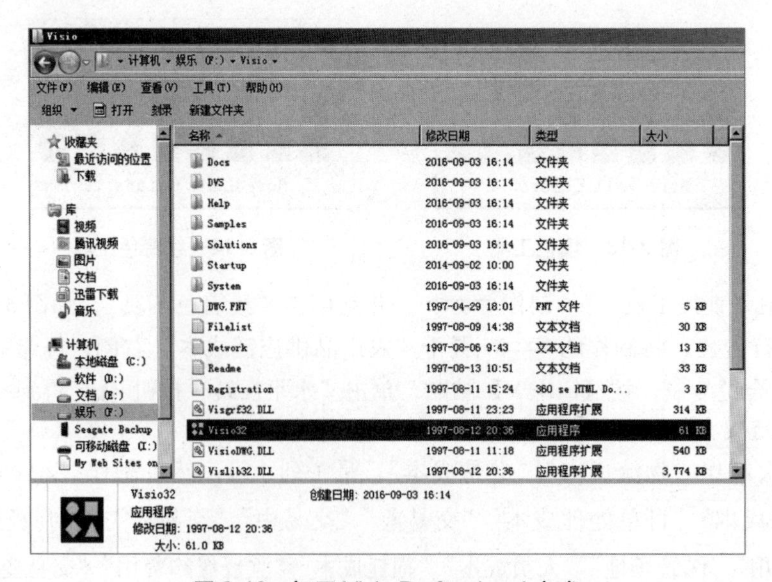

图 3-19　打开 Visio Professional 方式

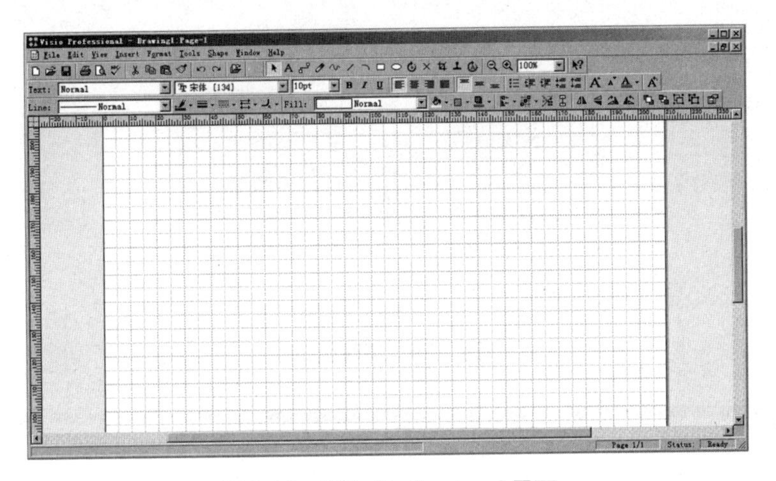

图 3-20　Visio Professional 界面

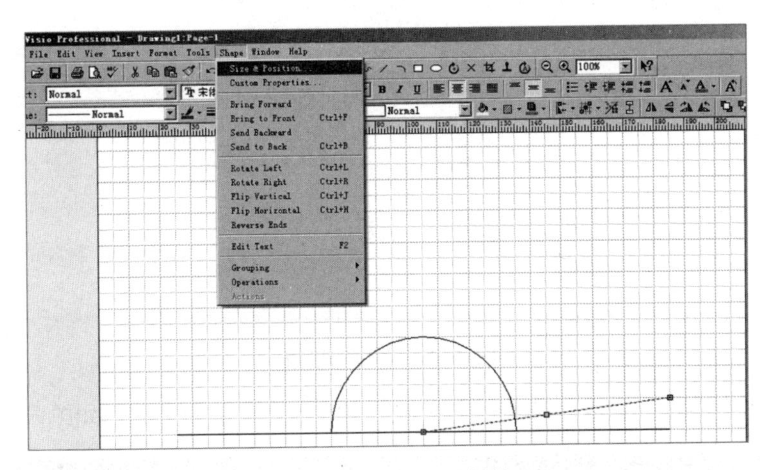

图 3-21　制作 15° 射线

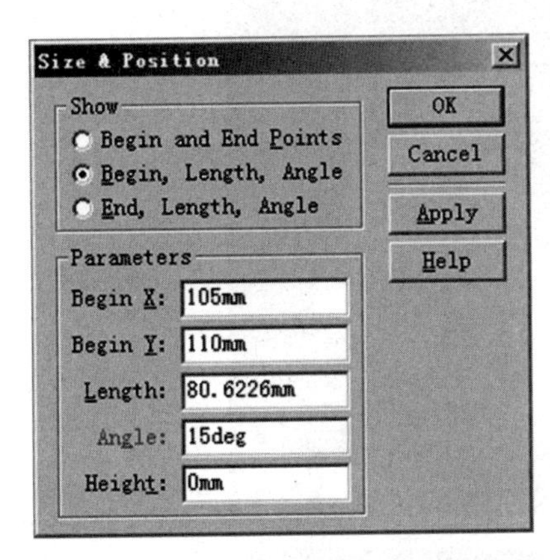

图 3-22　“Size & Position”对话框

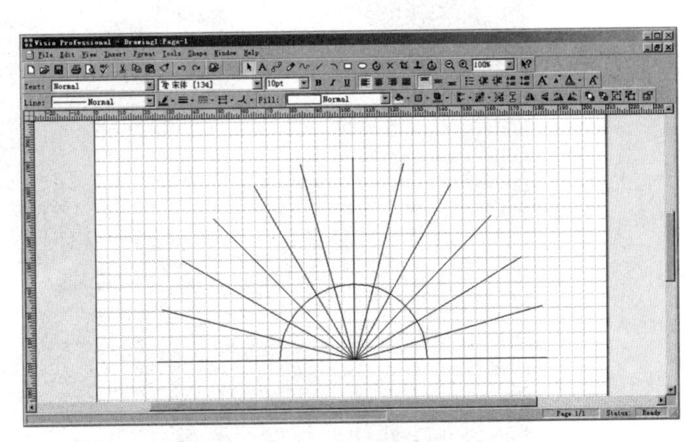

图 3-23　13 段射线与 1 个半圆

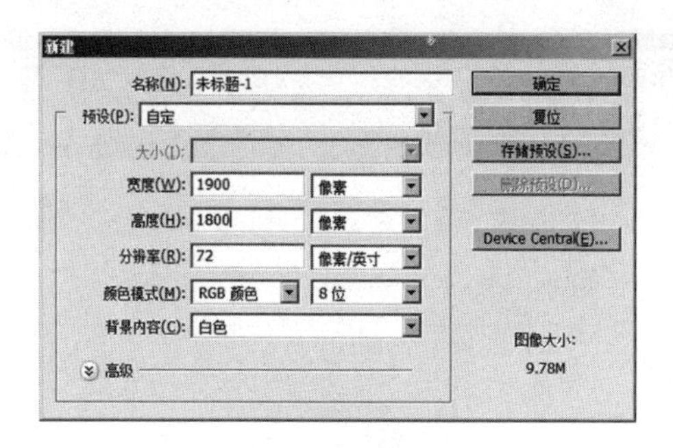

图 3-24　新建画布

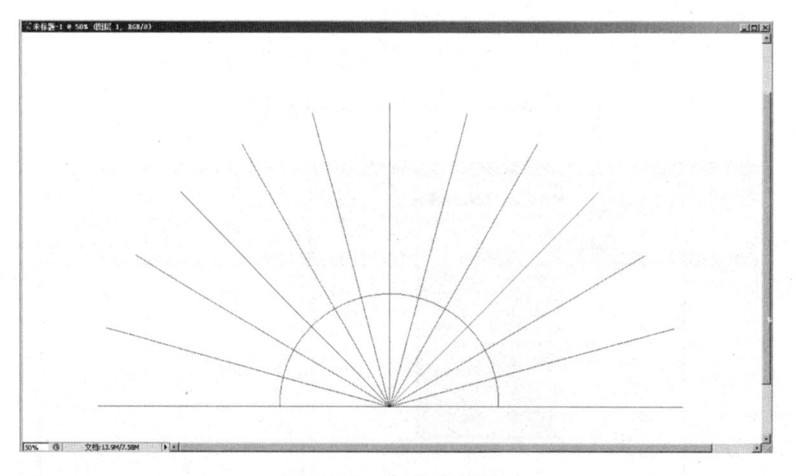

图 3-25　制作的模板

对应于模板中的每一射线，贴上一本书，个别书名补充贴在上面，如图 3-26 所示。

图 3-26　13 本书构成一扇形图案

Visio Professional 作为示意图绘制软件工具，在书稿绘图以及专利绘图方面应用较广，如图 3-27 所示，绘制精度为 1′ 的角游标读数装置，将圆心角等分 360 份。

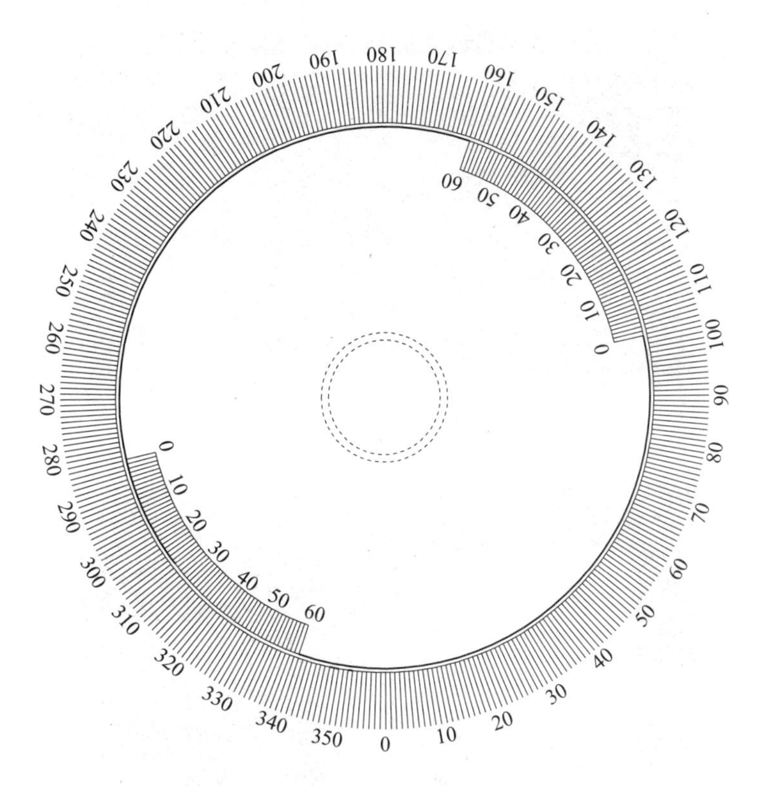

图 3-27　精度为1′ 的角游标读数装置

3.3 位图组合拼接技术

双击图标，打开 Adobe Photoshop，如图 3-28 所示，弹出“新建 / 打开”对话框，如图 3-29 所示，单击新建...按钮，弹出“新建”对话框，如图 3-30 所示，单击创建按钮，打开 Photoshop CC 界面，打开“桃花 _ 鹅倒影”（文件名为 20190331 洛阳桃花 1.jpg），如图 3-31 所示。在 Photoshop CC 界面中有“文件”“编辑”“图像”“图层”“文字”“选择”“滤镜”“3D(D)”“视图”“窗口”“帮助”共 12 个菜单。

图 3-28　Photoshop CC 启动界面

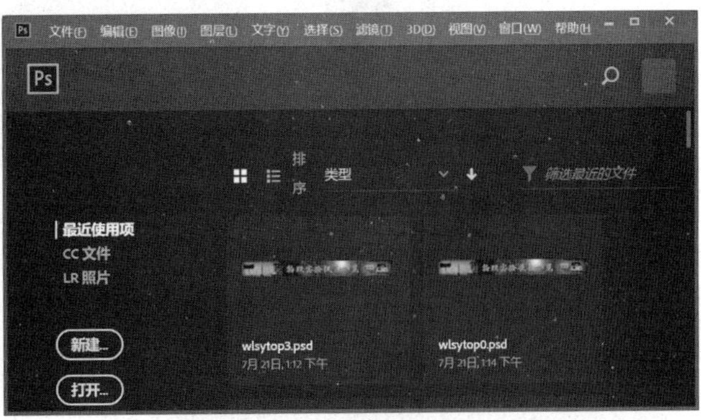

图 3-29　单击“新建”按钮

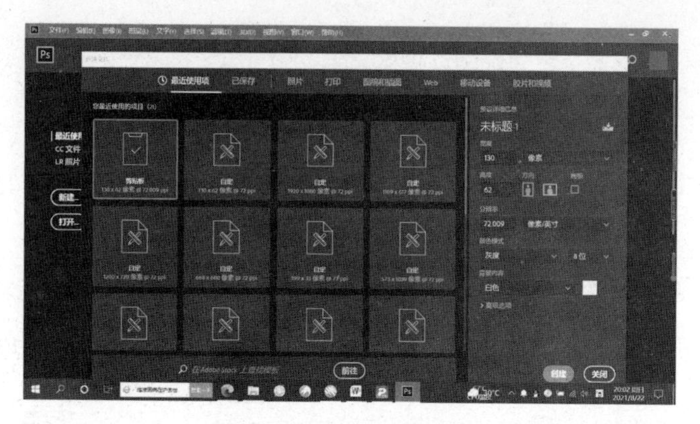

图 3-30 “新建”对话框

图 3-31 Photoshop CC 界面

3.3.1 羽化技术

设计方案：精选三幅图，各自取其中一部分组合成无缝的一张海报图，并且配有一首诗，标注拼音签名与制作时间。

制作方法：

（1）在图 3-29 中单击“打开”按钮，将图 3-32 至图 3-34 所示的三幅原图一一打开。

图 3-32 “桃花 _ 鹅倒影”

图 3-33 “桃花 _ 油菜花 _ 蚕豆花”

图 3-34 杨柳倒影

（2）在图 3-31 中，先将“羽化”栏中的“0 像素”修改成“50 像素”，如图 3-35 所示，再使用“选择工具”，在图 3-32 中的画面上绘制一个矩形，如图 3-35 所示。注意四个角自动变成了圆角，其圆角的大小与所设置的羽化像素值有关。

（3）按【Ctrl+X】组合键剪切到剪贴板上，在图 3-31 中单击“新建”按钮，新建一幅宽 50 cm、高 90 cm 的画布，如图 3-36 所示，单击“确定”按钮，再按【Ctrl+V】组合键复制到新建图的右下角，如图 3-37 所示；同理，设置羽化值为 50 像素，在图 3-33 中选取右侧“桃花_油菜花_蚕豆花”，复制到新建图的左下角；使用同样的方法，将图 3-34 中的“杨柳倒影”等选中，复制到新建图的左中部。

图 3-35　设置羽化值为 50 像素

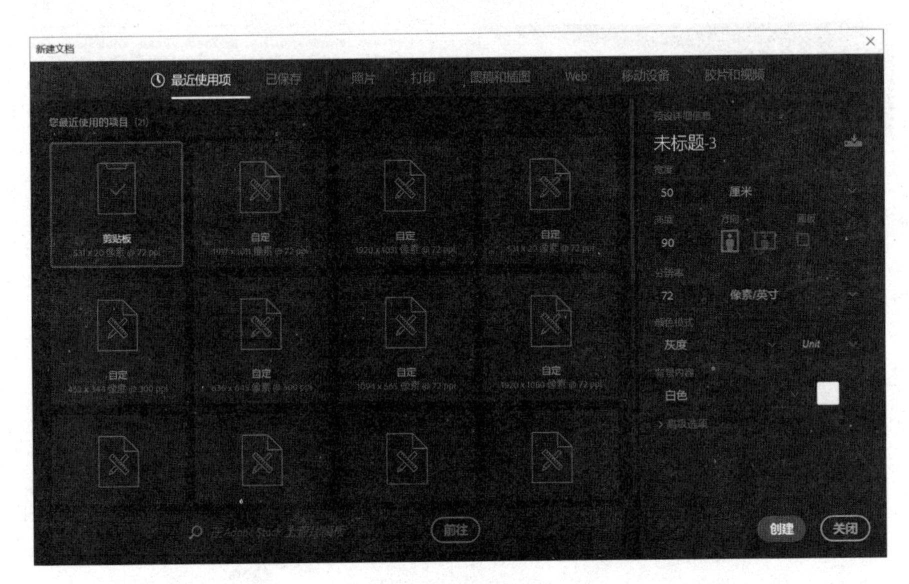

图 3-36　创建画布

(4) 在新建图右上方，输入“洛阳桃花盛开时，xfjiang 2019.3.31，桃花鹅影柳弯弯，垂条木桥之边游；花花蚕豆红黄绿，洛阳水塘柱亭红。”，如图 3-37 所示。

(5) 使用“吸管取色工具”，吸取天空中的蓝色，利用“油漆桶工具”，将画布填满天空的蓝色。

(6)单击“图层/合并可见图层”，合并图层，并保存文件名为“20190331 洛阳桃花 5.jpg”。值得注意的是，一幅作品需要反复修改，一般先保存为 .psd 格式，最后再另存为 .jpg 格式，如图 3-38 所示。

图 3-37　制作过程

图 3-38　成品

采用羽化技术可以制作大量作品，例如，图 3-39 所示为 2002 年制作的“基础物理实验中心”的介绍；图 3-40 所示为“磁阻效应”实验的介绍，它们的风格一致，左上方采用深蓝色呈三角形形状，其斜边是弧形，且是羽化的，右下角与左上角正好相反，在弧形处输入“永担责任　追求卓越”。

图 3-39　三块连续展板

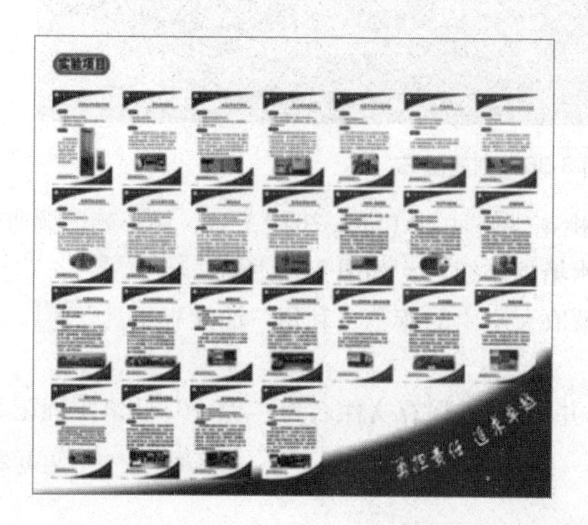

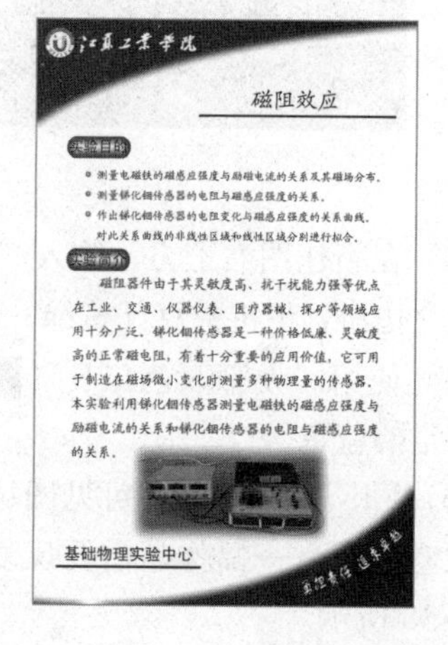

图 3-40　单块展板

3.3.2 图像的拼接技术

平时我们经常遇到在浏览网页时，一屏幕内看不全，有的需要两屏，甚至更多屏，下面介绍利用 Photoshop CC 将 2023 年 7 月 18 日的中国大学生计算机设计大赛网站主页拼接成一幅图。具体做法如下：

（1）进入中国大学生计算机设计大赛网站主页，如图 3-41 所示；在图 3-41 中不能看到完整的主页信息，需要将滚动条向下拉动才能看完整。

图 3-41 中国大学生计算机设计大赛网站

（2）为了让一页中看到完整的主页信息，需要截取第 2 个图，截取时要包括图 3-41 中部分信息，如“大赛焦点”，如图 3-42 所示。

图 3-42 第 2 个截图

（3）将图 3-41 和图 3-42 拼接起来的方法如下：

打开 Photoshop CC，新建一个图像文件，截屏尺寸为宽“1 920 像素”高“1 080 像素”，如图 3-43 所示；修改图像尺寸为宽“1 920”高“4 080”，如图 3-44 所示。先将图 3-41 复制到新建的图像文件中，再利用“矩形剪切工具”▩，将图 3-42 从“大赛焦点”高度一半处向下进行截图，将其复制到新建的图像文件中，选择“移动工具”，与键盘上的向上、向下、向左、向右箭头，把两幅图在“大赛焦点”公共像素区域完全重合，拼接后的效果如图 3-45 所示。

图 3-43　宽“1 920”高“1 080”

图 3-44　宽“1 920”高“4 080”

图 3-45　两幅图通过“大赛焦点”公共像素区域进行拼接

（4）第 3 个截图如图 3-46 所示，采用与制作图 3-45 同样的方法进行拼接。

（5）第 4 个截图如图 3-47 所示，再采用与制作图 3-45 同样的方法进行拼接，最后的拼接效果如图 3-48 所示。

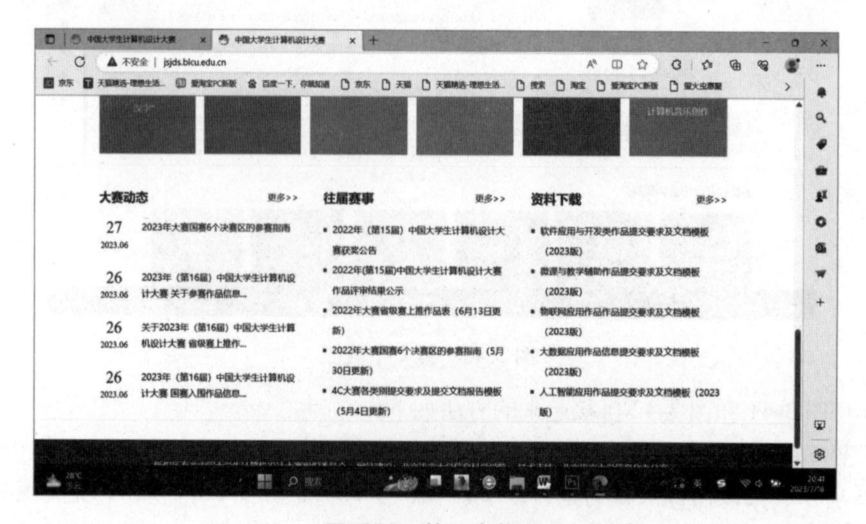

图 3-46　第 3 个截图

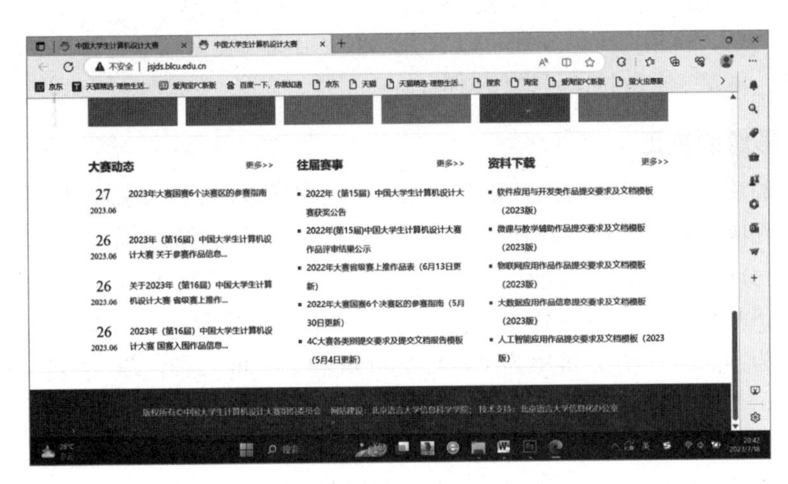

图 3-47　第 4 个截图

图 3-48　最后拼接成的图

值得注意的是，拼接完整的图还可以放大，不会出现马赛克现象。当然要想让其他人看到下一层内容，再发一个链接即可继续浏览。

3.3.3 遥感影像的校正

遥感影像的获取可以分为航天、航空及无人机（或气球）低空摄影等多种方式，遥感影像的应用涉及几何校正，以及不同分辨率、不同明暗、不同色彩的图像之间的拼接技术。例如 MODIS（中分辨率成像光谱辐射计）是搭载在 EOS 系列卫星上的遥感传感器。1999 年 12 月 18 日 NASA 发射的 EOS-AMl 称为上午星；2002 年 4 月 18 日发射的 EOS-PM1 称为下午星。扫描角为 ±55°，有分辨率为 1 km、500 m 和 250 m 三种，跨度约 2 340 km，每一景包含约 5 min，以 .HDF 格式保存，大小约 600 MB。图 3-49 所示为一幅转换成“.jpg”格式后没有校正的原始图，由于地球表面扫描 2 340 km，不能再看成是平面了，而是球面，故需要进行几何校正，其按照经度、纬度坐标进行校正后的效果如图 3-50 所示。

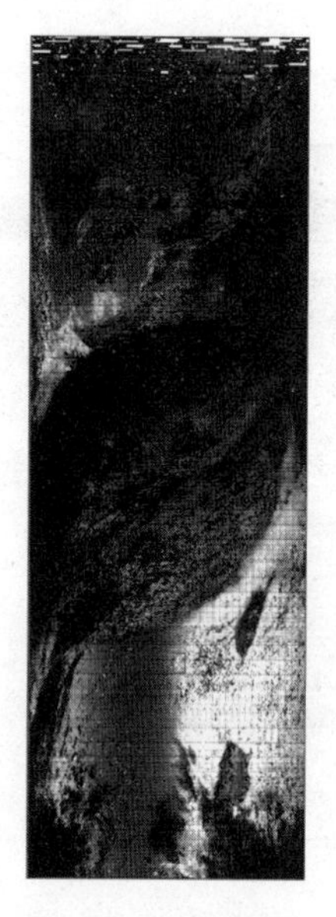

图 3-49 原始图

图 3-50 校正图

3.4 Photoshop 在 PPT 电子演讲稿中的应用

PowerPoint 简称 PPT，是人们常用的播放电子演讲稿的工具，在制作 PPT 的过程中使用 Photoshop 中的相关技术，如羽化（Feather）技术、抠像技术等，就能使 PPT 的质量得到提高。

3.4.1 羽化技术的应用

如图 3-51 所示，背景是蓝色，看久了也不会产生疲劳，左上方是采用黄、红两种颜色制作成的线条型背景、蓝色字的二级标题；中间是一幅钱塘江潮图片，下面是一段介绍：“钱塘江潮由于月球对地球的引力与太阳对地球的引力形成最大合力时潮位最高，故称八月十八大潮。钱塘江位于浙江省，向东注入东海，钱塘江潮，天下闻名，潮水到来前，远处先呈现一个细小的白点，转眼间变成了一缕银线，并伴随着一阵阵闷雷般的潮声，白线翻滚而至，汹涌澎湃，向上游奔去。”采用的是 1.3 倍行距。

在图 3-51 中，钱塘江潮图较大，与背景蓝色边缘变化对比度大，如果做成渐变形式，会使得过渡平缓些，如何制作呢？

图 3-51 第四篇首页 PPT

PowerPoint 电子演讲稿中图色渐变的制作方法是，单击图 3-51，按【Print Screen】键，单击“文件 / 新建”，在 Photoshop 中新建画布，按【Ctrl+V】组合键，把图 3-51 粘贴到画布中，如图 3-52 所示。

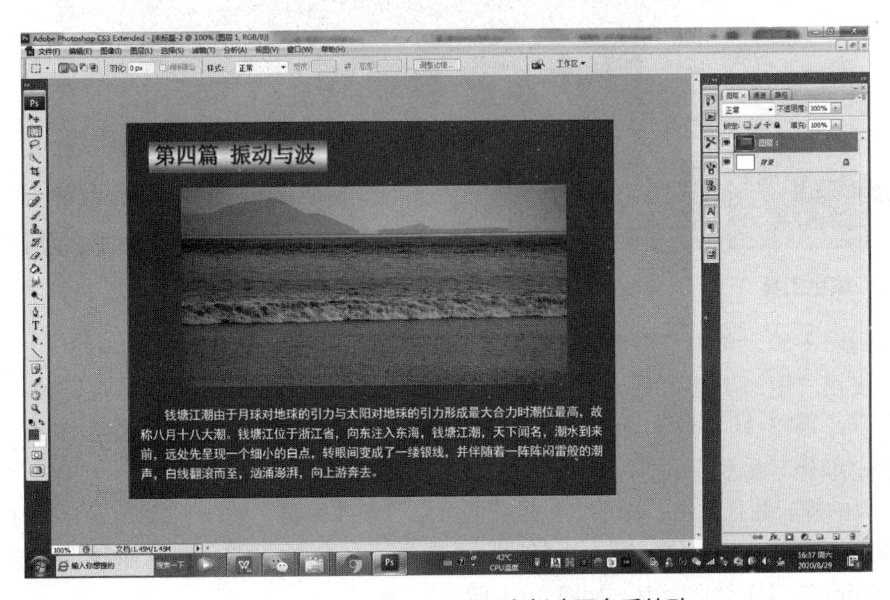

图 3-52 在 Photoshop 界面上新建画布后粘贴

单击“文件 / 新建”，再新建一个“宽度”为 1 440 像素、“高度”为 900 像素的画布，如图 3-53 所示，单击“确定”按钮，出现默认白色的空白界面，单击拾色器工具按钮左上方的前景拾色器，打开“拾色器（前景色）”对话框，如图 3-54 所示，设置（R: 0, G: 0, B: 255），也可直接在“#”栏的可填域中输入十六进制颜色“0000FF”，单击“确定”按钮。这时拾色器工具按钮变成了，然后单击“填色工具”按钮，在弹出的对话框中单击“填色工具”按钮，如图 3-55 所示，在 Photoshop 界面上单击，界面变成了蓝色背景，如图 3-56 所示。

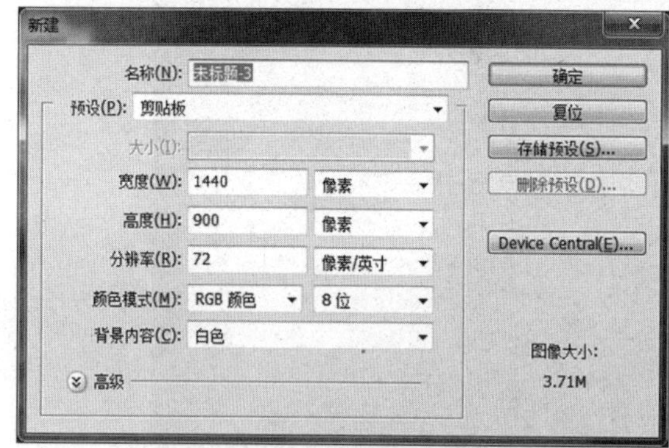

图 3-53 “新建”对话框

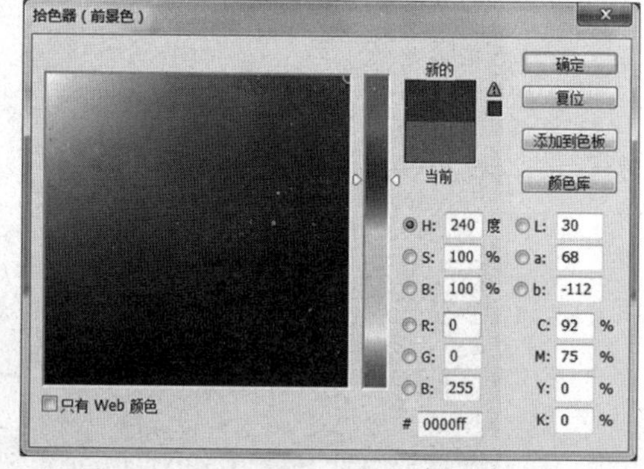

图 3-54 “拾色器（前景色）”对话框

图 3-55 填色工具

图 3-56 深蓝色背景

返回到图 3-52，单击“矩形工具”，在“羽化”文本框中输入 10 px，如图 3-57 所示，然后使用“矩形工具”在图 3-52 的钱塘江潮图上绘制一个更小的框，按【Ctrl+X】组合键截取，再按【Ctrl+V】组合键复制到图 3-56 中，如图 3-58 所示。然后单击“矩形工具”，“羽化”文本框中变成 0 px（0 pixel），再使用“矩形工具”，绘制一个比钱塘江潮图更大的框，并且单击“图层 / 合并可见图层”合并图层，如图 3-59 所示，按【Ctrl+X】组合键截取，单击“文件 / 新建”，再新建一个画布，另存为“996.jpg”，如图 3-60 所示，插入 PowerPoint 演示文稿页面中，如图 3-61 所示。

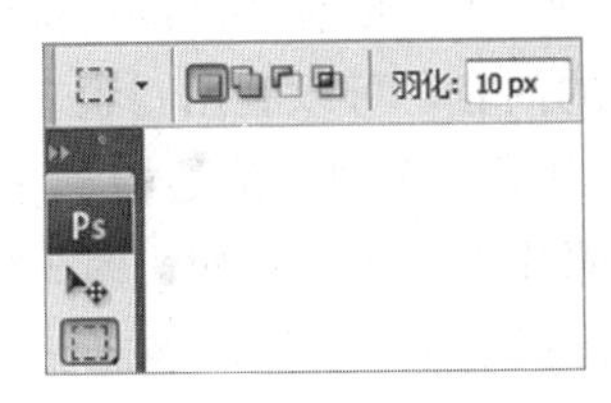

图 3-57　设置“羽化”值

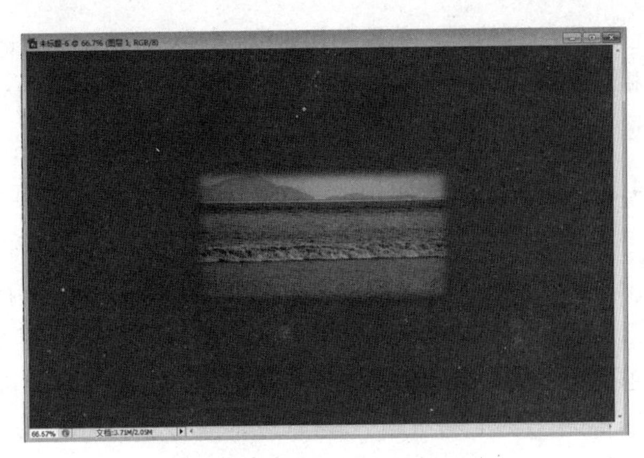

图 3-58　复制到蓝色背景

图 3-59　“合并可见图层”命令

图 3-60　切割的图片

图 3-61　在 PowerPoint 演示文稿中的渐变图

值得注意的是，采用羽化，取 10 px 相对于本次图像做渐变是较好的，对于较小的图像则相应的值取小一点；在本例中可取 10 px，也可取 0 px，一定要在画定选择框前设置好，否则，当选择框画好以后再设置渐变的像素值是无效的。

3.4.2 抠像技术的应用

一幅照片包括前景与背景，有时背景正好烘托前景，但是有时只需要前景，特别是印刷出版物，尽量不使用照片，即使照片质量很好也要抠出其重要的内容，可以利用“索套工具”，其缺点是边缘毛糙，效果不理想，也可以采用多边形法，由于正多边形的边数越多，就越接近于圆，所以可以使用适当粗细的直线工具精细地完成从照片中抠像。例如，图 3-62 至图 3-64 分别是分光计、物理天平、迈克耳孙干涉仪，抠出来的图突出了仪器各部分的特征。

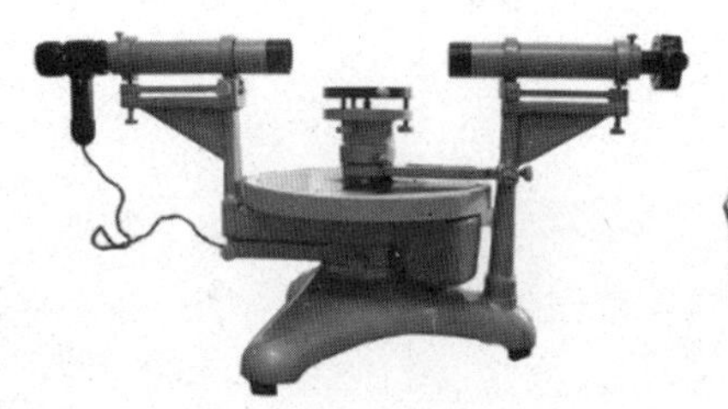

图 3-62 分光计

图 3-63 物理天平

图 3-64 迈克耳孙干涉仪

讨论与思考

1. 画图和修改图片的工具分为两类：一类是作示意图的工具，一般取 256 色，具有容量小，对比度大，清晰度高，便于黑白打印等特点。广泛应用于教学软件的制作、教科书的插图，包括________________等软件；另一类是处理真色彩图片的工具，其容量大，色彩丰富，具有颜色渐变的功能，广泛应用于彩色插图、封面封底、广告设计中，包括________________。

2. 利用 Photoshop 中的过滤器，单击“________________”，打开“聚焦镜”对话框，搬运光源，放置在合适的位置上，即可实现光照效果。单击“________________”命令，打开“聚焦镜”对话框，搬运光源，放置在合适的位置上，即可实现镜头光晕。单击“________________”，可以实现羽化。

3. 制作网络上能传播的文件，有哪些常用格式？其中图文混排的有哪些格式？图片有哪些格式？最常用的图片格式是什么？其特点是什么？

（1）________________________________；

（2）________________________________；

（3）________________________________；

（4）________________________________；

（5）________________________________。

4. CMY 为减色基色，RGB 为加色基色，两种颜色空间正好互补，其中 C、M、Y、R、G、B 分别表示中英文的意义是什么？画图说明，并简述制作 RGB 三原色动画的方法。

5. 在 Photoshop 中打开的图片，有时打不开 Filter 的各种过滤器。

（1）你是想什么办法解决这个问题的？

（2）以什么方式打开过滤器，用鼠标搬动光照点，实现理想的光照效果？

（3）以什么方式打开过滤器，用鼠标搬动光源位置，实现理想的灯光照耀效果？

（4）以什么方式打开过滤器，用鼠标拖动线呈弯曲形状，实现图形扭曲效果？

（5）以什么方式打开过滤器，改变明暗对比度参数，实现理想的效果？

6. MODIS 遥感图像其水平分辨率为 5 416，垂直分辨率为 16 960，具有 36 个波段，若采样精度为 7，MODIS 分上午星和下午星，24 小时内分别从头顶经过两次，可以记录 4 幅图像，试计算每天记录的数据量，一年需要准备多少张 650 MB 的 CD-ROM？

7. 现在手机的功能非常强大，试分析图 3-65、图 3-66、图 3-67（由赵以钢先生拍摄）分别采用什么技术一次拍摄而成。由此可见，在拍摄前，选择合适的拍摄位置和拍摄方位非常重要。与此同时在拍摄的图像中，常常会出现畸变，由于不对称出现透视、歪斜，如表 3-1 的左侧原始图所示，简述通过什么数字媒体制作技术把拍摄过程中存在不足的图像尽可能地进行纠正，纠正成表 3-1 右侧修改图所示。

图 3-65　图片 1

图 3-66　图片 2

图 3-67　图片 3

表 3-1　原始图与修改图

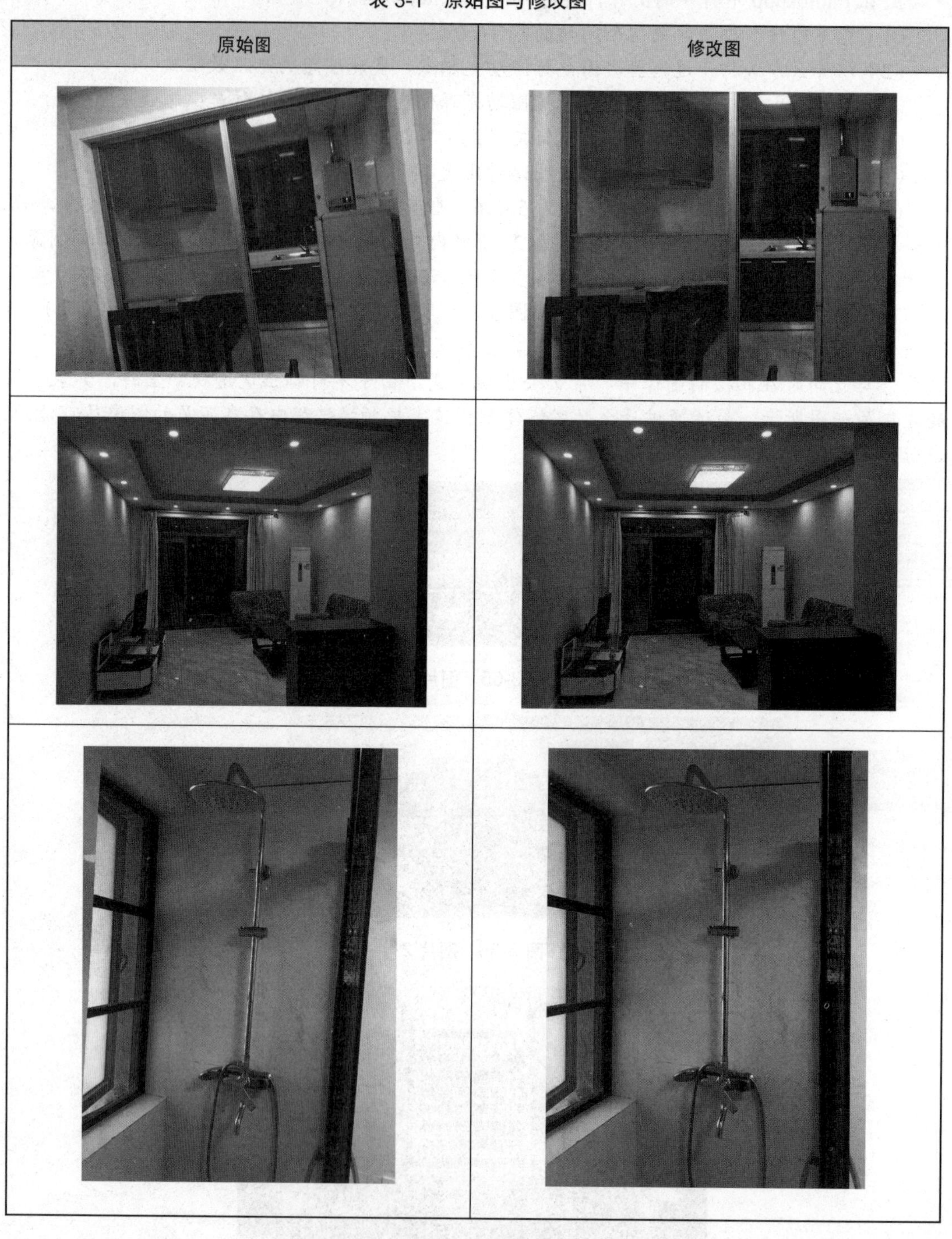

习　题

1. 遥感的应用十分新奇，你制作的家乡周围遥感图的拼接是采用什么方法完成的？制作的名称是________________，尺寸是________________MB，发布日期________________，递交地址________________。

2. 试利用最大分辨率的遥感地图，将你所就读的中学与家里房屋拼接成一幅图像。

3. 你打算用什么方法拼接一幅 2 m × 3 m 的遥感地图（例如常州大学白云校区，为校庆45 周年献礼）。

4. 一商店里出售电瓶车电池，需要制作一张 4 m × 1 m 的彩色图片作为广告，试采用 Photoshop 设计一个融合了文字与图片的作品，要求图片与背景的颜色渐变（feather，羽化）。

【提示】新建一个图片，4 m × 1 m，背景色选用深蓝色；文字用阴影；对图片执行“选择”/“羽化”命令，一般羽化 30 像素以上。

5. 你打算采用什么方法用计算机画出图 3-68 所示的飞镖盘。

6. 有一幅图，如图 3-69 所示，拍摄时产生了变形，你用什么方法进行修复。

7. 利用 Photoshop 图片处理技术，可以将照片中有用的信息抠出来，你打算采用哪些方式进行抠图？图 3-70 中要抠出完整的企鹅，你打算用什么方法进行抠图，大约需要多少时间？

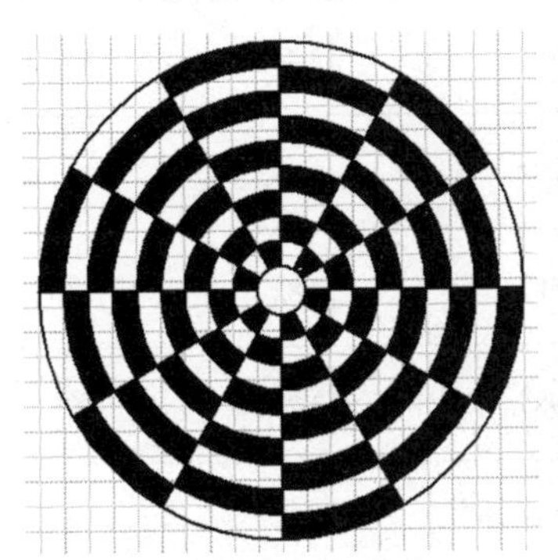

图 3-68　飞镖盘

图 3-69　歪斜图像

图 3-70　QQ 图标

8. 试收集 24 式壶的相关信息，制作在 3-2 表格中，核对壶身高、壶身宽与相对体积。

表 3-2　24 式壶编号、名称、外形图、投影图、壶身高、壶身宽、相对体积

编号	名称	外形图	投影图	壶身高 /cm	壶身宽 /cm	相对体积
1	仿唐井栏壶			7.084	14.31	1 451
2	汲古泉井栏壶			5.712	10.47	6 26.2
3	方壶			8.497	7.647	496.9
4	斛形大壶			18.12	13.86	3 482
5	觚棱壶			5.340	9.379	224.5
6	百衲壶			3.903	7.584	469.7
7	石瓢提梁壶			6.259	12.59	991.7

续上表

编号	名称	外形图	投影图	壶身高 /cm	壶身宽 /cm	相对体积
8	石铫提梁壶			7.517	11.93	1 069
9	半瓦壶			6.282	11.78	871.7
10	却月壶			8.769	9.820	845.6
11	三足扁壶			2.833	7.559	161.9
12	扁石壶			3.985	11.33	511.2
13	合欢壶			5.945	13.44	1 074
14	合盘壶			5.094	10.50	561.4
15	扁圆壶			4.583	10.82	536.3
16	石瓢壶			5.985	12.77	975.2
17	棋奁壶			6.333	10.56	706.8
18	柱础壶			8.000	13.38	1 432
19	半瓢壶			4.838	10.14	497.2
20	斗笠壶			4.783	13.28	843.6
21	飞鸿延年壶			8.067	13.30	1 428
22	葫芦壶			6.724	9.625	623.0
23	半葫芦壶			6.138	10.70	702.1
24	乳钉壶			5.899	9.851	572.5

9. 图 3-71 中的一系列图像源于同一部手机不同日期拍摄同一地点的图像，其特征是，路口的路灯与建筑物固定，手持手机拍摄的地点有微小差异，拍摄的方位有微小差异，道路上的车辆每天不同。试定量分析判断手持手机拍摄的地点有微小差异，拍摄的方位有微小差异的范围。

图 3-71　一系列同一路口不同日期的图像

10. 图 3-72 中的一系列图像源于同一部手机不同日期拍摄同一地点日出的图像，其特征是，右侧天线与右侧高铁高架桥固定，手持手机拍摄的地点有微小差异，拍摄的方位有微小差异，道路上的车辆每天不同。试定量分析判断手持手机拍摄的地点有微小差异，拍摄的方位有微小差异的范围以及太阳东升的轨迹。

图 3-72　一系列同一场景不同日期的日出图像

第4章 动画

动画（animation）就是连续播放一系列图像，由于眼睛的视觉残留特性，播放一系列图像会造成人们感觉是连续变化的动作，实现空间伴随着时间的变化，与电影、电视不同的地方就是，每秒播放的画面数比电影和电视少。动画是综合了绘画、漫画、电影、数字媒体、摄影、音乐和文学等众多艺术门类于一身的艺术表现形式。动画的历史可以追溯到1892年埃米尔·雷诺（Emile Reynaud，1844—1918）在巴黎第一次向观众放映光学影戏，故被称为“动画之父”，动画经历了一个多世纪的发展，逐步形成了完善的理论、产业体系，老少皆宜，特别受人喜爱。

在中国，在电没有使用之前，动态艺术有木偶戏、皮影戏等，像福建的木偶戏、川剧中的变脸，至今舞台效果还是很好，深受观众喜爱，在《乔家大院》《活着》等故事中再现了皮影戏的魅力。直到上海电影制片厂的电画片的出现，当时还不叫动画，Cartoon这个词是舶来品，动画片是由一系列连贯图片制作而成的活动画面，从这个道理上来说就是视觉残留原理，如果有个东西在运动，当你一直注视着看，1秒有36帧，你就觉得很正常了，但是如果1秒只有12帧，你觉得是一跳一跳的，因为眼睛的视觉残留时间有限；如果1秒出现24帧，这就是所谓的双帧，有双格拍摄一词。有了电以后，电影机以每秒24帧的速度播放图片时，会产生一种活动影像的视觉效果，从此动画电影包括木偶片、剪纸片、折纸片、卡通片等，深受男女老少的喜爱。

动画（animation cartoon），是由一系列连贯图片制作而成的活动画面，动画是基于物理学的视觉残留原理，即一幅影像消失时，下一幅影像又进入视觉，循环反复，人就会感觉物体在运动。动画片常常采用双格拍摄，即每幅画面拍摄两次，尽管以每秒24帧进行播放，实际上每秒播放了12幅不同的图像。

自从多媒体计算机诞生以来，计算机不仅可以存储和播放各种木偶戏、皮影戏、动画片作品，而还可以直接利用图片进行连续播放构成动画，于是就形成了当代计算机动画。计算机动画是以动态方式的视觉表达形式，准确生动地描述动态的位置等信息。

动画片小孩都喜欢看，像1964年的《大闹天宫》，1956年的《骄傲将军》，1962年的《没头脑和不高兴》，1963年的《金色的海螺》，还有《牧笛》《狐狸找猎人》《哪吒闹海》《好猫咪咪》《雪孩子》《三个和尚》《九色鹿》《除夕的故事》《三十六个字》《阿凡提的故事》《宝莲灯》等。

美国迪士尼公司也制作了大量动画片，像《海底总动员》（2003）、《美女与野兽》（1991）、《小美人鱼》（1989）、《小熊维尼历险记》（1977）、《白雪公主》（1937）等，还有《人猿泰山》《米老鼠唐老鸭》。日本也制作了很多动画片，《铁臂阿童木》《千与千寻》《攻壳机动队》《森林的妖精》《丛林大帝》《大都会》等。

4.1 计算机动画

按制作方式来分，动画可以分为传统动画和计算机为主的动画两大类，其中传统动画指的是以手工绘制为主的动画；从空间视觉的效果来看，动画可分为二维动画和三维动画，二维动画就是平面上的画面。纸张、照片或计算机屏幕显示，无论画面的立体感多强，终究是二维空间上模拟真实三维空间效果；三维动画就是画中的景物有正面、侧面和反面，调整三维空间的视点，能够看到不同的内容；从每秒播放的帧数来看，每秒 24 帧的称为全动画，每秒小于 24 帧的称为半动画；从动作的表现形式来看，动画可分为完善动画和局部动画，其中完善动画接近自然动作的动画，而局部动画是简化的、夸张的动画。

计算机动画就是利用计算机产生的动画，一种是用计算机创作动画，一种是用计算机制作动画，其中计算机创作动画指的是用 3D 动画那样创作和制作动画；计算机制作动画所指的是用 Photoshop、Sai、Illustrator 等平面软件，采用 After Effect、Audition、Premiere 等软件工具制作动画、录像、新媒体漫画等，从而节省了很多制作成本。计算机动画广泛地应用于电视广告、栏目片头、片花、游戏中，包括建筑动画、影视动画、游戏动画等。

（1）建筑动画，是采用动画虚拟数码技术结合电影的表现手法，根据建筑、园林、室内等规划设计图纸，将建筑外观、室内结构、物业管理、小区环境、生活配套等未来建成的生活场景进行演绎展示，建筑动画的镜头无限自由，可全面逼真地演绎建筑与环境的整体未来形象，可以拍到实拍都无法表现的镜头，把设计大师的思想，完美无误地演绎，让人们感受未来建筑的美丽和真实。三维动画技术不仅仅是通过三维结合后期的一个演示媒体，而且还是一个设计工具。制作建筑动画影片中，通过运用计算机知识、建筑知识、美术知识、电影知识、音乐知识等，制作出真实的影片。

（2）影视动画，特别是影视三维动画涉及影视特效创意、前期拍摄、影视 3D 动画、特效后期合成、影视剧特效动画等。随着计算机在影视领域的延伸和制作软件的增加，三维数字影像技术扩展了影视拍摄的局限性，在视觉效果上弥补了拍摄的不足，在一定程度上电脑制作的费用远比实拍所产生的费用要低得多，从而为剧组节省时间，不受到预算费用的影响，不受到外景地天气的影响，不受到季节变化的影响。制作影视特效动画的计算机设备硬件均为 3D 数字工作站，制作人员专业有计算机、影视、美术、电影、音乐等。影视三维动画从简单的影视特效到复杂的影视三维场景都能表现得淋漓尽致。

（3）游戏动画，是依托数字化技术、网络化技术和信息化技术对媒体从形式到内容进行改造和创新的技术，覆盖图形图像、动画、音效、多媒体等技术和艺术设计学科，是技术和艺术的融合和升华，是一个综合性行业，是民族文化传统、人类文明成果和时尚之间的纽带，游戏动漫又是一种青春与活力迸发的艺术，是一种传统与创新交融的艺术，更是广大青少年寻梦的舞台。

制作的动画需要讲述完整的故事，因此分为总体设计、设计制作、具体创作、声音画面整体合成等几个阶段，每一阶段又可根据具体动画要求，分解成若干个子过程，在动画制作的循序渐进的过程中，不断地完善动画制作的过程。

4.2 数字漫画

数字漫画（digital comic）又称新媒体漫画，是一种不以纸质形式出现，而是以时间为主线，利用计算机进行加工、设计、制作、发布，在数字网络平台上传输、欣赏的数字图像。

动态漫画（motion comic）属于数字漫画的一个分支，也是动态图像的一个分支，是数字动画的一种展示形式，动态漫画与传统漫画的制作过程相比，省去了在纸面上设计，再进行拍摄等过程，从而节省了三分之二的创作时间，缩短了制作成品的周期，其特征是以平面静态漫画作品，通过计算机数字化技术处理后，在艺术平台上展现出新颖的动态效果，目前正以低成本、高频率的优势，逐渐占据漫画产业的主导地位，通常采用Photoshop（PS）、Sai、Illustrator（AI）、After Effect（AE）、Audition（AU）、Premiere（PR）等软件工具。

在Flash的工具栏中有一个A，A就是文本的意思，单击A后在工作区打开一个b，就变成自行车了，怎么会变成自行车了呢？选择一个“Webdings”字体即可，字号选择“96”，选择“蓝色”，然后在第50帧的地方按【F6】键，把“自行车”拉到右边，再选中第1帧至第50帧，右击，在弹出的快捷菜单中选择“创建动画”命令，创建动画后，“图层1”的地方变成一个长长的箭头，如图4-1所示，箭头从第1帧指向第50帧，这时将鼠标指针放到第1帧，按【Enter】键，就能演示“自行车”运动的动画。更有意义的是，在运动动画基础上，把内层（自行车层）关闭，引入“引导层”，可以画一个平滑的引导线，然后把自行车放在引导线上，在第1帧放到引导线的左端，如图4-1所示，在第50帧放到引导线的右端，如图4-2所示，按【Enter】键，自行车就沿着“引导线”运动了。

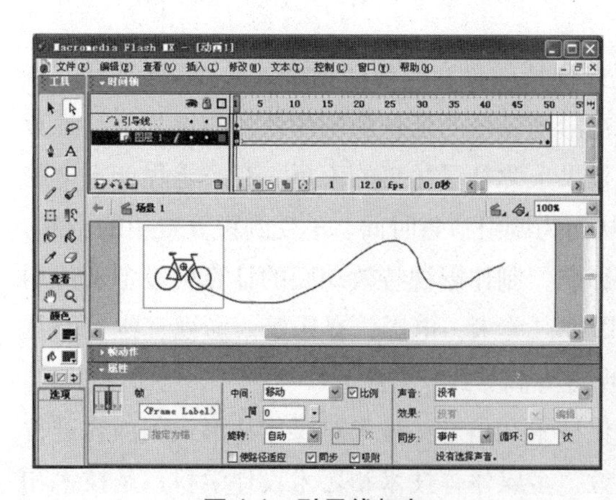

图4-1　引导线起点

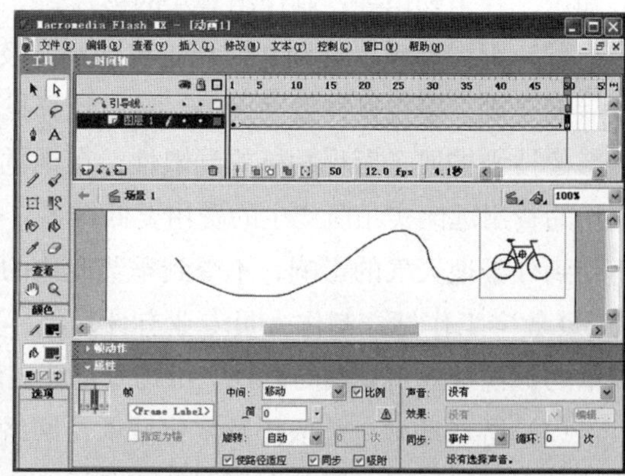

图4-2　引导线终点

4.3 巧用 PPT 制作动画

如图 4-3（a）所示，一个质量为 M 的物体放在桌面上，另一个质量为 m 的物体通过一个弹簧悬在 M 的正上方，用 $F=(M+m)g$ 的力向下压会让 M 瞬间离开桌面。

这个 PPT 制作方法是，在 Visio Professional 中，画出地面“”、大物体“”、弹簧“”、小物体“”、力 $\boldsymbol{F}$“$\downarrow F$”，如图 4-3（a）所示，再将弹簧，例如压缩四分之一长度，如图 4-3（b）所示，再压缩四分之一长度，如图 4-3（c）所示，然后松手，如图 4-3（d）所示，压缩的弹簧需要伸展，如图 4-3（e）所示，越过原长继续向上运动，如图 4-3（f）所示，当小物体 m 的速度为零时，开始收缩，这时收缩力为最大，与压力 $F=(M+m)g$ 相同，这时大物体 M 就被拉起，离开桌面，实现了向下压小物体就会使大物体弹跳离开桌面。

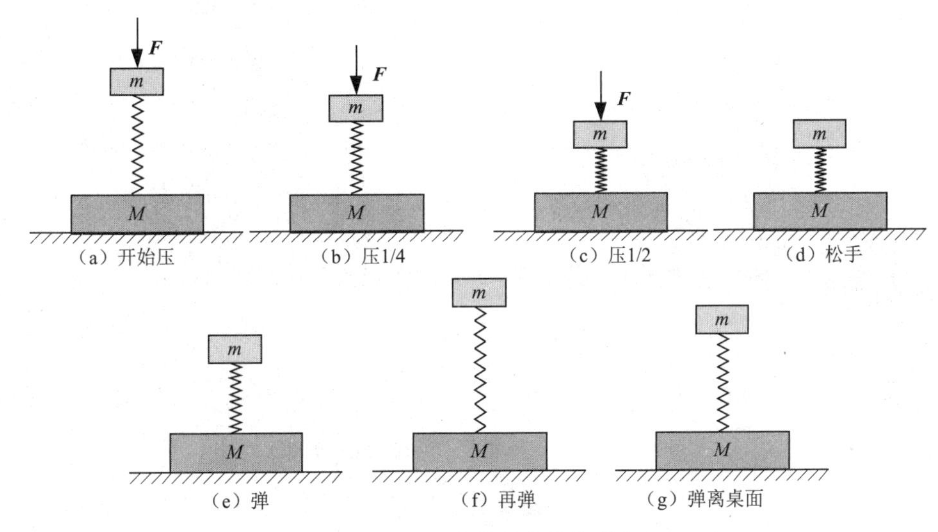

图 4-3　向下压小物体使大物体弹离桌面

这个动画的制作要点，就是将图 4-3 中的 7 幅图放在 PPT 的 7 个连续的页面上，要求地面在 7 个图中相对页面的位置一直不变，具体做法采用图 4-4 所示的两个矩形定位地面左下角，7 个图放置在连续 7 个页面上，在连续播放时，出现动画。其优点在于通过制作这类动画，可以弄清动画的原理、制作技巧，而且 PPT 是每台计算机都有的，不存在换一台计算机无法显示动画的问题。

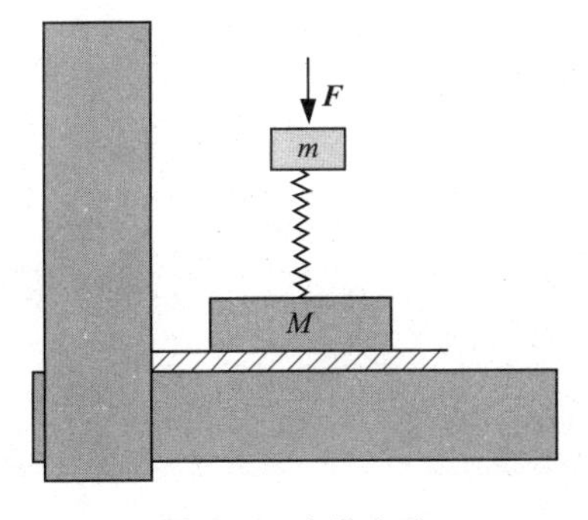

图 4-4　定位方法

当然在利用 PPT 演讲时，也可以拍摄录像。

4.4 二维动画制作工具及其制作方法

4.4.1 认识 Flash 界面

单击“开始 / 所有程序 /Adobe/Adobe Flash Professional CS6”命令，或者直接单击桌面上的 Flash 快捷图标（见图 4-5），打开 Flash CS6，如图 4-6 所示。

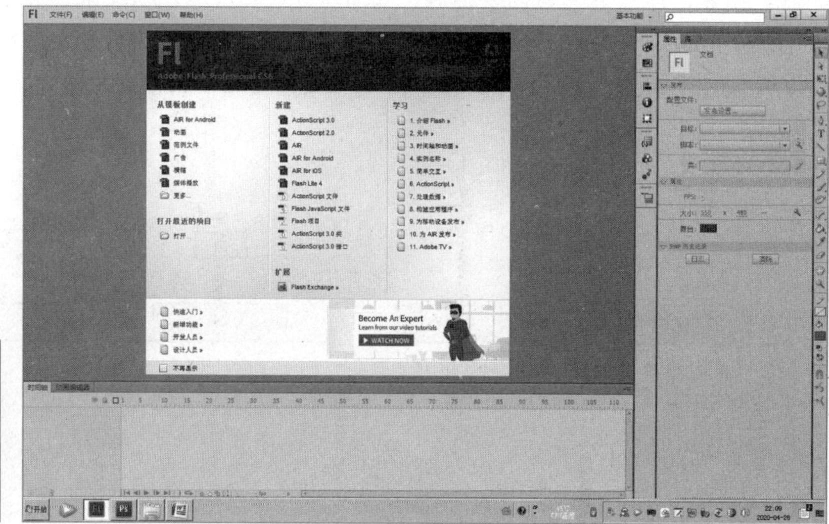

图 4-5　Flash 图标　　　　图 4-6　Flash CS6 界面

执行“文件 / 新建”命令，打开“新建文档”对话框，将“宽”设置为 1 280 像素，“高”设置为 720 像素，“背景颜色”修改为青色，如图 4-7 所示，单击“确定”按钮。Flash 工作界面如图 4-8 所示。

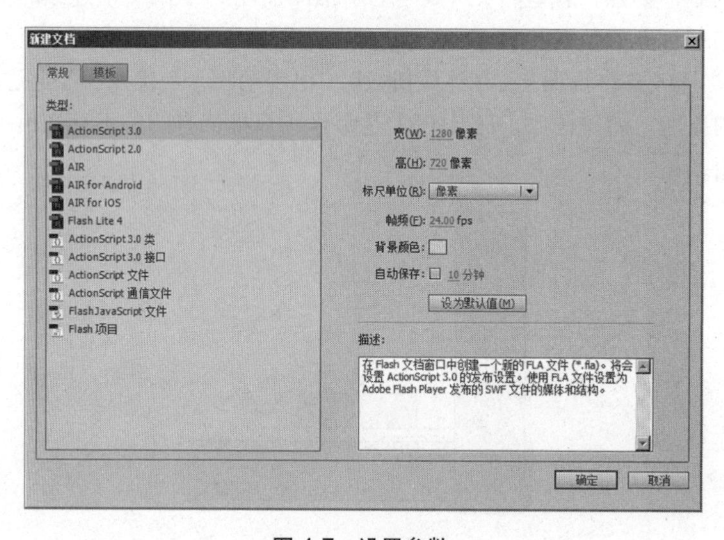

图 4-7　设置参数

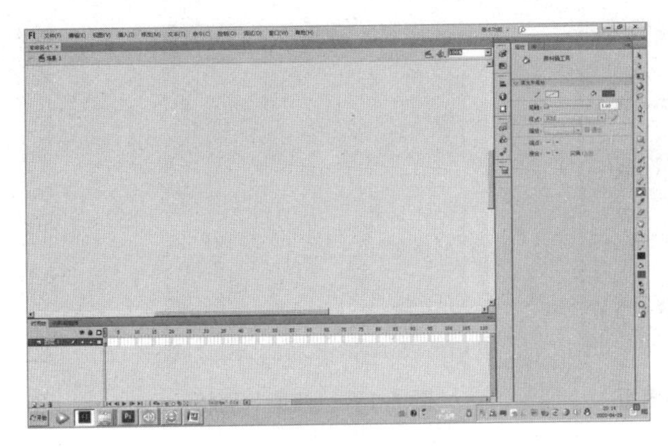

图 4-8　Flash 工作界面

时间线区域左上方包括“时间轴”和“动画编辑器”两个标签，默认的“时间轴”显示如图 4-9 所示，单击“动画编辑器”标签，出现“若要编辑属性，请在时间轴上选择补间范围，或在文档中选择补间对象”提示。

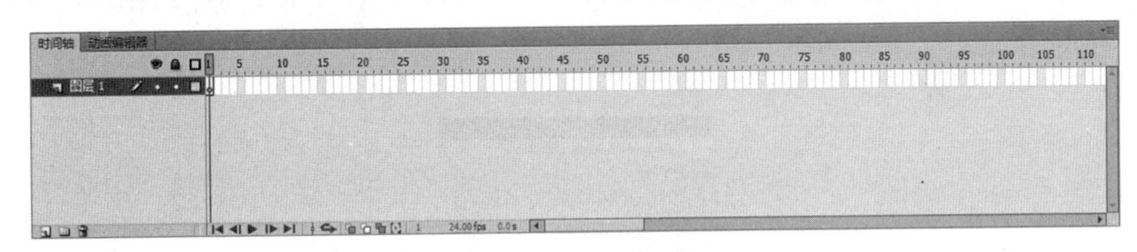

图 4-9　时间线区域

值得注意的是，在默认的图层 1 上方有“显示或隐藏图层”、“锁定或解除锁定所有图层”、“将所有图层显示为轮廓”三个按钮；下方有“新建图层”、“新建文件夹”、“删除”三个按钮。

图 4-8 右侧包括“属性”“库”两个标签和两组图标。其中“属性”包括“发布”“属性”“SWF 历史记录”三个模块；“库”则显示制作过程中库中的元素；两组图标及其意义如下。

第一组

表示颜色，单击后弹出“颜色”面板，如图 4-10 所示。

表示样本，单击后弹出“样本”面板，如图 4-11 所示。

表示对齐，单击后弹出“对齐”面板，如图 4-12 所示。

表示信息，单击后弹出“信息”面板，如图 4-13 所示。

表示变形，单击后弹出“变形”面板，如图 4-14 所示。

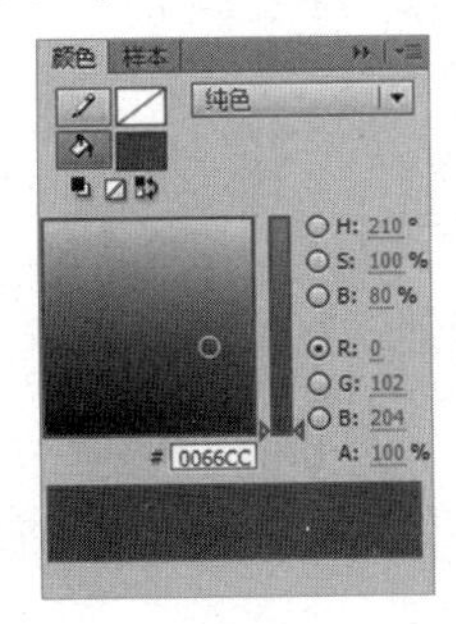

图 4-10　“颜色”面板

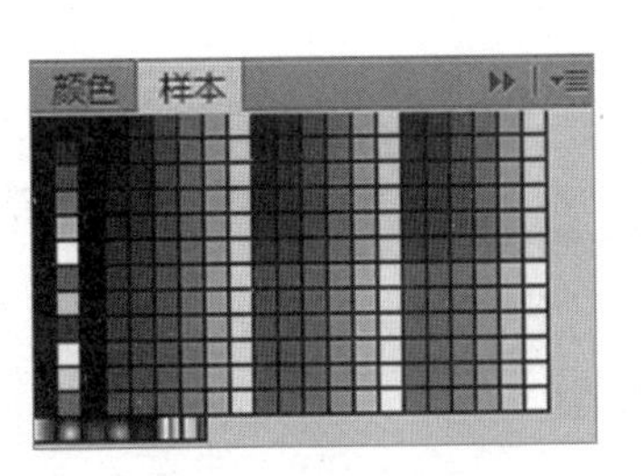

图 4-11　“样本”面板

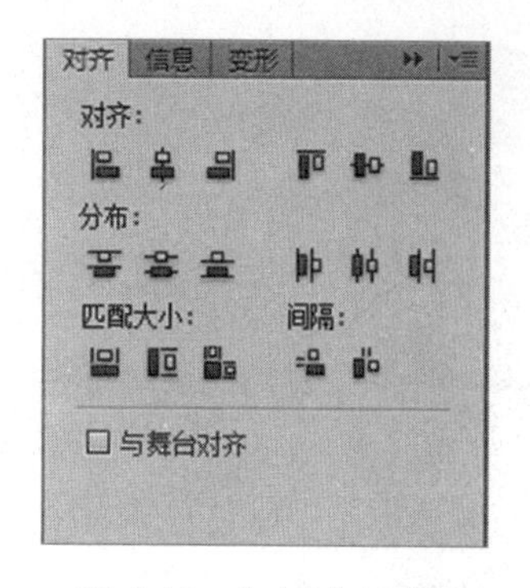

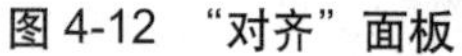
图 4-12 “对齐”面板

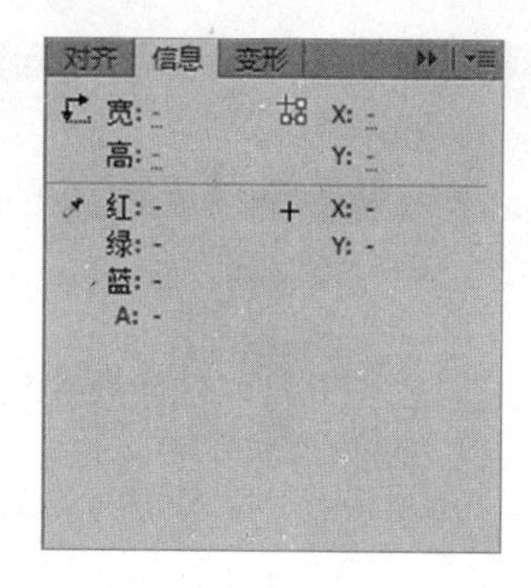

图 4-13 “信息”面板

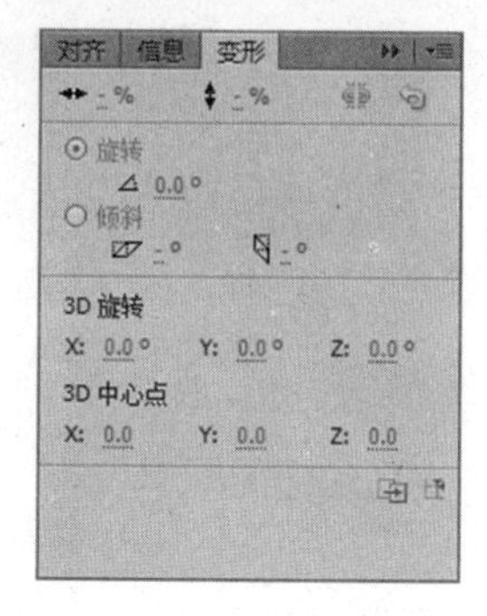

图 4-14 “变形”面板

4.4.2 制作图文声并茂的配乐诗朗诵作品

以配乐诗朗诵形式将古诗的意境表现出来，营造一个逼真的场境，来欣赏优美的朗诵，同时深刻理解诗人情怀和思想。

首先执行“开始 / 所有程序 /Adobe/Adobe Flash Professional CS6”命令，如图 4-15 所示，启动 Flash CS6。

图 4-15 执行命令

在“新建”栏中单击 ActionScript 3.0，新建一个默认高 400 像素、宽 550 像素的画布，如图 4-16 所示。

图 4-16 新建画布

在画布上右击，弹出快捷菜单，如图 4-17 所示，执行“文档属性”命令，弹出“文档设置”对话框，如图 4-18 所示，单击“背景颜色”后面的色块，弹出调色板，选择 #FF99FF，如图 4-19 所示，单击“确定”按钮，画布颜色更改为粉红色。

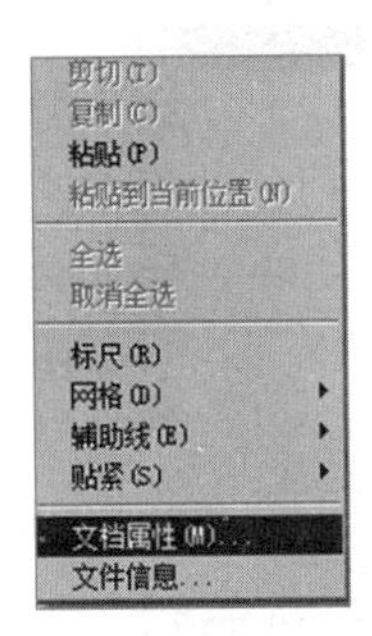

图 4-17　执行“文档属性”命令

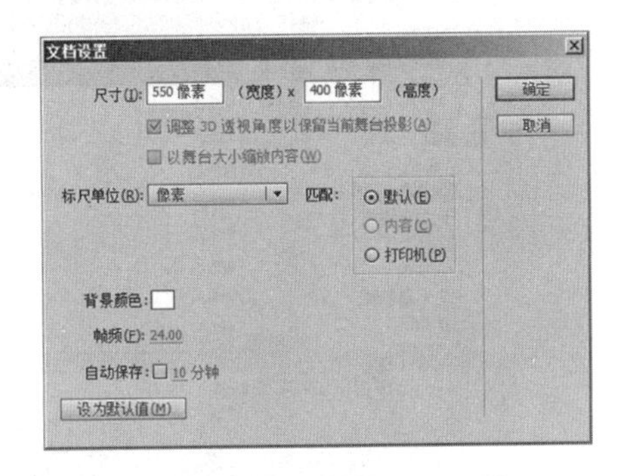

图 4-18　“文档设置”对话框

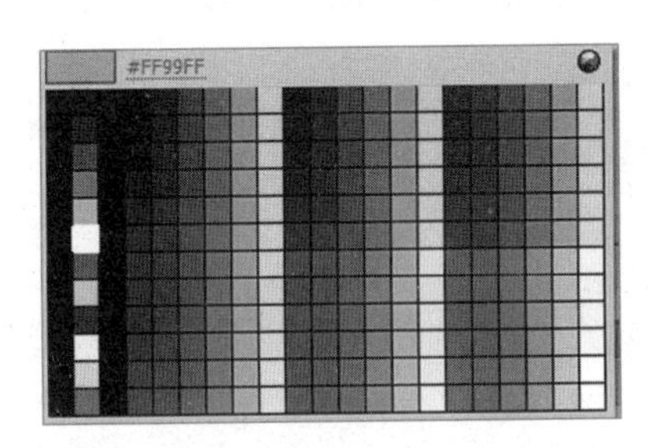

图 4-19　选取背景颜色 #FF99FF

执行“文件 / 导入 / 导入到库”命令，如图 4-20 所示。将事先准备好的“sy5_1.wav”素材导入库中，如图 4-21 和图 4-22 所示，使用同样的方法将需要的图像导入库中。

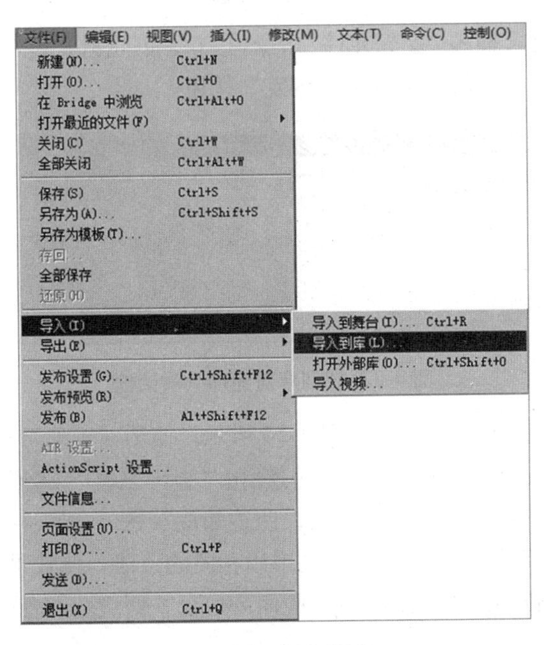

图 4-20　导入到库

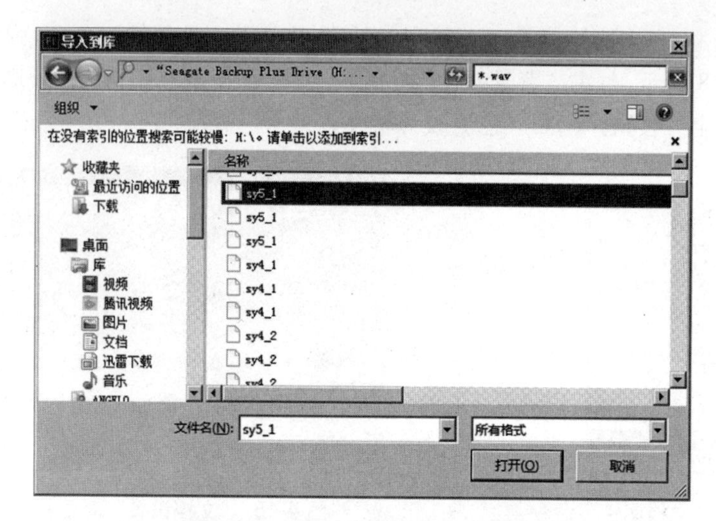

图 4-21　将“sy5_1.wav”导入库

图 4-22　库中的素材

创建一个画轴，执行“插入 / 新建元件”命令，打开“创建新元件”对话框，如图 4-23 所示。在“名称”文本框中输入“画轴”，单击“确定”按钮。

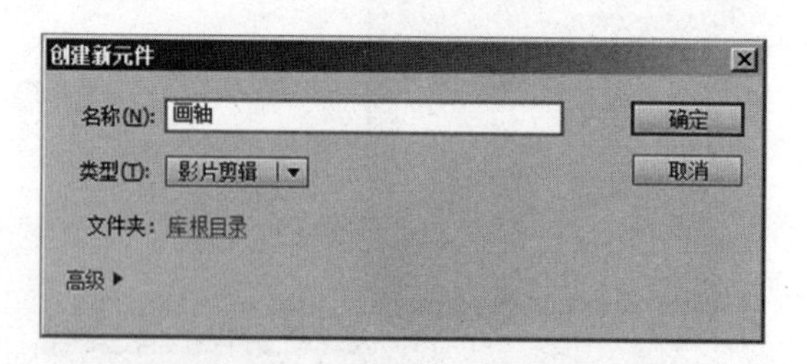

图 4-23　“创建新元件”对话框

将画轴图片拖进“画轴 1”画布，如图 4-24 所示。使用“矩形工具”绘制一个长条矩形，将其两端调整为对弧形，利用“选择工具”和“矩形工具”将边框删除，选中画轴，设置其颜色为线性渐变颜色，中间为浅白色，两边为深灰色，如图 4-25 所示，这样将画轴的下端做成图 4-26 所示的形状，画轴的上端也采用相同的做法，使效果一致。在图层 2 上再绘制一个矩形，设置其颜色为线性渐变颜色，中间为白色，两边为灰色，如图 4-27 所示。

图 4-24　将画轴图片拖进“画轴 1”画布

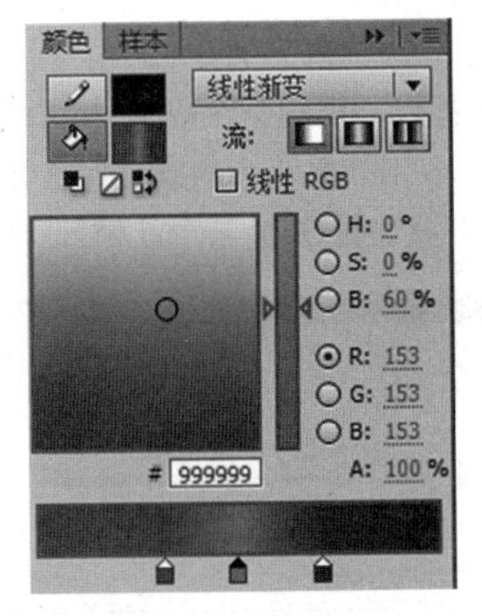

图 4-25　渲染画轴参数

图 4-26　画轴下端

图 4-27　画轴

删除画轴图片,将新画的画轴移动至画布中心。下面制作花瓣,执行“插入/新建元件”命令,打开“创建新元件”对话框,如图 4-23 所示。在“名称”文本框中输入“花瓣”,单击“确定”按钮。利用“椭圆工具”绘制一个椭圆,利用“选择工具”改变花瓣的形状,填充颜色,稍加修改,设置其颜色为线性渐变颜色,一端为白色,一端为玫瑰红色,如图 4-28 所示。

再利用“渐变变形工具”,旋转渐变色,如图 4-29 所示。删除边框,利用“任意变形工具”调整到合适的角度,如图 4-30 所示,利用【Ctrl+C】和【Ctrl+V】组合键复制一个花瓣图形,再旋转至合适的角度,如图 4-31 所示。

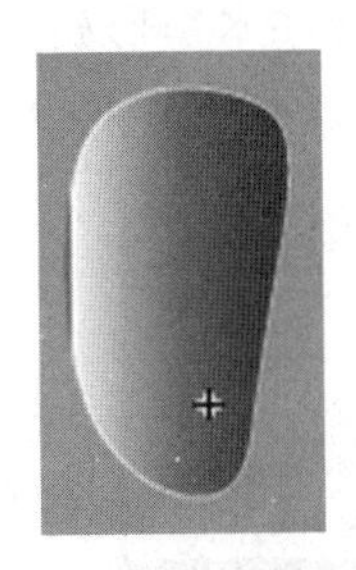

图 4-28　渐变的花瓣

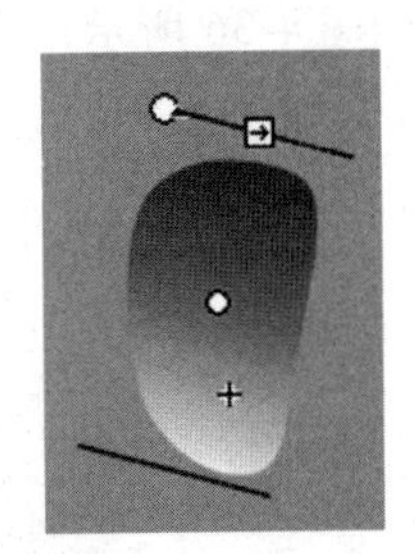

图 4-29　旋转渐变着色

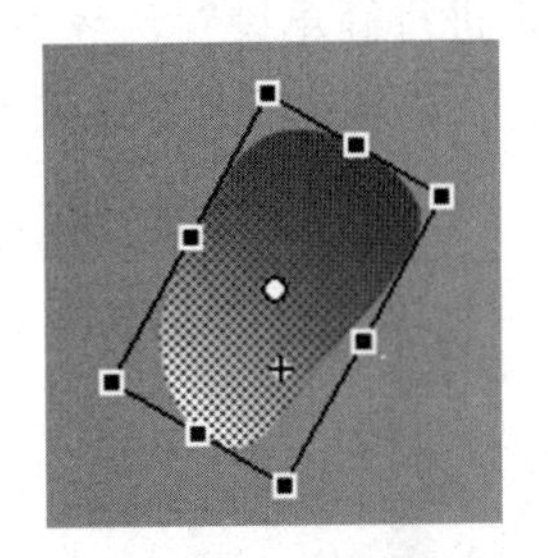

图 4-30　旋转形状

下面制作小鸟。执行“插入 / 新建元件”命令,打开“创建新元件”对话框,在“名称”文本框中输入“小鸟”,利用 Photoshop 中的“多边形索套工具”,抠出两只飞翔的小鸟,放置在“小鸟”画布中，如图 4-32 所示。

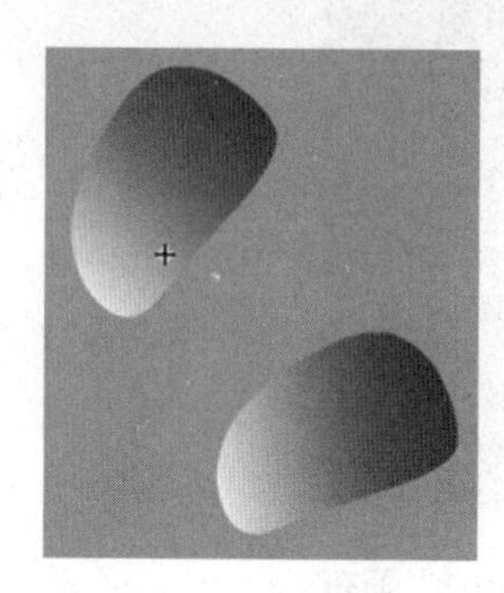

图 4-31　复制花瓣

图 4-32　“小鸟”画布

回到场景 1，音乐、字幕和图像都是配合诗朗诵的。

第一个图层以音乐为主，记为背景，将背景音乐拉入舞台，把帧频改成 12 帧 / 秒，然后打开“属性”面板，如图 4-33 所示，单击“属性”面板，单击效果栏中的按钮，弹出“编辑封套”对话框，如图 4-34 所示，单击右下角的“帧图标”按钮，显示 105 帧。

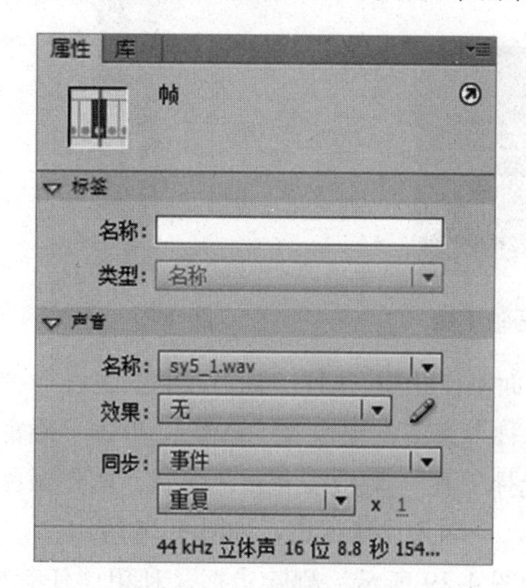

图 4-33　“属性”面板

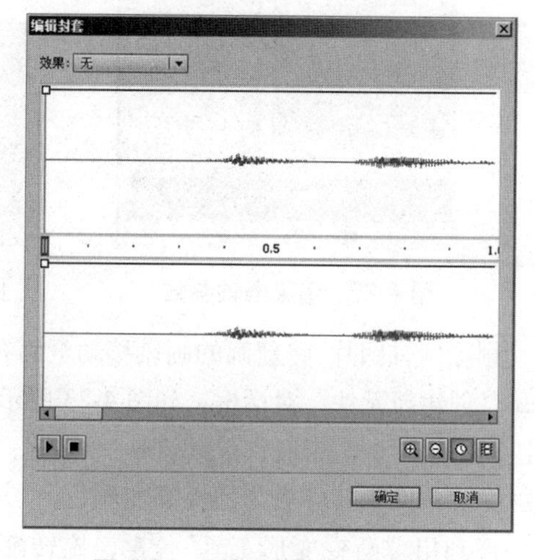

图 4-34　“编辑封套”对话框

在舞台上使用“基本矩形工具”绘制一个大小合适的矩形，如图 4-35 所示。再对基本矩形进行简单设置，线采用点刻线，如图 4-36 所示，立即显示点刻线基本矩形如图 4-37 所示，在矩形选项各参数文本框中输入 50，如图 4-38 所示，得到的圆角矩形如图 4-39 所示。

图 4-35　在舞台上画个矩形

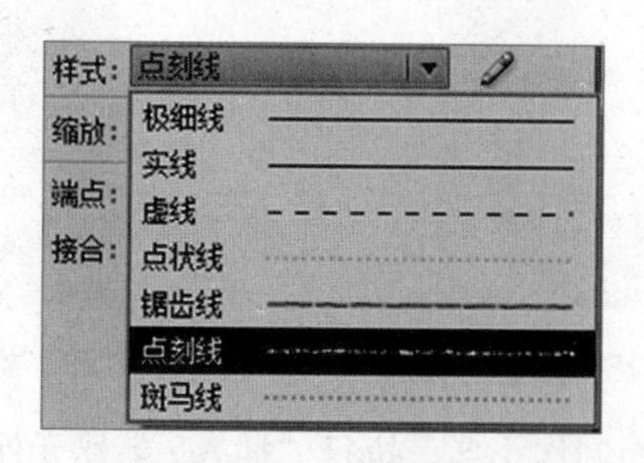

图 4-36　点刻线

图 4-37　矩形边缘点刻线

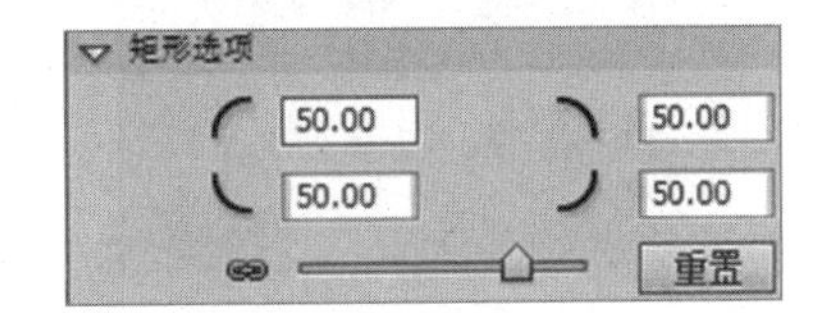

图 4-38　矩形选项参数

为了让圆角矩形的上面两个角保持圆角，下面两个角保持直角，那么利用“选择工具”单击圆角矩形，然后单击“将边角半径控件锁定为一个控件”按钮，这时可以将矩形选项的下面两个参数修改成“0”，如图 4-40 所示。得到的圆角直角矩形如图 4-41 所示。

图 4-39　圆角矩形

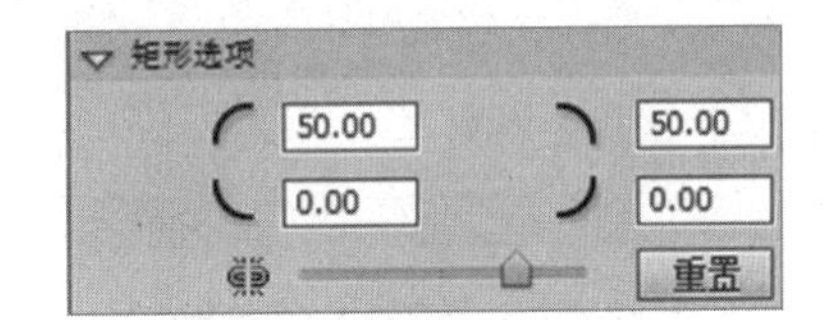

图 4-40　修改下面参数为“0”

图 4-41 中颜色选择透明，方法是，先选中圆角直角矩形，再单击“填充颜色”按钮，弹出调色板，如图 4-42 所示，单击“空白”按钮，然后选择“对齐”面板，如图 4-43 所示，单击“间隔”中的上下居中按钮和“左右居中”按钮，将圆角直角矩形置于舞台中央，效果如图 4-44 所示。

图 4-41　圆角直角矩形

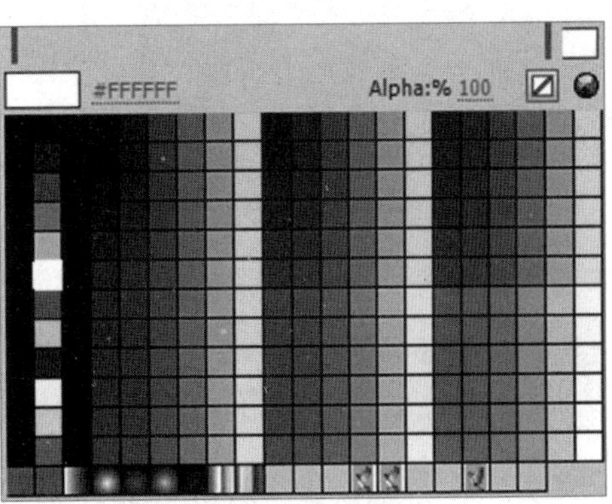

图 4-42　调色板

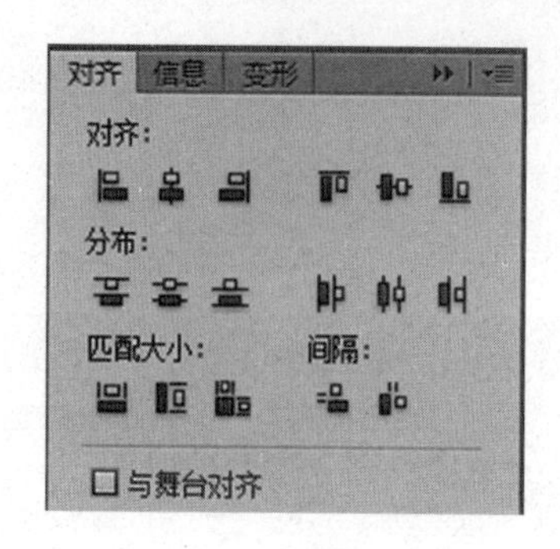

图 4-43 “对齐”面板

图 4-44 上下左右居中

再制作一个基本矩形，四个角度都是 -10，如图 4-45 所示；填充为暗红色，如图 4-46 所示；“笔触”为 4，如图 4-47 所示；绘制一个凹圆角矩形，如图 4-48 所示。

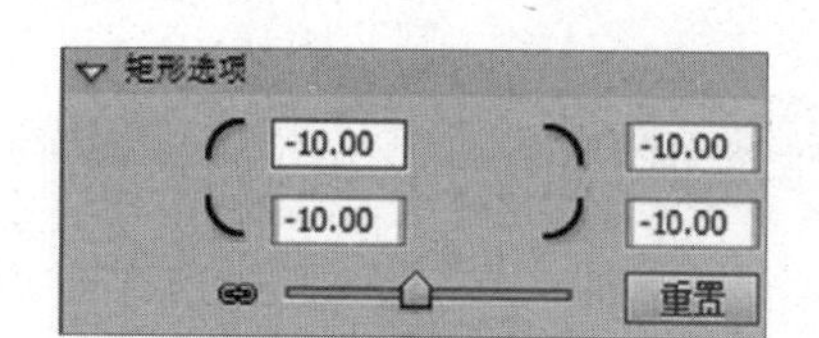

图 4-45 矩形选项参数

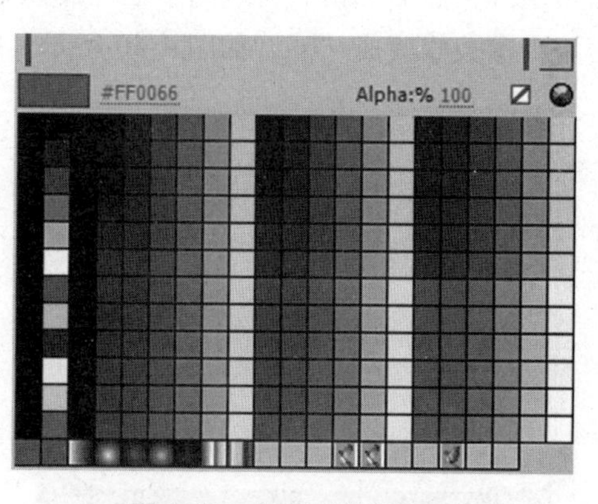

图 4-46 颜色“#FF0066”

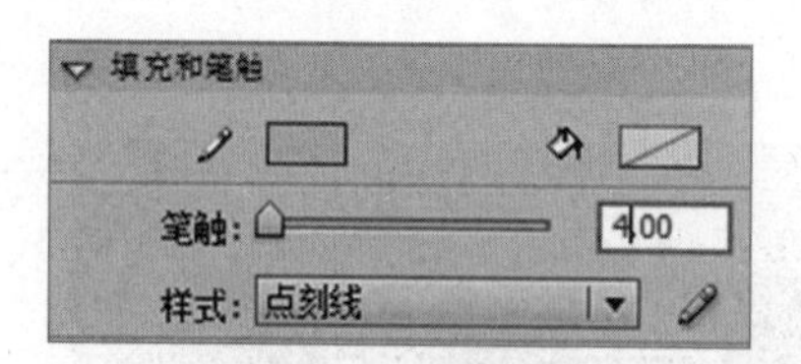

图 4-47 填充和笔触参数

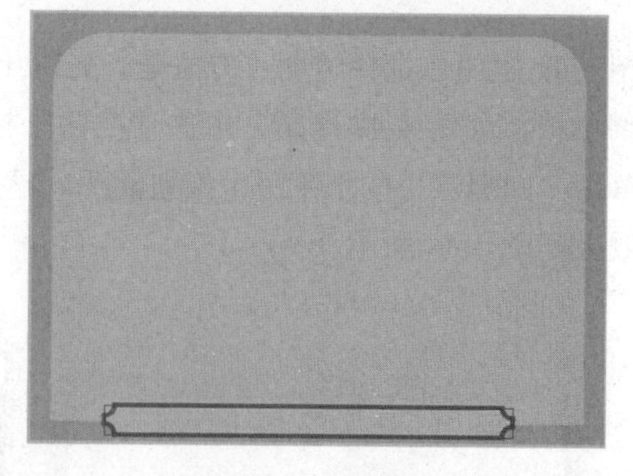
图 4-48 凹圆角矩形

这样背景就设置完成了。接下来新建一个图层，输入“字幕”，利用“添加图层工具” 添加最上层，在第 8 帧处按【F6】键，并使用“文字工具” T 在凹圆角矩形中输入“山光悦鸟性”，如图 4-49 所示；再利用“添加图层工具” 添加最上层，在第 58 帧处按【F6】键，并使用“文字工具” T，在凹圆角矩形中输入“潭影空人心”，如图 4-50 所示；在背景上将字幕添加上去。

图 4-49　添加“山光悦鸟性”字幕

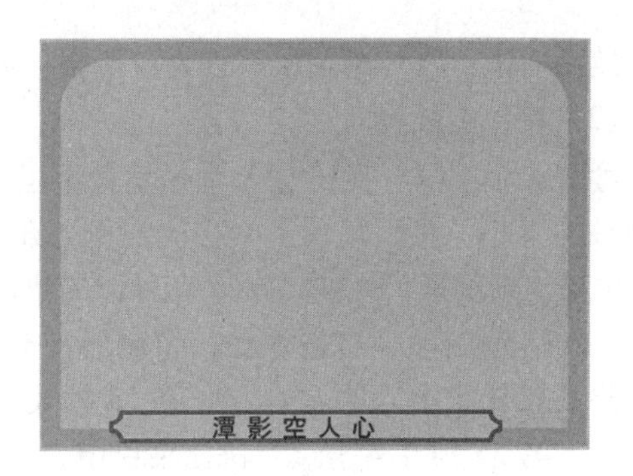

图 4-50　添加“潭影空人心”字幕

（1）制作遮罩层

单击“添加图层”按钮添加一层最上层，在第 1 帧处，将“画布”拉入舞台，并调整大小；单击“添加图层”按钮添加一层最上层，在第 1 帧处，将“背景图”拉入舞台，并调整大小；如图 4-51 所示。单击“添加图层”按钮添加一层最上层，在第 53 帧处画一个矩形，正好把“画布”与“背景图”遮盖起来，如图 4-52 所示。再在第 53 帧处按【Ctrl+C】组合键复制，在第 1 帧处按【Ctrl+V】组合键粘贴，使用“任意变形工具”，按住【Alt】键将遮盖图压缩到中间很小的区域，如图 4-53 所示。选中第 1 帧至第 53 帧并右击，在弹出的快捷菜单中选择“创建补间形状”命令，如图 4-54 所示。

图 4-51　“画布”与“背景图”拉入舞台

图 4-52　遮盖图

图 4-53　压缩至中间

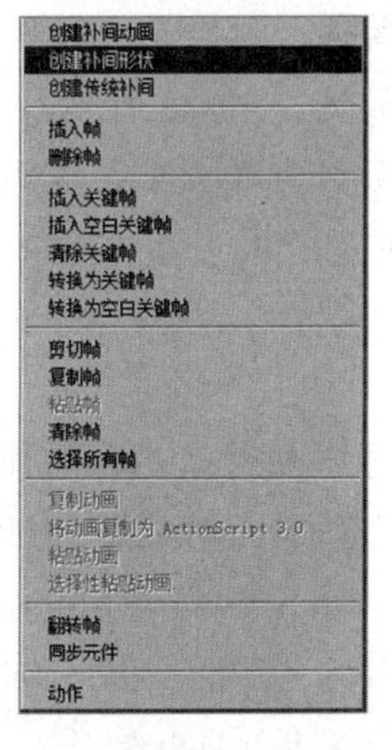

图 4-54　“创建补间形状”命令

然后右击，将“遮罩层”设为遮罩层，如图 4-55 所示。

（2）制作画轴移动

按“添加图层”按钮添加一层最上层，将画轴搬到舞台，利用“任意变形工具”调节画轴的大小，将画轴置于中心的左侧，在 53 帧处将画轴置于背景画的左侧，按住【Shift】键选中第 1 帧至第 53 帧并右击，在弹出的快捷菜单中选择“创建传统补间”命令；单击“添加图层”按钮添加一层最上层，将画轴搬到舞台，利用“任意变形工具”调节画轴的大小，将画轴置于中心的右侧，在第 53 帧处将画轴置于背景画的右侧，按住【Shift】键选中第 1 帧至第 53 帧并右击，在快捷菜单中“创建传统补间”命令，完成释放画轴动画。

（3）制作落叶

单击“添加图层”按钮添加一层最上层，在该层第 50 帧的位置，按【F6】键插入关键帧，把花瓣图形拖动到舞台，利用“任意变形工具”调节花瓣的大小，在第 65 帧处按【F6】键，或右击添加传统引导层，如图 4-56 所示，在第 1 帧处，将飘落的花瓣的中心拉至引导层的起端，在第 50 帧处，将飘落的花瓣的中心拉至引导层的终端，完成落叶的动画。

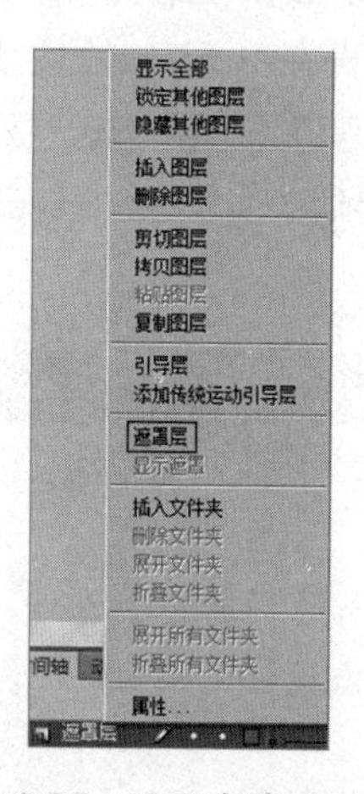

图 4-55　设置为遮罩层

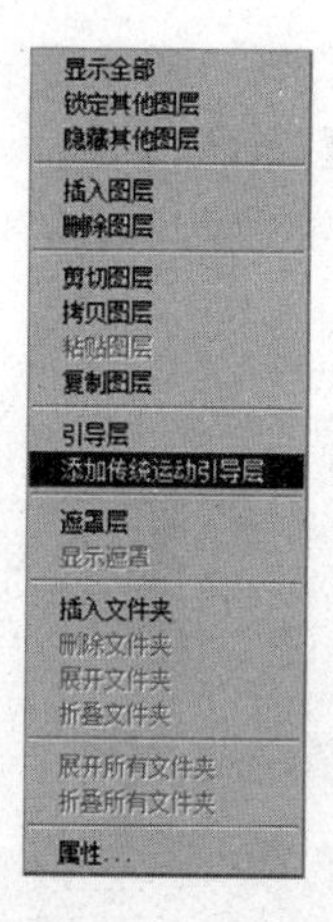

图 4-56　设置为“添加传统运动引导层”

讨论与思考

1. 简述视频与动画的本质区别。

2. 简述在 Flash 中插入背景音乐的方法。

3. 如何实现鱼儿在水草中先后游动？如何实现火箭绕着地球旋转？

4. Flash 中的 alpha 层有什么用处？如何使用该功能并插入背景音乐？

习　　题

1. 你采用什么工具软件实现图形渐变，例如将一个红色三角形变形为蓝色圆。如何实现一幅图形的卷角功能？如何实现文字沿着指定的路径排列？

2. 一个网站需要 800 × 100 像素的动画，进行循环播放。背景为对比度较小的图片，这样的图片采用 Photoshop 如何制作？动态是“团结 紧张 严肃 活泼”8 个字，由浅变红，由小变大，试采用 Flash 制作。

3. 动画是令人难忘的一种媒体，采用 Multimedia ToolBook 制作李萨如图形，可以分为若干个层次。其中第一层次，可以在界面上画一个椭圆，取名为 ________，再设置一个按钮，当按下按钮时，将一个椭圆复制成 360 个，并将每个椭圆取名；再设置一个按钮，当按下该按钮时，将这 360 个椭圆排列成设定的李萨如图形。只要改变振幅、圆频率和初相位，即可画出形状不同、大小不同，水平方向与竖直方向切点数不同的李萨如图形。请写出第二层次或者更高层次的制作方法。

4. 你打算采用什么方法绘制正弦波形和李萨如图形动画？并绘制出图 4-57 所示的两个图形。

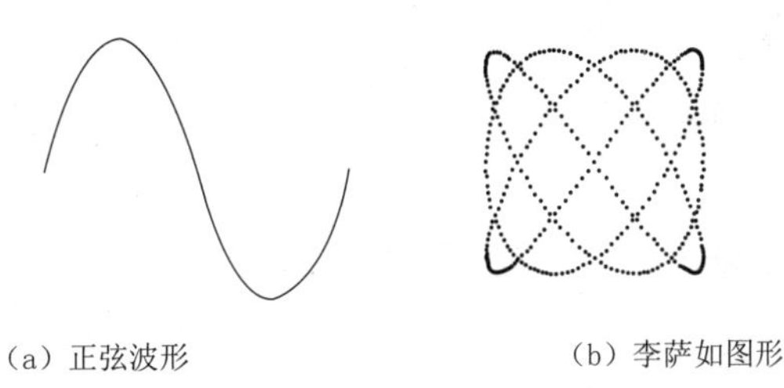

（a）正弦波形　　（b）李萨如图形

图 4-57　绘制图形

5. 试述制作（1）“自行车”移动;（2）沿着弯曲道路运动;（3）自行车变形成火车的制作方法。

6. 试叙述利用图 4-58（a）中的五幅图，制作图 4-58（b）中的鸷飞翔由近及远的方法。

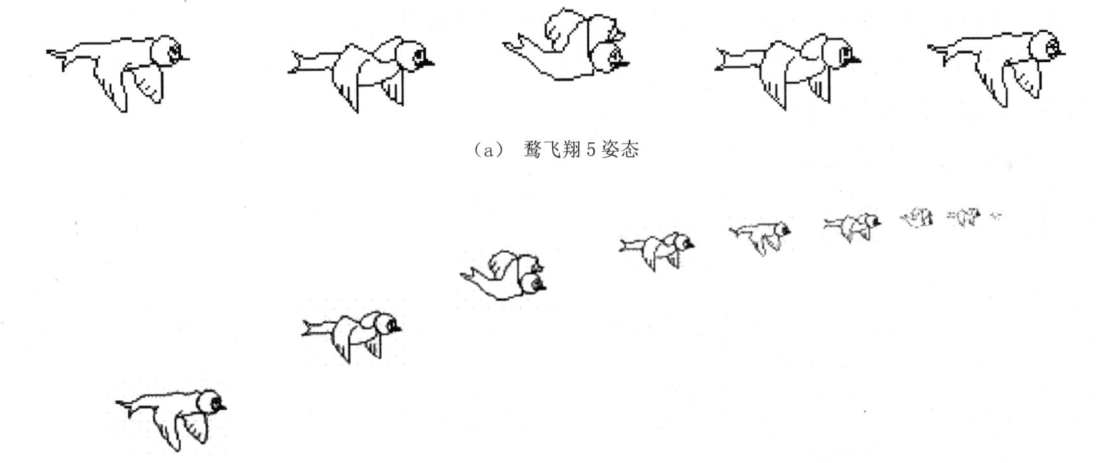

（a）　鸷飞翔 5 姿态

（b）　鸷飞翔过程

图 4-58　制作动画

7. A(1 s)B(3 s)C(6 s)D(8 s)E(12 s) 五人夜间过桥，一次过两人一人提灯返回，如何在 30 s 内过桥，试写出过桥方案 ________________________________

____

8. 在河的右岸上有 3 个吃人的魔鬼和 3 个人，有一条船，最多可以载 2 人过河，划船又至少有 1 人。游戏规则是，无论在右岸还是左岸，只要魔鬼数大于人数，人将会被吃掉。问题是，采用什么样的过河方法，才能使魔鬼与人相安无事？

9. 你最喜欢的游戏是 ________________，剖析其制作方法与玩游戏的技巧。

网站制作

自多媒体计算机诞生以来，特别是互联网的使用，网站成为传播信息最多的一种媒体，每天影响着我们的生活。

5.1 HTML 与动态网站

HTML（Hyper Text markup Language，超文本标记语言）是 WWW 上信息格式的语言标准，是一种描述文档结构的标记语言。HTML 是一种用于网页制作的基本语言，可以用无格式文本编辑器进行编辑，选择合适的浏览器就能自动生成网页。公式、交互性习题、动画等就是采用 Latex 编辑的代码，通过浏览器就能自动生成网页，但是所有符号都是斜体，如果每个字符都可以被用户修改，也就真正完美了。

采用 .html 制作动态网站，常用基本语法如下：

```
<!DOCTYPE html PUBLIC "-//W3C//DTD HTML 4.01 Transitional//EN"
"http://...loose.dtd">
<html>
<head>
<meta http-equiv="Content-Type" content="text/html; charset=UTF-8">
<title>…</title></head>
<body><div id="wrap">…</div>
<link rel="stylesheet" href="css/style.css" />
<script src="/seajs-jquery.js"></script>
<style></style>
<span class="notice-tip2">…</span>
<div class="fl top-form"><li><a class="menu-nav on" href="index.action"
id="1">…</a></li>
<form>…</form>
</body></html>
```

例如，制作“常州市物理学会”动态网站，涉及口令论证、界面制作、新网页编辑、审核发布及落款。其中口令论证采用：

```
<form>用户名 <input type="text" id="username" name="username" class="top-input" />
密码 <input type="password" id="password" name="password" class="top-input" />
```

以及其他诸如“忘记密码”等附加设置；界面制作包括设置栏目及相应的导航，采用从上到下、从左到右的方式，采用：

```
<li><a class="menu-nav on" href="index.action" id="1">首页</a></li>
<li><a class="menu-nav " href="news.action" id="2">新闻资讯</a></li>
<li><a class="menu-nav " href="notice.action" id="3">通知公告</a></li>
<li><a class="menu-nav " href="activity.action" id="4">活动沙龙</a></li>
<li><a class="menu-nav " href="aboutus.action" id="5">学会简介</a></li>
```

新网页编辑采用：

```
<span class="title3"><a href="newsdetail.action?id=24365" style="color:">
江苏省高校大学生…</a></span>
<div class="news-tip">常州大学：我校在江苏省高校 ...</div></div>
```

审核发布、落款采用：

```
</div><div class="footer"><div class="foot-content">常州市物理学会版权所有<br>
技术支持：…<br>苏ICP备140093143号-2<br>    </div></div></div>
```

5.2 物理实验网站设计

在计算机桌面上双击文件夹 wlsy，如图 5-1 所示。

图 5-1 新建文件夹 wlsy

文件夹 wlsy，如图 5-2 所示，包括 html、wlsydxxt、wlsyMT、wlsyzb、wlsyzl、wlsyznxt 文件夹，以及 welcome 动画、Readme 使用指南、一个 PPT 用于链接“物理实验导学系统”(wlsy1.hmt，如图 5-3 所示)、“物理实验展板一览”(wlsy2.hmt，如图 5-4 所示)、“物理实验仪器一览”(wlsy3.hmt，如图 5-5 所示)、“智能化物理实验数据处理系统”(wlsy2.hmt，如图 5-6 所示)。

图 5-2 文件夹 wlsy

文件夹 html 包括 wlsy1.hmt、wlsy2.hmt、wlsy3.hmt、wlsy4.hmt、wlsyleft1.hmt、wlsyleft2.hmt、wlsyleft3.hmt、wlsyleft4.hmt、wlsytop1.hmt、wlsytop2.hmt、wlsytop3.hmt、wlsytop4.hmt、wlsymain1.hmt、wlsymain2.hmt、wlsymain3.hmt、wlsymain4.hmt、wlsyyq31.hmt 等，如图 5-7 所示。

图 5-3　物理实验导学系统

图 5-4　物理实验展板一览

图 5-5　物理实验仪器一览

图 5-6　智能化物理实验数据处理系统

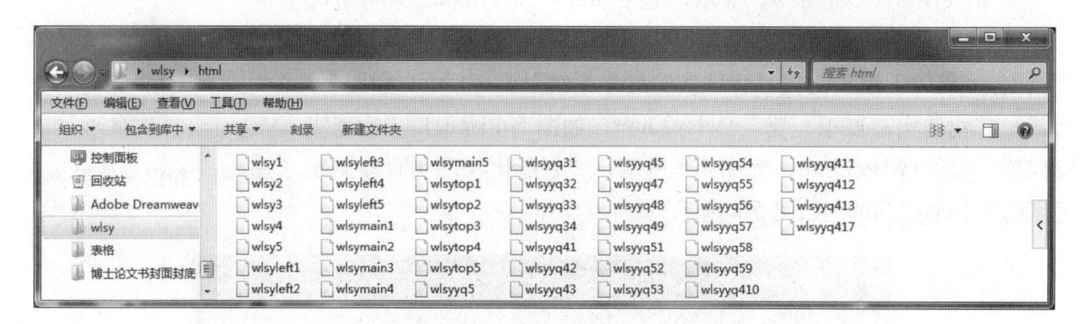

图 5-7　html 文件夹

物理实验导学系统文件夹 wlsydxxt 包括文件“sy31.ppt”“sy32.ppt”“sy31.ppt”“sy59.ppt”，用于介绍各个实验，如图 5-8 所示。

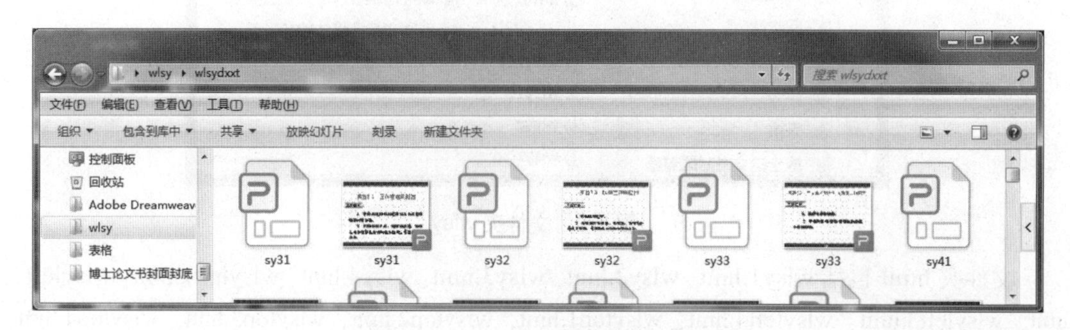

图 5-8　wlsydxxt 物理实验导学系统

物理实验 Multimedia ToolBook 版智能化实验数据处理系统文件夹 wlsyMT 包括实验 3.1、

3.2、3.3、4.1、4.2、4.3、4.5、4.7、4.9、4.12、4.13、4.17、5.1、5.2、5.4、5.6、5.7、5.8 共十八个实验的智能化实验数据处理系统，其智能化体现在，当用户输入实验数据到相应的可填域中，单击“计算”按钮，系统自动进行计算，显示实验结果，并且估计出实验不确定度，特别是按照不确定度保留一位，不确定度只进不舍；不确定度的那一位与有效数字末位对齐，有效数字四舍五入规则进行运算。该实验系统可以快速检查学生报告的实验结果（适用于 32 位计算机），如图 5-9 所示。

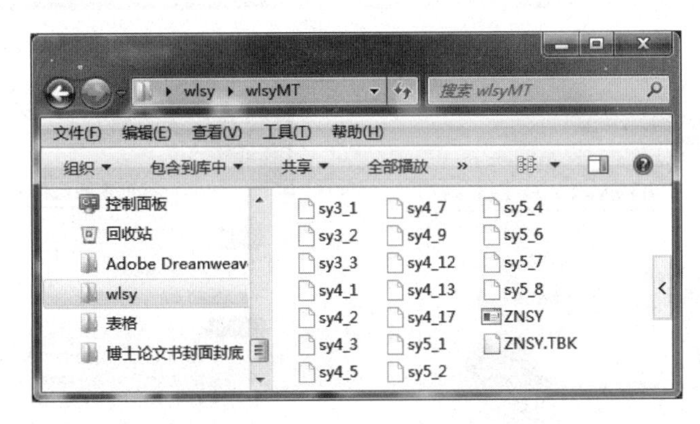

图 5-9　物理实验 Multimedia ToolBook 版智能化实验数据处理系统 wlsyMT

物理实验 Multimedia ToolBook 版智能化实验数据处理系统封面，如图 5-10 所示。

物理实验展板文件夹“wlsyzb”，如图 5-11 所示，具体的展板如图 5-12 所示；包括 Multimedia ToolBook 版智能化实验数据处理系统光盘封面图，如图 5-13 所示；还包括制作网页 top 所需要的 800×100 像素的图像，这些图像采用 Photoshop 制作而成，如图 5-14 所示，包括网站中所有用来像“实验 3.1”“实验 4.2”“实验 5.3”等按钮，如图 5-15 所示；还包括所有实验的装置图与元件图，这些图都是通过第 3 章图像抠挖技术制作而成，如图 5-16 和图 5-17 所示。实验 5.3 分光计的调整实验装置，如图 5-18 所示。

图 5-10　物理实验 Multimedia ToolBook 版智能化实验数据处理系统封面

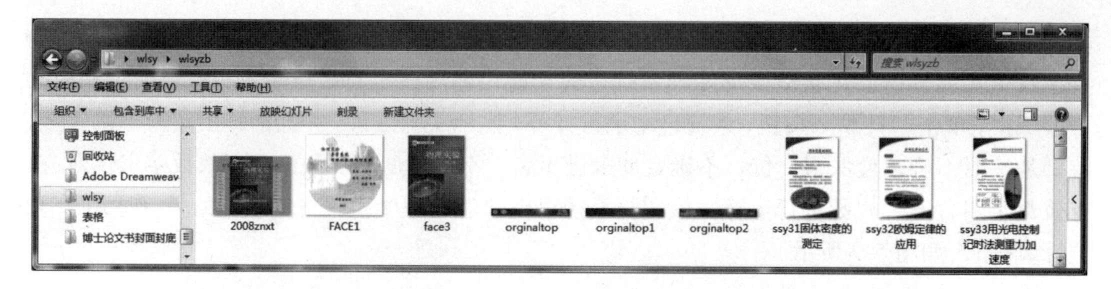

图 5-11 物理实验 Multimedia ToolBook 版智能化实验数据处理系统封面

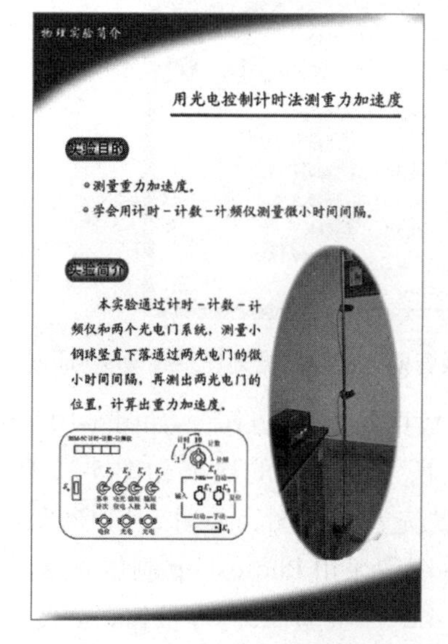

（a）实验 3.3 用光电控制计时法测重力加速度的展板

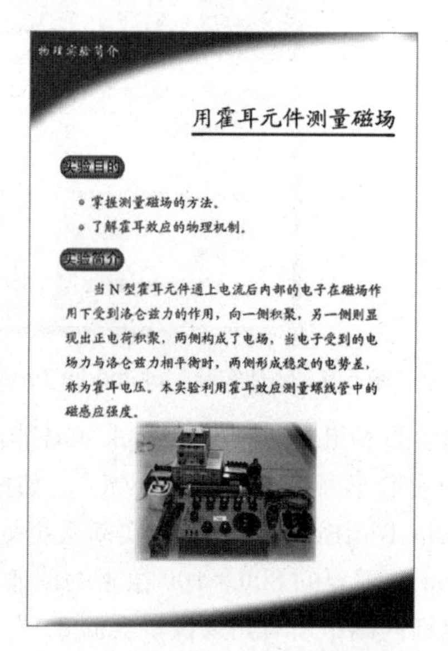

（b）实验 5.1 用霍耳元件测量磁场的展板

图 5-12 物理实验 Multimedia ToolBook 版智能化实验数据处理系统封面

图 5-13 物理实验 Multimedia ToolBook 版智能化实验数据处理系统光盘封面

图 5-14　于制作网页 top 的图像

实验 3.1　实验 4.2　实验 5.3

图 5-15　用于制作网页按钮

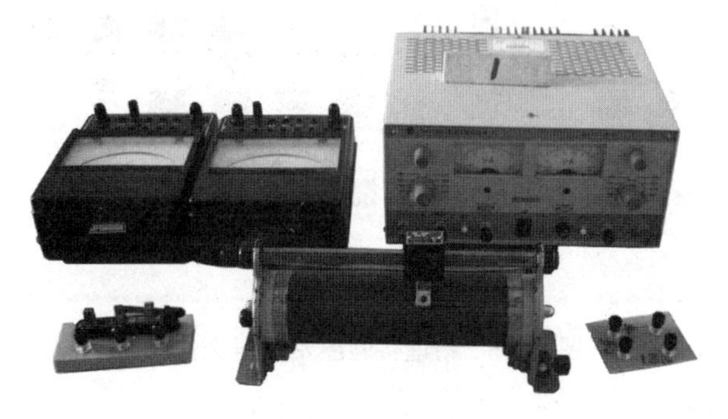

图 5-16　实验 4.12 线性电阻和非线性电阻的伏安特性曲线实验装置

图 5-17　实验 3.1 固体密度的测定实验装置

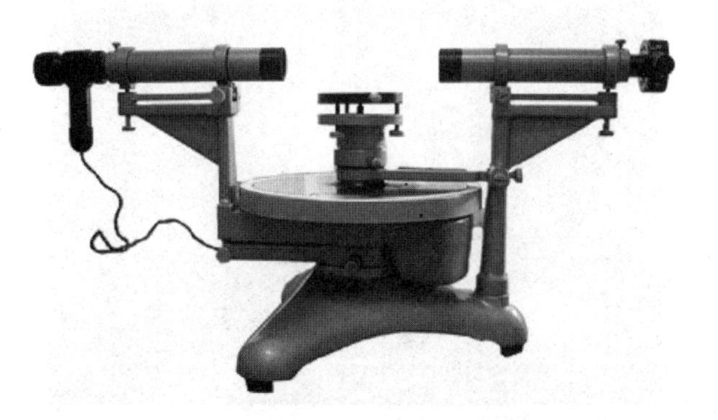

图 5-18　实验 5.3 分光计的调整实验装置

物理实验资料文件夹 wlsyzl，包括所有实验器材原始拍摄图（用于说明真实性）、放入相应文件中的各实验简介的语音片段，以及物理实验教材每次修订时的文档等，如图 5-19 所示。

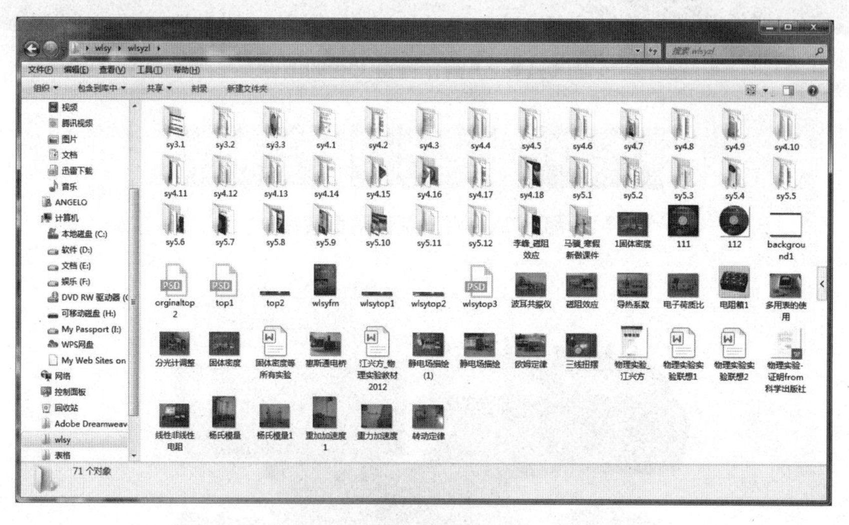

图 5-19　物理实验原始资料文件夹

5.3　物理实验网站的制作

在 e: 盘中新建一个文件夹 wlsy，文件夹 wlsy 中包括文件夹 html、wlsydxxt、wlsyMT、wlsyzb、wlsyzl、wlsyznxt，以及将 welcome 动画、Readme 使用指南复制到文件夹 wlsy 中。

5.3.1　用于链接网站的 PPT 电子演讲稿的制作

制作一个 PPT 电子演讲稿“物理实验多媒体教学光盘”用于链接“展板一览”“导学系统”“仪器一览”“智能系统”的 PPT 电子演讲稿文件，如图 5-20 所示；其中“展板一览”按钮设置相对链接“html\wlsy2.htm”，如图 5-21 所示。同理，“导学系统”按钮设置相对链接“html\wlsy1.htm”，“仪器一览”按钮设置相对链接“html\wlsy3.htm”，“智能系统”按钮设置相对链接“html\wlsy4.htm”。

图 5-20　四个网站的总链接

图 5-21 “展板一览”设置超链接

5.3.2 “html\wlsy2.htm”的制作

设计的网站要求当用户单击“实验 3.1”按钮时，在三框架网页的 main 框架中出现展板，如图 5-22 所示。

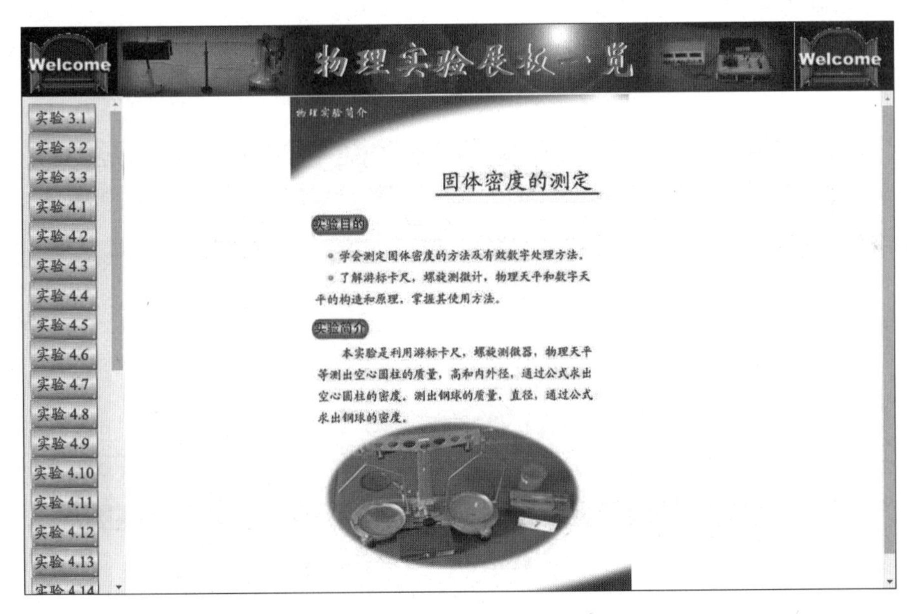

图 5-22 main 框架出现展板

制作方法如下：

（1）制作好所有实验展板

展板的尺寸为 90 cm × 60 cm，采用 Photoshop 中的“羽化”技术完成，如图 5-22 所示，将蓝色背景挖去一个椭圆形，留下西北、东南方位渐变的弧形直角，在西北方位固定“物理实验简介”字条；在上方偏右处制作“固体密度的测定”并设置下划线；利用长方形左右各加半圆组合成跑道形蓝色条两个，前景为“实验目的”“实验简介”；下方分别制作简介文字；值得一提的是，拍摄的原始图采用“羽化”技术，截取椭圆形，正好与东南方向的渐变的弧形直角相对应。实验 3.1 的展板，另存为 “wlsyzb/ssy31.jpg”；实验 3.2 的展板，另存为 “wlsyzb/ssy32.jpg”；依此类推。

（2）制作好所有按钮

像“实验 3.1”按钮，先设计一个 801 × 34 像素皮肤色的渐变图像，中间输入蓝色文字“实验 3.1”，另存为“wlsyzb/sy31.jpg”；依次输入蓝色文字“实验 3.2”，另存为“wlsyzb/sy32.jpg”；依此类推。

（3）制作好 top 图像

像“物理实验展板一栏”的 top 图像，分两步完成，第一步：设计 800 × 80 像素背景，背景中包括实验仪器颜色渐变的图像；第二步：设计红色与黄色叠层的魏碑体“物理实验展板一览”文字，且另存为“wlsyzb/top2zb.jpg”；再修改成“物理实验导学系统”，另存为“wlsydxxt/ top1dxxt.jpg”；修改成“物理实验仪器一览”，另存为“wlsyyq/top3yq.jpg”；修改成“物理实验智能系统”，另存为“wlsyznxt/top4znxt.jpg”。

（4）其他准备

准备好 Dreamweaver 软件；准备好 Welcome 动画，并复制到文件夹 wlsy 中；准备《物理实验》封面图“物理实验封面”，另存为“wlsyzb/wlsyface.jpg”。

（5）开始制作

执行“开始 / 程序 /Macromedia Dreamweaver MX”命令，打开 Dreamweaver MX，如图 5-23 所示。

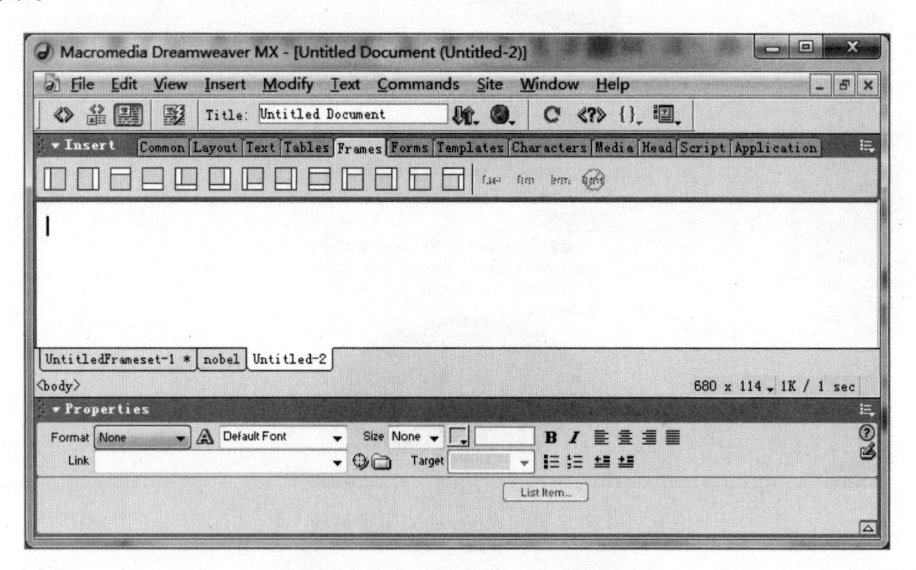

图 5-23　Dreamweaver MX 界面

执行 Insert/Frames 命令，打开 13 个框架图标，选择“ ”三框架按钮工具，工作区变成如图 5-24 所示，上面的框架为 top 框架，下面左边是 left 框架，下面右边是 main 框架。执行“File/Close”命令，关闭，此时在弹出的对话框中，将 main 框架存为“html/wlsymain2.htm”；将 left 框架保存为“html/wlsyleft2.htm”；将 top 框架存为“html/wlsytop2.htm”；整个的网页保存为“html/wlsy2.htm”。

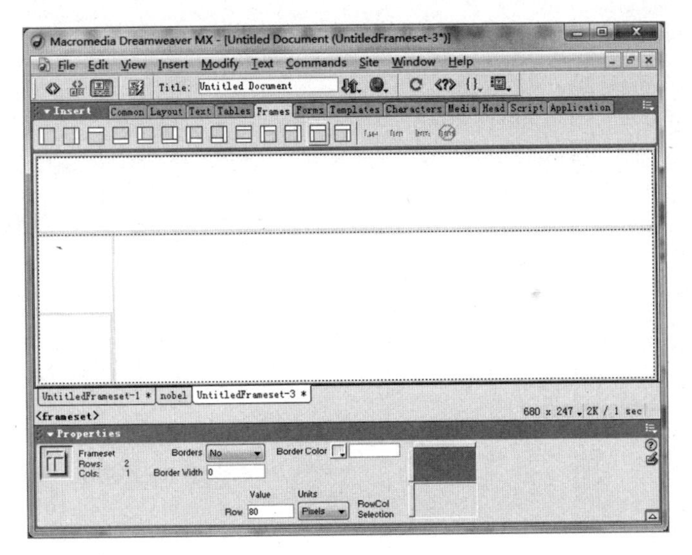

图 5-24　三框架

执行“开始 / 程序 /Macromedia Dreamweaver”命令，打开 Dreamweaver，执行 File/Open 命令打开“html/wlsy2.htm”，在 top 框架执行 Insert/image 命令插入“wlsyzb/ wlsytop2.jpg”；在 left 框架执行 Insert/image 命令插入按钮“wlsyzb/ sy31.jpg”，按【Shift+Enter】组合键，插入按钮“wlsyzb/ sy32.jpg”，依此类推，将所有展板相应的按钮紧密地列在 left 框架中；在 main 框架执行 Insert/image 命令方式插入封面图“wlsyzb/wlsyface.jpg”；在 left 框架上右击，弹出的快捷菜单如图 5-25 所示，选择 Page Properties 命令，打开相应对话框，如图 5-26 所示，选择合适的背景颜色，例如青色“00FFFF”，如图 5-27 所示，为 top 框架选择深蓝色 #000033，对 main 框架选择青蓝色 #0066FF，网站初稿如图 5-28 所示。

以“File/Close”关闭网页，再将“main”框架保存为“html/wlsymain2.htm”；将“left”框架保存为“html/wlsyleft2.htm”；将“top”框架保存为“html/wlsytop2.htm”；整个的网页保存为“html/wlsy2.htm”。此时相应的“wlsyzb/ wlsytop2.jpg”、按钮“wlsyzb/ sy31.jpg”、封面“wlsyzb/wlsyface.jpg”就完成了相对链接，但是网站初稿图 5-28 还不优美。

接下来需要解决以下三个问题：

（1）在 top 框架，“物理实验展板一览”还没有左右居中，下方还有空隙，说明默认的 top 高度不是 80；方法是，右击 top 框架，在弹出的快捷菜单（见图 5-25）中执行 Page Properties 命令，打开相应对话框，在 top 文本框中输入 0，然后在 Properties 属性栏中单击居中按钮▤，如图 5-29 所示。

（2）在 left 框架，按钮“实验 3.1”左侧有空隙，右侧不完整，说明按钮“实验 3.1”左侧有空隙要消除，按钮“实验 3.1”居中；方法是，右击“left”框架，在弹出的快捷菜单（见图 5-25）中执行“Page Properties”命令，打开页属性对话框（见图 5-26），在 top 栏中输入 0，在 left 栏中输入 0，然后在“Properties”属性栏中单击居中按钮▤，如图 5-29 所示。

（3）在“main”框架，“物理实验”书没有顶格，没有居中；方法是，右击“main”框架，在弹出的快捷菜单（见图 5-25）中执行“Page Properties”命令，打开页属性对话框，在“top”栏中，键入“0”，然后在“Properties”属性栏中单击居中按钮▤，如图 5-29 所示。

解决了三个问题以后，得到网站中间稿如图 5-30 所示。

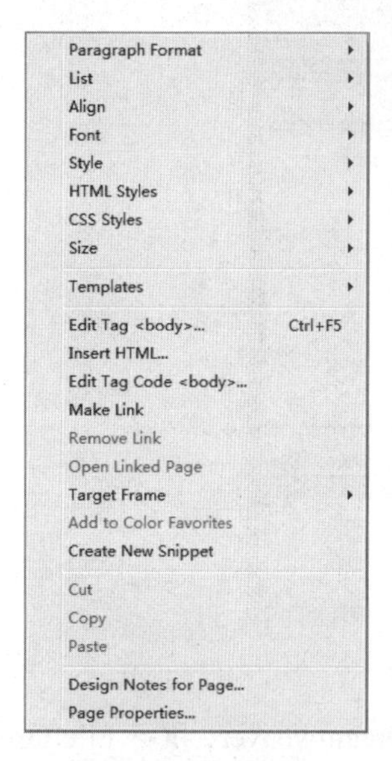

图 5-25　快捷菜单

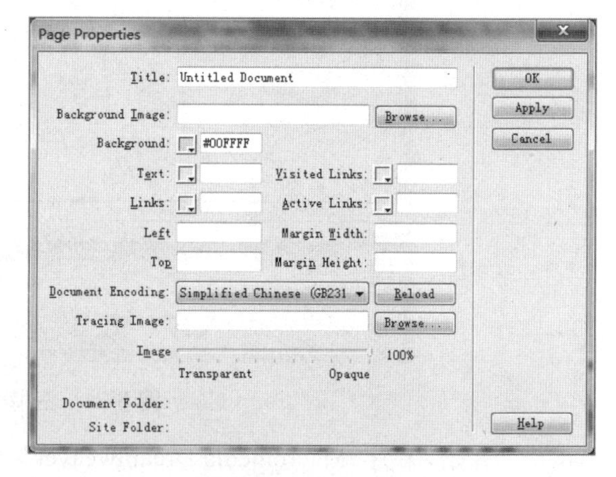

图 5-26　设置页属性

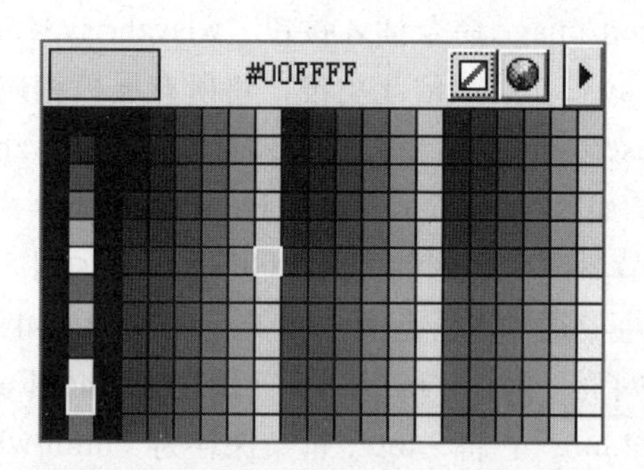

图 5-27　调色板

图 5-28　网站初稿

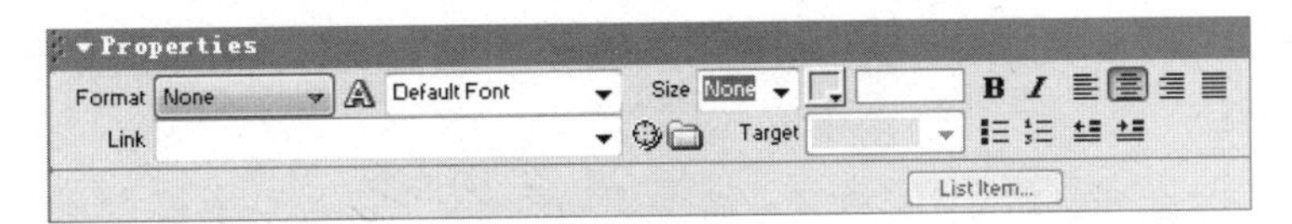

图 5-29 属性栏

如图5-30所示，界面排版完成了，但是还没有功能，下面制作的任务是，当用户单击“实验3.1”按钮时，展板“固体密度的测定”图就显示在 main 框架中。方法是，单击“实验 3.1”按钮，在页面下方 Properties 属性栏的 Link 栏中，通过其右侧文件夹按钮，选择“wlsyzb/ssy31.jpg”或者直接键入“../wlsyzb/ssy31.jpg”，值得注意的是，“../”表示从 html 跳出进入平级的文件夹中，正如按钮“实验 3.1”本身链接的是“wlsyzb/sy31.jpg”，做成相对链接为“../wlsyzb/sy31.jpg”（见图 5-31），文件夹 wlsyzb 与 html 平级，另外一个重要的地方就是 Target 栏，选择 mainFrame。这时，单击界面左上方的 HTML 按钮，就可以看到 left 框架的 HTML，如图 5-32 所示。

图 5-30 网站中间稿

图 5-31 相对链接

```
1  <!DOCTYPE HTML PUBLIC "-//W3C//DTD HTML 4.01 Transitional//EN">
2  <html>
3  <head>
4  <title>Untitled Document</title>
5  <meta http-equiv="Content-Type" content="text/html; charset=gb2312">
6  </head>
7
8  <body bgcolor="#00FFFF" leftmargin="0" topmargin="0">
9  <p><a href="../wlsyzb/ssy31.jpg" target="mainFrame"><img src="../wlsyzb/sy31.jpg" width="80" height="34" border="0"></a><br>
10  <img src="../wlsyzb/sy32.jpg" width="80" height="34"><br>
11  <img src="../wlsyzb/sy33.jpg" width="80" height="34"><br>
12  <img src="../wlsyzb/sy34.jpg" width="80" height="34"><br>
13  <img src="../wlsyzb/sy41.jpg" width="80" height="34"> <br>
14  <img src="../wlsyzb/sy42.jpg" width="80" height="34"><br>
15  <img src="../wlsyzb/sy43.jpg" width="80" height="34"><br>
16  <img src="../wlsyzb/sy44.jpg" width="80" height="34"><br>
17  <img src="../wlsyzb/sy45.jpg" width="80" height="34"> <br>
18  <img src="../wlsyzb/sy46.jpg" width="80" height="34"><br>
```

图 5-32 “实验 3.1”的 HTML

采用 HTML 进行复制修改，制作按钮“实验 3.2”的超链接，可以很方便地完成，具体程序如下。

```
<!DOCTYPE HTML PUBLIC "-//W3C//DTD HTML 4.01 Transitional//EN">
<html>
<head>
<title>Untitled Document</title>
<meta http-equiv="Content-Type" content="text/html; charset=gb2312">
</head>
<body bgcolor="#00FFFF" leftmargin="0" topmargin="0">
<p><a href="../wlsyzb/ssy31.jpg" target="mainFrame"><img src="../wlsyzb/
sy31.jpg" width="80" height="34"
border="0"></a><br>
<a href="../wlsyzb/ssy32.jpg" target="mainFrame"><img src="../wlsyzb/sy32.
jpg" width="80" height="34"
border="0"></a><br>
…
</p>
</body>
</html>
```

接下来还有一个问题，如图 5-33 所示，“left”框架中没有滚动栏，因此浏览不到“实验 4.16”“实验 4.17”“实验 4.18”“实验 4.19”，怎么办？

图 5-33　left 框架中没有滚动栏

制作“left”框架中的滚动栏，方法是，在 Dreamweaver 界面上，打开“wlsy2.htm”，用鼠标点击三框架相交的边缘，使三框架的边缘呈现虚线，然后单击界面左上方的 HTML 按钮，看到三框架总的 HTML，如图 5-34 所示，三框架总的 HTML 中“name="leftFrame" Scrolling="No"”改成如图 5-35 所示三框架总的 HTML 中“name="leftFrame" Scrolling="Yes"”。

这时网站“wlsy2.htm”如图 5-36 所示，所不同的是，由于 left 框架中设置了滚动栏，需要将栏适当放宽一些。

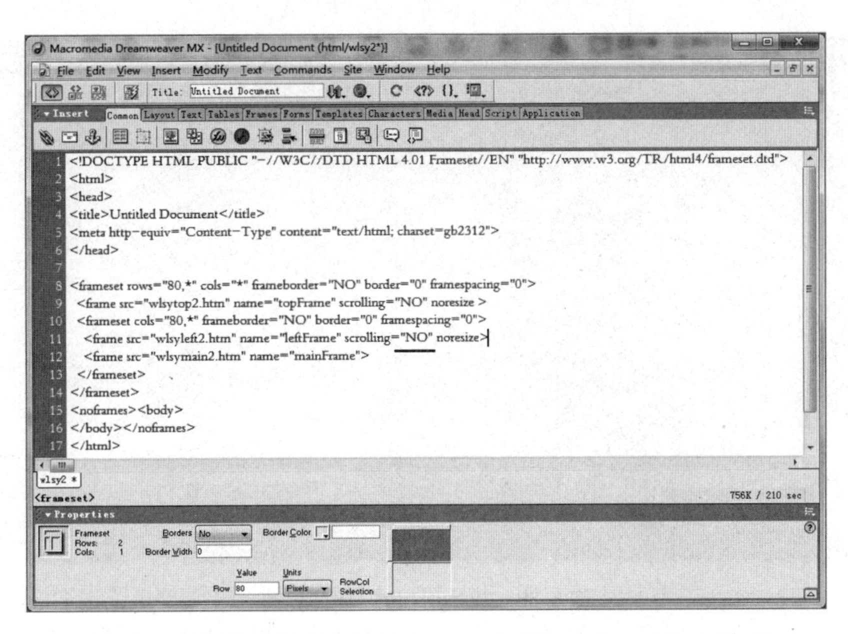

图 5-34　三框架总的 HTML 中 “name="leftFrame" Scrolling="No"”

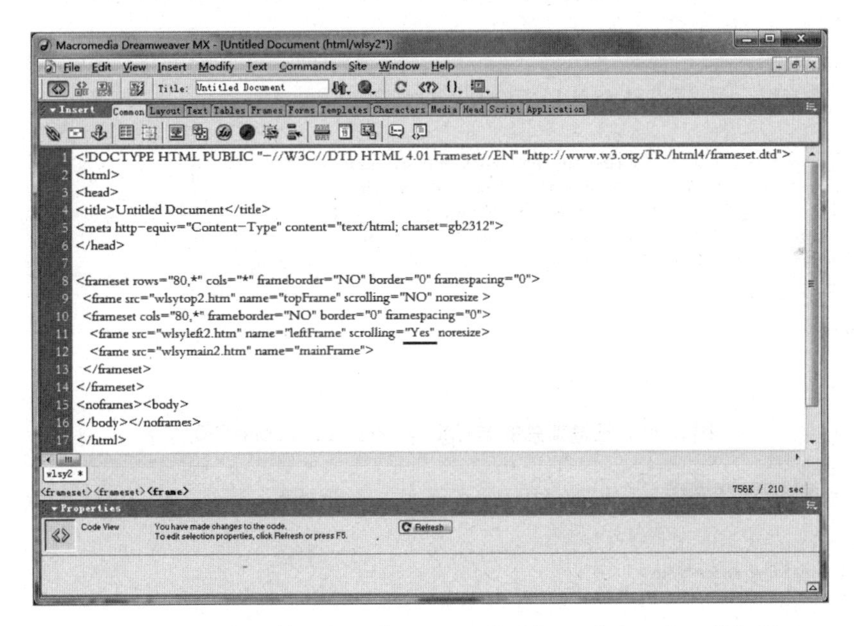

图 5-35　三框架总的 HTML 中 “name="leftFrame" Scrolling="Yes"”

方法是，在 Dreamweaver MX 界面上，打开“wlsy2.htm”，用鼠标单击三框架相交的边缘，使三框架的边缘呈现虚线，然后单击界面左上方的 HTML 按钮，看到三框架总的 HTML，如图 5-37 所示，三框架总的 HTML 中 <frameset cols="80, *"> 改成如图 5-38 所示 <frameset cols="98, *">。

这时网站“wlsy2.htm”如图 5-39 所示，全部完成。同理网站“wlsy1.htm”、网站“wlsy3.htm”和网站“wlsy4.htm”也一样制作，所不同的是，网站“wlsy4.htm”中没有实验 3.1、实验 3.2、实验 3.3、实验 3.4 等，就不需要设置实验 3.1、实验 3.2、实验 3.3、实验 3.4 按钮等，使用 HTML 修改程序时用心些就行。

图 5-36 “wlsy2.htm”网站界面

```
<!DOCTYPE HTML PUBLIC "-//W3C//DTD HTML 4.01 Frameset//EN" "http://www.w3.org/TR/html4/frameset.dtd">
<html>
<head>
<title>Untitled Document</title>
<meta http-equiv="Content-Type" content="text/html; charset=gb2312">
</head>

<frameset rows="80,*" cols="*" frameborder="NO" border="0" framespacing="0">
  <frame src="wlsytop2.htm" name="topFrame" scrolling="NO" noresize >
  <frameset cols="80,*" frameborder="NO" border="0" framespacing="0">
    <frame src="wlsyleft2.htm" name="leftFrame" scrolling="Yes" noresize>
    <frame src="wlsymain2.htm" name="mainFrame">
  </frameset>
</frameset>
<noframes><body>
</body></noframes>
</html>
```

图 5-37 三框架总的 HTML 中 <frameset cols="80, *" >

```
<!DOCTYPE HTML PUBLIC "-//W3C//DTD HTML 4.01 Frameset//EN" "http://www.w3.org/TR/html4/frameset.dtd">
<html>
<head>
<title>Untitled Document</title>
<meta http-equiv="Content-Type" content="text/html; charset=gb2312">
</head>

<frameset rows="80,*" cols="*" frameborder="NO" border="0" framespacing="0">
  <frame src="wlsytop2.htm" name="topFrame" scrolling="NO" noresize >
  <frameset cols="98,*" frameborder="NO" border="0" framespacing="0">
    <frame src="wlsyleft2.htm" name="leftFrame" scrolling="Yes" noresize>
    <frame src="wlsymain2.htm" name="mainFrame">
  </frameset>
</frameset>
<noframes><body>
</body></noframes>
</html>
```

图 5-38 三框架总的 HTML 中 <frameset cols="98, *" >

图 5-39　left 框架中设置滚动栏

讨论与思考

1. 多媒体网页开发工具有 ______________________________、______________________________、______________ 等，你是采用 ____ 制作网页作品。

2. 如果你要制作一个“本学期多媒体学员作品展”网站，打算做些什么，如何制作，预计有什么效果。

习　　题

1. 三框架网页是最简单最实用的网页之一，试写出三框架网页的各名称，它们之间的关系与链接方式。并且采用一个网站（如诺贝尔物理学奖网站）进行说明。

【提示】top、left、main 框架，left 框架中条目中链接的文件在 main 框架中显示，需要在 Target 栏中选择 mainFrame; 在诺贝尔物理学奖网站 left 框架整齐地排列着“1901, 1902, ...”，只要按一下“1957”，即在 main 框架中显示出 1957 年诺贝尔物理学奖。

2. 你打算如何制作 Nobel Physics Prize 网站，写出具体过程。

3. 试根据“诺贝尔物理学奖”网站制作的方法，设计制作一个有意义的网站，取名为 ____________，制作方法为 ____。

4. 网站的制作包括：网页的设计、多媒体元素的制作、链接方式的设计等阶段，试描述你在制作三框架网页为主的网站过程中的制作过程，及其产生的问题。

5. HTML 是 __________________________ 的缩写，其中文意义是 ______________________。

6. 试写出物理链接和相对链接的两行 HTML 语言。

7. 在 Dreamweaver 中如何实现物理链接和相对链接？举例说明。

8. 在 Dreamweaver 中如果采用三框架形式，它们的名称和关系如何，如何制作滚动栏？

9. 什么是绝对路径，什么是相对路径？举例说明。

第6章 智能化实验仿真系统的制作

实验的特征就是有实验仪器，实验中的测量可以分为直接测量和间接测量，直接测量就是将待测量与标准量进行比较，间接测量就是由若干个直接测量量通过运算得到的物理量。例如长度、时间、质量、温度、电流强度、发光强度等，有的可以直接测量，有的需要间接测量，随着计算机的出现，仿真实验可以部分地代替实物实验，从而解决了实验仪器昂贵、笨重、难以搬移等缺点，制作的实验仿真系统具有的特征：确定的精度，重复性好，不会受到温度、周围环境的影响，在一定程度上采用仿真实验也是有益的。下面以声速测定实验、等厚干涉——牛顿环实验、导热系数测量实验等为例，介绍制作智能化实验仿真系统的一般方法与技术。

6.1 声速测定智能化实验仿真系统的制作

速度就是单位时间内的位移大小，声音的传播速度是重要的物理量，经验值表明在 0 ℃时声速为 331.45 m/s，在实验室采用波长乘以超声波频率的方法测定声音传播的速度，实验装置如图 6-1 所示，装置由信号源、声速测量仪、示波器三部分组成。

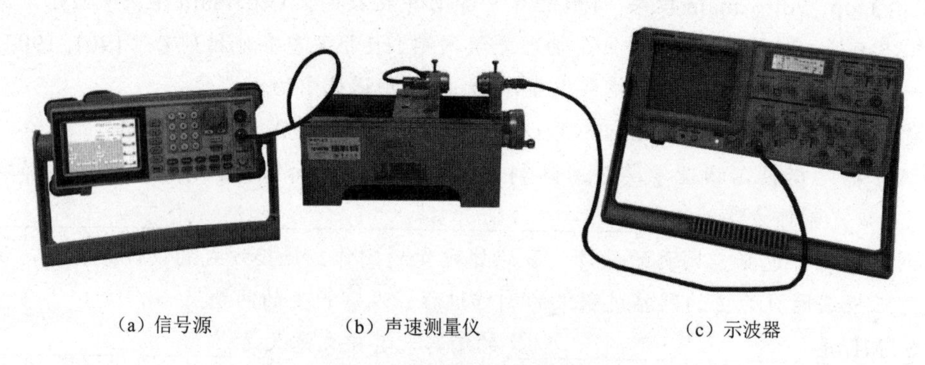

（a）信号源　　（b）声速测量仪　　（c）示波器

图 6-1　声速测量实验装置

由于人耳能感知的声音频率为 20~20 000 Hz，称为可闻声，如果实验室中有几十台仪器同时发出可闻声，可以想象，将无法做实验，因此设计的声源为超声波，考虑到声速测量仪的发射器可移动范围是 10 cm，用于测量 10 多个周期，因此设计发射器和接收器的共振频率在 40 kHz 附近，其波长为 8 mm 的数量级。利用声速测量仪通常有共振干涉法和相位法来测量实验环境中声音传播的速度。

声速测量仪的可移动臂连接超声波发射器，超声波发射器与信号源相连，固定臂连接接收器，接收器与示波器相连。手轮旋转一周带动鼓轮（见图 6-2）也旋转一圈，丝杆带动发射器移动 1 mm。

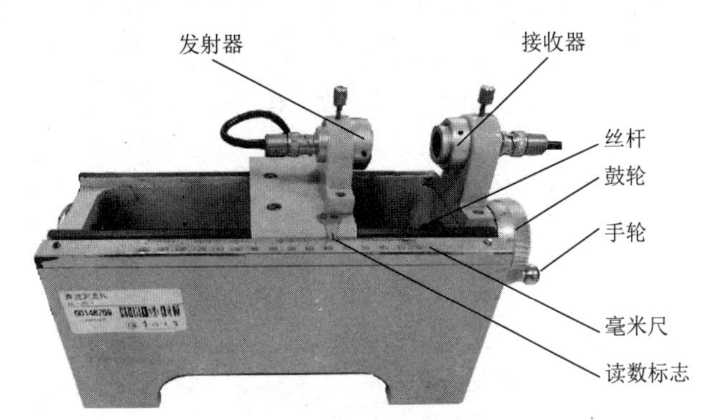

图 6-2　声速测量仪

由于丝杆顺时针转动与逆时针转动，会造成读数标志点跟随移动，在统计意义上的误差有半个螺距，如图 6-3 所示，使鼓轮进行精度为千分之一读数毫无意义，因此，需要限定读数过程中，必须朝着一个方向移动。

（a）丝杆带动发射器向左运动　　（b）丝杆带动发射器向右运动

图 6-3　丝杆的带动过程

如图 6-2 所示，通过手轮转动，带动鼓轮旋转，鼓轮与丝杆固定，鼓轮旋转则丝杆也旋转，丝杆与发射器下方的螺旋接触关系图如图 6-3 所示，当丝杆绕不同方向转动时，会出现两种不同的现象。从右侧向左看，当手轮顺时针转动时，丝杆的左侧推动发射器下方的螺旋右侧，带动发射器向左运动，如图 6-3（a）所示；当手轮逆时针转动时，丝杆的右侧推动发射器下方的螺旋左侧，带动发射器向右运动，如图 6-3（b）所示；为此设计仿真实验，在读数过程中，不允许用户来回移动发射器，只允许一路向右运动。

6.1.1　实验仿真系统的设计

选用 Flash CS6，作为开发智能化仿真实验的工具，采用 ActionScript 3.0 作为编程语言，其设计界面如图 6-4 所示。为了突出实验动态部分，在“声速测量实验仿真系统”题目下方两侧 T 形元件和两圆点元件分别取实例名，其中左 T 形元件实例名为 emit，左边圆点元件实例名为 ball1，右边圆点元件实例名为 ball2；接下来就是设置输入学号、输入温度、输入手轮旋转角度三个可填域，实例名分别为 field1、field2、field3，由用户输入实验时的温度后，系统就在实例名为 field4 中显示声速理论值，即通过$v = 331.45\sqrt{\frac{T}{273.15}}$计算的结果，式中

$T=t+273.15$。当用户输入学号后，单击 emit 元件，则智能系统就自动地按照学号确定 emit 元件相应的初始位置，当用户单击“获取实验数据”的 45 个显示域中某一个域后，在该显示域就显示“emit”在该确定位置时的波形振幅与 emit 元件的位置坐标，在超声波频率显示域（实例名为 field5）中显示与学号相关的 41 kHz 左右的超声波频率；当用户输入手轮旋转角度，如 50°，则单击“按输入角度旋转”按钮后，手轮就逆时针绕鼓轮中心旋转 50°，相应地，ball1 置于振幅高度位置，水平位置与 emit 右侧一致，作为比较的 ball2 也做相应的圆周运动。

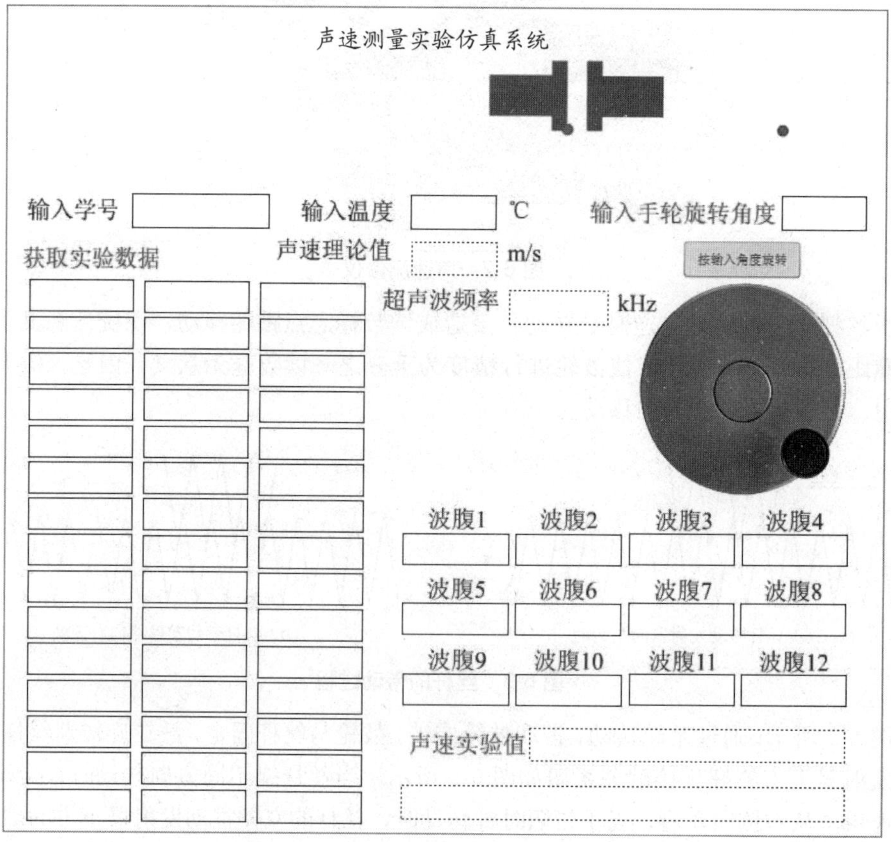

图 6-4　声速测量仿真实验系统界面图

当用户在 45 个显示域，其实例名分别为 field101，field102，…，field145，显示出相应的 emit 元件在这个确定位置时的波形振幅与 emit 元件的位置坐标后，选取振幅最大的填入“波腹 1”，依此类推，将 12 个波腹都填满后，单击“声速实验值”显示域（实例名为 field6），则系统判定，如果实验数据没有填满，计算出的声速与经验值相差大于 5%，则提示“不确定度太大，重新做实验”；如果实验数据填满，仿真实验不确定度大于 0.3%，则提示“不确定度较大，请重新做实验”。

6.1.2　实验仿真系统的制作

（1）按用户当时当地温度输入后，系统采用 $v=331.45\sqrt{\dfrac{T}{273.15}}$，式中 $T=t+273.15$，实现的程序如下：

```
var x1=Number(field3.text);
var x2=331.45*Math.sqrt((273.15+x1)/273.15);
field4.text=String((x2 *10 - x2 *10 %1)/10);
if ((x2 % 1)>0.5){field4.text=String((x2 *10 +1 - x2 *10 %1)/10);
```

其功能为保留小数点后 1 位，保证有四位有效数字。

（2）用户将自己的学号输入后，当用户单击“emit”后系统读取其学号的后三位，程序如下：

```
var x11=Number(field2.text);
var x12=(x11/10) % 1;
var x13=x12*10 -(x12*10 % 1);
var x14; var x15; var x16; var x17; var x18;
if ((x12*10 % 1)>0.5){x13=x12*10 +1 -(x12*10 % 1);}
x14=((x11 - x13)/100)%1;
x15=x14*10 -(x14*10 % 1);
if ((x14*10 % 1)>0.5){x15=x14*10 +1 -(x15*10 % 1);}
x16=((x11 - x13 - 10*x15)/1000)%1;
x17=x16*10 -(x16*10 % 1);
if ((x16*10 % 1)>0.5){x17=x16*10 +1 -(x16*10 % 1);}
emit.x=110*3 + x17*10+x15+x13*0.1;
ball1.x=emit.x + 129.2 -68.95;
x18=39+x13*0.3+x15*0.1+x17*0.1;
field5.text=String((x18*1000 - x18*1000 %1)/1000);
if ((x18*100 %1)>0.5)
{field5.text=String((x18*1000 +1 - x18*1000 %1)/1000);}}
```

需要注意的是，学号尾号为变量名 x14，倒数第二位为变量名 x16，倒数第三位为变量名 x18，而且确保变量名 x14、x16、x18 是正整数。根据学号确定发射器实验初始状态的位置，不同的学号初始位置不同，其变化范围 ±1 mm；设置不同的学号超声波频率不同，其范围为 (41.5 ± 1.5)kHz。

（3）用户输入手轮绕鼓轮中心旋转的角度后，单击“按输入的角度旋转”按钮，手轮绕鼓轮中心旋转，同时 ball1、ball2 也按照相应的角度旋转，需要注意的是，声音速度与温度有关，实验测量波长的长度与超声波的频率有关，因此学号不同，其超声波的波长也不同；就算同一个用户，在不同温度下进行仿真实验，超声波的波长也不同。其实现的方法如下：

```
var x0=635.35; var x01=663.65;          // 设置鼓轮、手轮中心的 x 坐标
var y0=346.35; var y01=101.6;           // 设置鼓轮、手轮中心的 y 坐标再确定手轮旋转半径
var R=Math.sqrt((635.35-689.30)*(635.35-689.30)+(346.35-399.55)*(346.35-399.55));
var x1=Number(field1.text);             // 读取用户输入的手轮绕鼓轮旋转步长
var seta1;var seta2;                    // 定义手轮、ball2 当次旋转的相对角度
var lunx=lun.x; var ball2x=ball2.x;     // 读取手轮、ball2 当次旋转前的 x 坐标
var luny=lun.y; var ball2y=ball2.y;     // 读取手轮、ball2 当次旋转前的 y 坐标
var x2=ball1.x; var y2=ball1.y; var x3=emit.x; var y3=emit.y;
var R1=54;                              // 设置 ball2 圆周运动的半径
var x5=Number(field4.text);             // 读取用户当时当地温度时的声音速度的经验值
var x6=Number(field5.text);             // 读取用户超声波频率值
var x7=x5/x6;                           // 计算用户当时当地波长值，单位为 mm
if (lunx-x0>0)
{  seta1=Math.atan((luny-y0)/(lunx-x0))*180/3.14159;
  if (seta1<0)
  {seta1=seta1+360;}                    // 确定手轮当次旋转前的相对角度
}
```

```
else {seta1=180+Math.atan((luny-y0)/(lunx-x0))*180/3.14159;     }
if (ball2x-x01>0)
{  seta2=Math.atan((ball2y-y01)/(ball2x-x01))*180/3.14159;
  if (seta2<0)
  {seta2=seta2+360;}                          // 确定 ball2 当次旋转前的相对角度
}
else {seta2=180+Math.atan((ball2y-y01)/(ball2x-x01))*180/3.14159;      }
lunx=x0+R*Math.cos(Number(seta1-x1)*3.14159/180);
luny=y0+R*Math.sin(Number(seta1-x1)*3.14159/180);
                                              // 确定手轮当次旋转后的位置
ball2x=x01+R1*Math.cos(Number(seta2-(x1/x7))*3.14159/180);
//ball2y=y01-R1*Math.sin(Number(seta2-(x1/x7))*3.14159/180);
                                              // 确定 ball2 当次旋转后的 x 位置
lun.x=Number(lunx);                           // 设定手轮当次旋转后的位置
lun.y=Number(luny);
ball2.x=Number(ball2x);                       // 设定 ball2 当次旋转后的位置
//ball2.y=Number(ball2y);
emit.x=emit.x - x1*7.5/360;                   // 设定发射器的位置
ball1.x=Number(x3+129.2 - 68.95);             // 设定 ball1 的 x 位置
ball1.y=Number(y01 - Math.abs(R1*Math.sin((seta2-x1/x7+0)*3.14159/180)));
if ((seta2-x1)<0){ball1.y=Number(y01 - Math.abs(R1*Math.sin((seta2-x1/
x7+360)*3.14159/180)));}
ball2.y=Number(y01 + (R1*Math.sin((seta2-x1/x7+0)*3.14159/180)));
                                              // 设定 ball1 的 y 位置和 ball2 的 y 位置
```

（4）用户单击 field101 显示 ball1 的 y 坐标和发射器 emit 的 x 坐标，具体实现方法如下：

```
field101.addEventListener(MouseEvent.CLICK,F101);
function F101(e:MouseEvent):void{var x1=ball1.y;
var x101=(434.35 - Number(emit.x))/75;
               // 读取 emit 的 x 坐标折合的与接收器之间的距离，单位是 mm
var x201=(x101*1000 - x101*1000 %1)/1000;
               // 限定 emit 与接收器之间的距离为小数点后三位
var y101=101.25 - x1;
               // 读取 ball1 的振幅
var y201=(y101*1000 - y101*1000 %1)/1000;
               // 限定 ball1 的振幅为小数点后三位
field101.text=String(y201+", "+x201);}
               // 显示 ball1 的振幅和 emit 与接收器之间的距离，用“,”隔开
```

其他 field102，field103，…，field145，同 field101 一样制作。

（5）声速的计算。

如图 6-4 所示，在界面的左下方读取 ball1 的振幅与 emit 的位置，当“ball1”的振幅达到最大时，即满足驻波形成的条件，振幅达到最大位置就是波腹的位置，系统设计了 12 个波腹位置可填域，实例名分别为 field201，field202，…，field212，采用逐差法计算超声波波长的值，然后利用波长与频率之乘积为波速，得到声速，再利用逐差法得到六组 1.5 倍波长的数据统计，其相对不确定度作为声速的不确定度，最后在 field6 中显示声速的实验结果，如果测量得到的声速与经验值的相对不确定度大于 5%，则在 field90 提示域中显示“不确定

度太大，重新做仿真实验”；如果测量得到的声速与经验值的相对不确定度小于 0.3%，则只在 field6 中显示声速的实验结果；如果介于两者之间，则在 field90 提示域中显示“不确定度较大，重新做仿真实验”。具体程序如下。

```
if (field212.text==""){
    var x1=Number(field201.text);
    var x2=Number(field202.text);
    var x3=Number(field5.text);
    var v=2*Math.abs(x1-x2)/x3;
    var x4=Number(field4.text);
    var x5;
    var x6=v*10 - v*10 %1;
    if ((v*10 %1)>0.5)  {x6=v*10 + 1 - v*10 %1;}
    x5=(v*10 - x4)/x4;          //实验数据不完整测量相对不确定度大于5%
    if(x5>0.05){field90.text="不确定度太大，请重新做仿真实验";}
    else  {field90.text=Number(x6)+"米每秒";}}
                                //实验数据不完整测量相对不确定度小于5%
    else {                      //实验数据完整
           var x01=Math.abs(Number(field201.text)-Number(field207.text));
           var x02=Math.abs(Number(field202.text)-Number(field208.text));
           var x03=Math.abs(Number(field203.text)-Number(field209.text));
           var x04=Math.abs(Number(field204.text)-Number(field210.text));
           var x05=Math.abs(Number(field205.text)-Number(field211.text));
           var x06=Math.abs(Number(field206.text)-Number(field212.text));
           var xavg=(x01+x02+x03+x04+x05+x06)/18;
           var deletex=3*Math.sqrt(((x01-xavg)*(x01-xavg)+(x02-xavg)*(x02-
xavg)+(x03-xavg)*(x03-xavg)+(x04-xavg)*(x04-xavg)+(x05-xavg)*(x05-xavg)+(x06-
xavg)*(x06-xavg))/30)
           var x7=deletex/xavg;
           var x8=Number(field5.text);
           var x9=Number(field4.text);
           var v1; v1=xavg*x8*10;
           //field1.text=String(v);
           var x10; var x11;
           if (x7<0.9){
                  x10=(deletex*10 +1 - deletex*10 %1)/10;
                  x11=(v*10 +0 - v1*10 %1)/10; //速度不确定度<0.9，保留一位小数
                  if(( v*10 %1)>0.5){x11=(v1*10 +1 - v1*10 %1)/10;}
                  field6.text="("+ Number(x11)+"±"+ Number(x10)+")米每秒";}
           else {field90.text="不确定度较大，请重新做仿真实验";
           field6.text="("+ (v1 -v1 % 1)+"±"+ (deletex +1 - deletex % 1)+")米每秒";
           if ((x7*100 % 1)>0.5){field6.text="("+ (v1 +1 -v % 1)+"±"+ (deletex
+1 - deletex % 1)+")米每秒";}}}              //速度不确定度>0.9，保留整数
```

6.1.3 声速测定智能化实验仿真系统的思考

(1) 声速测定实验要求在测量过程中读数时手轮只能朝一个方向转动，那么如何能够通过实验得到幅度最大的波腹位置呢？通过“手轮旋转角度”输入数字选择某一个步长，单击“手轮旋钮”按钮，发射器就向左移动一个步长，并且伴随着标志位置的红点也左移相同的距离，即朝着数值增大的方向移动，这样，要么没有到波腹位置，要么超越波腹位置。在实验上有一

个技巧，就是按某一步长增大发射器与接收器之间的距离时，当入射波与反射波合成的波幅逐渐增大时，每前进一个步长就读一下发射器的位置，在智能化声速测定仿真系统中设计了四位有效数字，如图 6-5 所示，而且设计了只要用户用鼠标单击发射器 emit，指示发射器位置的红点也就移动相同的距离，这时用户只要单击左方 45 个显示域中的任何一个，显示域中就立即显示反射波与入射波合成驻波振幅值与发射器的位置，通过一系列驻波振幅值与发射器的位置采集后，用户就可以定量地判断在一系列数据中，存在着增加到一定程度出现下降，就可以取下降前一个位置作为驻波波腹位置，填入“波腹 1”的可填域，依此类推，填满“波腹 2”“波腹 3”……后，单击“声速实验值”按钮，就立即显示实验结果与系统自动批阅的评论，如图 6-5 所示。实验结果为 (353 ± 3) m/s，系统自动批阅的评论是“不确定度较大，请重做一下实验”。

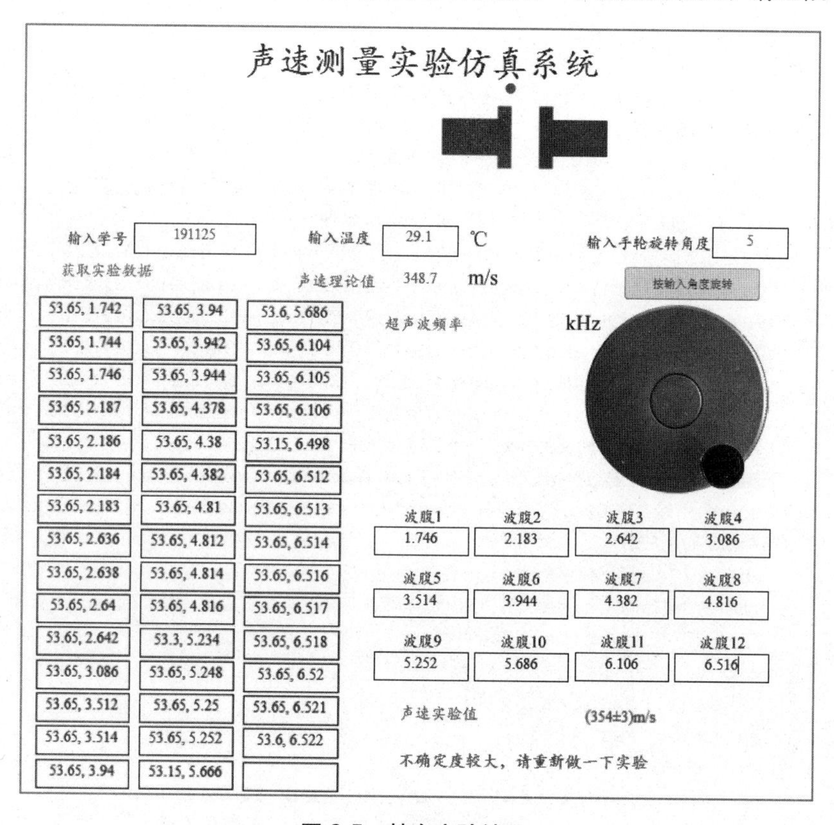

图 6-5　某次实验结果

从实验结果 (353 ± 3)m/s 来看，满足不确定度取一位，不确定度的那一位与有效数字末位对齐，完全满足用不确定度表示实验结果的要求，而且实验结果的相对不确定度小于 1%，但是声速测定实验是智能化仿真实验，如果就按上述要求与实物实验要求没有两样，而且因为是计算机实验不会让同学们对该实验留下深刻印象，只有提高实验精度才能体现出仿真实验的优势，因此用户利用智能化声速测定仿真系统做实验，达到优秀是非常困难的，只有选取足够小的步长，并且利用数值插值法计算驻波波腹位置，才能使得实验结果达到四位有效数字。

（2）智能化声速测定仿真系统，还需要考虑随着发射器与接收器距离的加大，振幅相应地减小，从实验结果来看，振幅随着发射器与接收器距离呈现出 e 指数衰减，在程序中的“R_1”要用 $R_1=R_1e^{-\beta x}$ 进行衰减，由表 6-1 中数据可以估计出 β 值为 0.942 28。

表 6-1 β值的估计

x	0	0.5λ	1.0λ	1.5λ	2.0λ	2.5λ	3.0λ
振幅 R_{11}	111	89	38	20	15	10	8
$\ln R_{11}$	4.709 5	4.488 6	3.637 6	2.995 7	2.708 1	2.302 6	2.079 4

将$R_{11}=54.00\mathrm{e}^{-0.94228x}$代入后，实验获得优秀的难度系数更大，也就是更接近于真实的理想实验。

智能仿真实验其优势在于，(1) 限定用户必须正确操作，错误操作在智能系统中无法实现；(2) 实验数据更加精确，也就是达到最理想的真实实验精度；(3) 可以反复操作，可以异地异时进行操作实践。

6.2 等厚干涉——牛顿环智能化实验仿真系统的制作

以牛顿名字命名的等厚干涉——牛顿环实验，是非常有意义的实验。在 18 世纪，人们相信牛顿的光微粒说，甚至有人想用光的微粒说解释牛顿环形成的触点是暗斑，明暗相间，内疏外密的圆环状条纹，直到 1801 年，托马斯·杨（Thomas Young, 1773—1829）发表了杨氏双缝干涉实验，将光波长放大了数百上千倍后，用肉眼就能看到明暗相间的光干涉条纹，人们认识到光具有波动性，从此才真正认识到牛顿环现象是属于薄膜干涉中的等厚干涉，牛顿环条纹是等厚干涉条纹。利用牛顿环等厚干涉条纹可以方便地计算出平凸透镜的曲率半径，从此开启了高精度光学测量的先河。

6.2.1 实验仿真系统界面设计

智能化等厚干涉——牛顿环实验仿真系统界面，如图 6-6 所示，包括牛顿环干涉图样、手轮、“输入手轮旋转角度”的可填域、“顺时针转 1 度”按钮、“按输入角度旋转”按钮、“逆时针转 1 度”按钮、40 个显示域（当用户单击显示域，则显示接收器位置和驻波振幅）、“牛顿环平凸透镜曲率半径”的显示域，以及自动批阅显示域，等等。

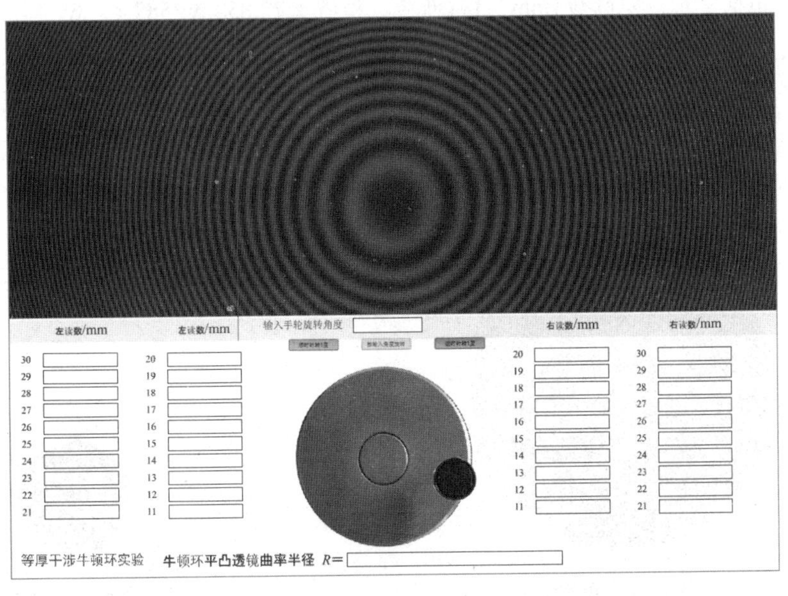

图 6-6 智能化等厚干涉——牛顿环实验仿真系统界面

6.2.2 实验仿真系统的制作

启动 Flash CS6，新建一个场景，背景：白色，W: 1547，H: 1100；

图层 1：牛顿环干涉图像“20200613_0.jpg”，位置 x: 0，y: 0，宽 W: 1547，高 H: 582.25，如图 6-7 所示。

图层 2：红线“line1”，位置 x: 459.9，y: 3.75，W: 1.00，H: 626.75，如图 6-8 所示。

图 6-7 图层 1

图 6-8 图层 2

图层 3：包括可填域“field1”（“ ”，位置 x: 689.75，y: 587.6，W: 137.95，H: 27.75）、红色按钮“button1”（如图 6-9 所示，位置 x:561.0，y: 629.25，W: 100.0，H: 22.0）、绿色按钮“button2”（如图 6-10 所示，位置 x:707.4，y: 629.25，W: 100.0，H: 22.0）、蓝色按钮“button3”（如图 6-11 所示，位置 x:853.9，y: 629.25，W: 100.0，H: 22.0）。

顺时针转1度　　按输入角度旋转　　逆时针转1度

图 6-9 红色按钮 button1 　　图 6-10 绿色按钮 button2 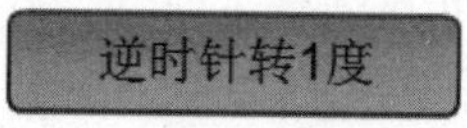　　图 6-11 蓝色按钮 button3

图层 4：包括文本“左读数 /mm” 1（蓝色，位置 x:72.85，y: 587.1，W: 142.0，H: 35.0）、文本“左读数 /mm” 2（蓝色，位置 x:320.0，y: 587.1，W: 142.0，H: 35.0）、文本“输入手轮旋转角度”（红色，位置 x:501.2，y: 587.1，W: 178.75，H: 26.15）等。鼓轮如图 6-12 所示。

图层 5：包括手轮 lun，如图 6-13 所示，位置 x:891.2，y: 905.55，W: 85.0，H: 85.0。

图 6-12 鼓轮

图 6-13 手轮

as1（Action Script 3.0）程序如下：

```
// button1
button1.addEventListener(MouseEvent.CLICK,B1);
function B1(e:MouseEvent):void
{var lunx; var luny;
var x0=750;var y0=860; var R=145;var k=176.91;
var seta1; lunx=lun.x;luny=lun.y;
if (lunx-x0>0) {   seta1=Math.atan((luny-y0)/(lunx-x0))*180/3.14159;
  if (seta1<0)
  {seta1=seta1+360;}
}
else {seta1=180+Math.atan((luny-y0)/(lunx-x0))*180/3.14159;}
seta1=seta1+1;
lunx=x0+R*Math.cos(Number(seta1)*3.14159/180);
luny=y0+R*Math.sin(Number(seta1)*3.14159/180);
lun.x=Number(lunx);
lun.y=Number(luny);
line01.x=line01.x+ 135/360;}
// button3
button3.addEventListener(MouseEvent.CLICK,B3);
function B3(e:MouseEvent):void {
var lunx; var luny;
var x0=750;var y0=860; var R=145;var k=176.91;
var seta3; lunx=lun.x;luny=lun.y;
if (lunx-x0>0) {   seta3=Math.atan((luny-y0)/(lunx-x0))*180/3.14159;
  if (seta3<0)    {seta3=seta3+360;}
}
else {seta3=180+Math.atan((luny-y0)/(lunx-x0))*180/3.14159;}
seta3=seta3-1;
lunx=x0+R*Math.cos(Number(seta3)*3.14159/180);
luny=y0+R*Math.sin(Number(seta3)*3.14159/180);
lun.x=Number(lunx); lun.y=Number(luny);
line01.x=line01.x - 135/360; }
//Button2
button2.addEventListener(MouseEvent.CLICK,B2);
function B2(e:MouseEvent):void {var x2; var lunx; var luny;
var x0=750;var y0=860; var R=145;var k=176.91; var seta2;
lunx=lun.x;luny=lun.y;
if (lunx-x0>0) { seta2=Math.atan((luny-y0)/(lunx-x0))*180/3.14159;
  if (seta2<0)   {seta2=seta2+360;}
}
else {seta2=180+Math.atan((luny-y0)/(lunx-x0))*180/3.14159;}
x2=Number(field101.text); seta2=seta2+x2;
lunx=x0+R*Math.cos(Number(seta2)*3.14159/180);
luny=y0+R*Math.sin(Number(seta2)*3.14159/180);
lun.x=Number(lunx); lun.y=Number(luny);
line01.x=line01.x+x2*135/360; }
// field111
field111.addEventListener(MouseEvent.CLICK,F111);
function F111(e:MouseEvent):void
{ var x111=((line01.x/135)*10000 - ((line01.x/135)*10000)%1)/10000; field111.text=x111;}
// field112
field112.addEventListener(MouseEvent.CLICK,F112);
function F112(e:MouseEvent):void
```

```
{ var x112=((line01.x/135)*10000 - ((line01.x/135)*10000)%1)/10000; field112.text=x112;}
// field113
field113.addEventListener(MouseEvent.CLICK,F113);
function F113(e:MouseEvent):void
{ var x113=((line01.x/135)*10000 - ((line01.x/135)*10000)%1)/10000; field113.text=x113;}
// field114
field114.addEventListener(MouseEvent.CLICK,F114);
function F114(e:MouseEvent):void
{ var x114=((line01.x/135)*10000 - ((line01.x/135)*10000)%1)/10000; field114.text=x114;}
// field115
field115.addEventListener(MouseEvent.CLICK,F115);
function F115(e:MouseEvent):void
{ var x115=((line01.x/135)*10000 - ((line01.x/135)*10000)%1)/10000; field115.text=x115;}
// field116
field116.addEventListener(MouseEvent.CLICK,F116);
function F116(e:MouseEvent):void
{ var x116=((line01.x/135)*10000 - ((line01.x/135)*10000)%1)/10000; field116.text=x116;}
// field117
field117.addEventListener(MouseEvent.CLICK,F117);
function F117(e:MouseEvent):void
{ var x117=((line01.x/135)*10000 - ((line01.x/135)*10000)%1)/10000; field117.text=x117;}
// field118
field118.addEventListener(MouseEvent.CLICK,F118);
function F118(e:MouseEvent):void
{ var x118=((line01.x/135)*10000 - ((line01.x/135)*10000)%1)/10000; field118.text=x118;}
// field119
field119.addEventListener(MouseEvent.CLICK,F119);
function F119(e:MouseEvent):void
{ var x119=((line01.x/135)*10000 - ((line01.x/135)*10000)%1)/10000; field119.text=x119;}
// field120
field120.addEventListener(MouseEvent.CLICK,F120);
function F120(e:MouseEvent):void
{ var x120=((line01.x/135)*10000 - ((line01.x/135)*10000)%1)/10000; field120.text=x120;}
// field121
field121.addEventListener(MouseEvent.CLICK,F121);
function F121(e:MouseEvent):void
{ var x121=((line01.x/135)*10000 - ((line01.x/135)*10000)%1)/10000; field121.text=x121;}
// field122
field122.addEventListener(MouseEvent.CLICK,F122);
function F122(e:MouseEvent):void
{ var x122=((line01.x/135)*10000 - ((line01.x/135)*10000)%1)/10000; field122.text=x122;}
// field123
field123.addEventListener(MouseEvent.CLICK,F123);
function F123(e:MouseEvent):void
{ var x123=((line01.x/135)*10000 - ((line01.x/135)*10000)%1)/10000; field123.text=x123;}
// field124
field124.addEventListener(MouseEvent.CLICK,F124);
function F124(e:MouseEvent):void
{ var x124=((line01.x/135)*10000 - ((line01.x/135)*10000)%1)/10000; field124.text=x124;}
// field125
field125.addEventListener(MouseEvent.CLICK,F125);
function F125(e:MouseEvent):void
{ var x125=((line01.x/135)*10000 - ((line01.x/135)*10000)%1)/10000; field125.text=x125;}
// field126
```

```
field126.addEventListener(MouseEvent.CLICK,F126);
function F126(e:MouseEvent):void
{ var x126=((line01.x/135)*10000 - ((line01.x/135)*10000)%1)/10000; field126.text=x126;}
// field127
field127.addEventListener(MouseEvent.CLICK,F127);
function F127(e:MouseEvent):void
{ var x127=((line01.x/135)*10000 - ((line01.x/135)*10000)%1)/10000; field127.text=x127;}
// field128
field128.addEventListener(MouseEvent.CLICK,F128);
function F128(e:MouseEvent):void
{ var x128=((line01.x/135)*10000 - ((line01.x/135)*10000)%1)/10000; field128.text=x128;}
// field129
field129.addEventListener(MouseEvent.CLICK,F129);
function F129(e:MouseEvent):void
{ var x129=((line01.x/135)*10000 - ((line01.x/135)*10000)%1)/10000; field129.text=x129;}
// field130
field130.addEventListener(MouseEvent.CLICK,F130);
function F130(e:MouseEvent):void
{ var x130=((line01.x/135)*10000 - ((line01.x/135)*10000)%1)/10000; field130.text=x130;}
// field211
field211.addEventListener(MouseEvent.CLICK,F211);
function F211(e:MouseEvent):void
{ var x211=((line01.x/135)*10000 - ((line01.x/135)*10000)%1)/10000; field211.text=x211;}
// field212
field212.addEventListener(MouseEvent.CLICK,F212);
function F212(e:MouseEvent):void
{ var x212=((line01.x/135)*10000 - ((line01.x/135)*10000)%1)/10000; field212.text=x212;}
// field213
field213.addEventListener(MouseEvent.CLICK,F213);
function F213(e:MouseEvent):void
{ var x213=((line01.x/135)*10000 - ((line01.x/135)*10000)%1)/10000; field213.text=x213;}
// field214
field214.addEventListener(MouseEvent.CLICK,F214);
function F214(e:MouseEvent):void
{ var x214=((line01.x/135)*10000 - ((line01.x/135)*10000)%1)/10000; field214.text=x214;}
// field215
field215.addEventListener(MouseEvent.CLICK,F215);
function F215(e:MouseEvent):void
{ var x215=((line01.x/135)*10000 - ((line01.x/135)*10000)%1)/10000; field215.text=x215;}
// field216
field216.addEventListener(MouseEvent.CLICK,F216);
function F216(e:MouseEvent):void
{ var x216=((line01.x/135)*10000 - ((line01.x/135)*10000)%1)/10000; field216.text=x216;}
// field217
field217.addEventListener(MouseEvent.CLICK,F217);
function F217(e:MouseEvent):void
{ var x217=((line01.x/135)*10000 - ((line01.x/135)*10000)%1)/10000; field217.text=x217;}
// field218
field218.addEventListener(MouseEvent.CLICK,F218);
function F218(e:MouseEvent):void
{ var x218=((line01.x/135)*10000 - ((line01.x/135)*10000)%1)/10000; field218.text=x218;}
// field219
field219.addEventListener(MouseEvent.CLICK,F219);
function F219(e:MouseEvent):void
```

```
{ var x219=((line01.x/135)*10000 - ((line01.x/135)*10000)%1)/10000; field219.text=x219;}
// field220
field220.addEventListener(MouseEvent.CLICK,F220);
function F220(e:MouseEvent):void
{ var x220=((line01.x/135)*10000 - ((line01.x/135)*10000)%1)/10000; field220.text=x220;}
// field221
field221.addEventListener(MouseEvent.CLICK,F221);
function F221(e:MouseEvent):void
{ var x221=((line01.x/135)*10000 - ((line01.x/135)*10000)%1)/10000; field221.text=x221;}
// field222
field222.addEventListener(MouseEvent.CLICK,F222);
function F222(e:MouseEvent):void
{ var x222=((line01.x/135)*10000 - ((line01.x/135)*10000)%1)/10000; field222.text=x222;}
// field223
field223.addEventListener(MouseEvent.CLICK,F223);
function F223(e:MouseEvent):void
{ var x223=((line01.x/135)*10000 - ((line01.x/135)*10000)%1)/10000; field223.text=x223;}
// field224
field224.addEventListener(MouseEvent.CLICK,F224);
function F224(e:MouseEvent):void
{ var x224=((line01.x/135)*10000 - ((line01.x/135)*10000)%1)/10000; field224.text=x224;}
// field225
field225.addEventListener(MouseEvent.CLICK,F225);
function F225(e:MouseEvent):void
{ var x225=((line01.x/135)*10000 - ((line01.x/135)*10000)%1)/10000; field225.text=x225;}
// field226
field226.addEventListener(MouseEvent.CLICK,F226);
function F226(e:MouseEvent):void
{ var x226=((line01.x/135)*10000 - ((line01.x/135)*10000)%1)/10000; field226.text=x226;}
// field227
field227.addEventListener(MouseEvent.CLICK,F227);
function F227(e:MouseEvent):void
{ var x227=((line01.x/135)*10000 - ((line01.x/135)*10000)%1)/10000; field227.text=x227;}
// field228
field228.addEventListener(MouseEvent.CLICK,F228);
function F228(e:MouseEvent):void
{ var x228=((line01.x/135)*10000 - ((line01.x/135)*10000)%1)/10000; field228.text=x228;}
// field229
field229.addEventListener(MouseEvent.CLICK,F229);
function F229(e:MouseEvent):void
{ var x229=((line01.x/135)*10000 - ((line01.x/135)*10000)%1)/10000; field229.text=x229;}
// field230
field230.addEventListener(MouseEvent.CLICK,F230);
function F230(e:MouseEvent):void
{ var x230=((line01.x/135)*10000 - ((line01.x/135)*10000)%1)/10000; field230.text=x230;}
field90.addEventListener(MouseEvent.CLICK,F90);
function F90(e:MouseEvent):void
{var x230=field230.text; var x130=field130.text; var x229=field229.text; var
  x129=field129.text;
var x228=field228.text; var x128=field128.text; var x227=field227.text; var
  x127=field127.text;
var x226=field226.text; var x126=field126.text; var x225=field225.text; var
  x125=field125.text;
var x224=field224.text; var x124=field124.text; var x223=field223.text; var
```

```
  x123=field123.text;
var x222=field222.text; var x122=field122.text; var x221=field221.text; var
  x121=field121.text;
var x220=field220.text; var x120=field120.text; var x219=field219.text; var
  x119=field119.text;
var x218=field218.text; var x118=field118.text; var x217=field217.text; var
  x117=field117.text;
var x216=field216.text; var x116=field116.text; var x215=field215.text; var
  x115=field115.text;
var x214=field214.text; var x114=field114.text; var x213=field213.text; var
  x113=field113.text;
var x212=field212.text; var x112=field112.text; var x211=field211.text; var
  x111=field111.text;
var x30=x230 - x130;  var x20=x220 - x120; var x29=x229 - x129;  var
  x19=x219 - x119;
var x28=x228 - x128;  var x18=x218 - x118; var x27=x227 - x127;  var
  x17=x217 - x117;
var x26=x226 - x126;  var x16=x216 - x116; var x25=x225 - x125;  var
  x15=x215 - x115;
var x24=x224 - x124;  var x14=x214 - x114; var x23=x223 - x123;  var
  x13=x213 - x113;
var x22=x222 - x122;  var x12=x212 - x112; var x21=x221 - x121;  var
  x11=x211 - x111;
var D3020=x30*x30 - x20*x20; var D2919=x29*x29 - x19*x19; var D2818=x28*x28
  - x18*x18;
var D2717=x27*x27 - x17*x17; var D2616=x26*x26 - x16*x16; var D2515=x25*x25
  - x15*x15;
var D2414=x24*x24 - x14*x14; var D2313=x23*x23 - x13*x13; var D2212=x22*x22
  - x12*x12;
var D2111=x21*x21 - x11*x11;
var Davg=(D3020+D2919+D2818+D2717+D2616+D2515+D2414+D2313+D2212+D2111)/10;
var UD=Math.sqrt(((D3020-Davg)*(D3020-Davg)+(D2919-Davg)*(D2919-Davg)+(D2818-Davg)\
*(D2818-Davg)+(D2717-Davg)*(D2717-Davg)+(D2616-Davg)*(D2616-Davg)+(D2515-Davg)\
*(D2515-Davg)+(D2414-Davg)*(D2414-Davg)+(D2313-Davg)*(D2313-Davg)+(D2212-Davg)\
*(D2212-Davg)+(D2111-Davg)*(D2111-Davg))/10);
var R=Davg/(40*0.5893); var UR=UD/(40*0.5893);
//field90.text=R+",±,"+UR;
field90.text="("+(R*100 - R*100%1 +0)/10 + "±" + (UR*100 - UR*100%1 +1)/100 + ")m.";
if((R*1000%1)>0.5){
field90.text="("+(R*100 - R*100%1 +1)/100 + "±" + (UR*100 - UR*100%1 +1)/100 + ")m.";}
field91.text="本实验与数据处理得分 80 分";
if(UR>0.09){ field90.text="("+(R*10 - R*10%1 +0)/10 + "±" + (UR*10 - UR*10%1 +1)/10 + ")m.";
 if((R*100%1)>0.5){
 field90.text="("+(R*10 - R*10%1 +1)/10 + "±" + (UR*10 - UR*10%1 +1)/10 + ")m.";}
 field91.text="本实验与数据处理得分 60 分";}
if(UR<0.009){field90.text="("+(R*1000 - R*1000%1 +0)/1000 + "±" + (UR*1000 -
  UR*1000%1 +1)/1000\ + ")m.";
 if((R*10000%1)>0.5){
 field90.text="("+(R*1000 - R*1000%1 +1)/1000 + "±" + (UR*1000 - UR*1000%1 +1)/
  1000 + ")m.";}
 field91.text="本实验与数据处理得分 95 分";}}
field91.addEventListener(MouseEvent.CLICK,F91);
function F91(e:MouseEvent):void
{field130.text=String(1.0889); field129.text=String(1.1637); field128.text=String(1.2452);
```

```
field127.text=String(1.3326); field126.text=String(1.4089); field125.text=String(1.4963);
field124.text=String(1.5837); field123.text=String(1.6689); field122.text=String(1.7563);
field121.text=String(1.8548); field120.text=String(1.9422); field119.text=String(2.04);
field118.text=String(2.1367); field117.text=String(2.2367); field116.text=String(2.3404);
field115.text=String(2.4496); field114.text=String(2.5589); field113.text=String(2.6681);
field112.text=String(2.7993); field111.text=String(2.9259); field230.text=String(10.3578);
field229.text=String(10.2804); field228.text=String(10.2030); field227.text=String(10.1185);
field226.text=String(10.0341); field225.text=String(9.9496); field224.text=String(9.8722);
field223.text=String(9.7807); field222.text=String(9.6893); field221.text=String(9.5978);
field220.text=String(9.5063); field219.text=String(9.4078); field218.text=String(9.3163);
field217.text=String(9.2107); field216.text=String(9.1052); field215.text=String(8.9996);
field214.text=String(8.8870); field213.text=String(8.7744); field212.text=String(8.6548);
field211.text=String(8.5352); }
lun.addEventListener(MouseEvent.CLICK,L1);
function L1(e:MouseEvent):void
{field111.text=""; field112.text=""; field113.text=""; field114.text="";
  field115.text=""; field116.text="";
field117.text=""; field118.text=""; field119.text=""; field120.text="";
  field121.text=""; field122.text="";
field123.text=""; field124.text=""; field125.text=""; field126.text="";
  field127.text=""; field128.text="";
field129.text=""; field130.text="";
field211.text=""; field212.text=""; field213.text=""; field214.text="";
  field215.text=""; field216.text="";
field217.text=""; field218.text=""; field219.text=""; field220.text="";
  field221.text=""; field222.text="";
field223.text=""; field224.text=""; field225.text=""; field226.text="";
  field227.text=""; field228.text="";
field229.text=""; field230.text="";
field90.text=""; field91.text=""; field101.text="";}
```

6.2.3 实验操作

在 Flash CS6 中，按【Ctrl+Enter】组合键，由作者状态进入读者状态，如图 6-14 所示，设计的界面是 W: 1547，H: 1100，超出显示屏的尺寸 W: 1440，H: 900，这时显示的软件界面不完整，只要右击软件界面，弹出的快捷菜单如图 6-15 所示，执行“显示全部”命令即可显示整个软件界面。初始状态系统默认红线“line1”位于牛顿环干涉图样左侧第 8 条暗纹附近，用户只需要多次按蓝色按钮 顺时针转1度 ，红线“line1”就向左移动。

继续单击“逆时针转 1 度”按钮，当红线“line1”位于左第 11 条暗纹中心时，单击左 11 显示域“field111”，红线“line1”的 x 坐标就显示在显示域“field111”中；继续单击“逆时针转 1 度”按钮，当红线“line1”位于左第 12 条暗纹中心时，单击左 11 显示域“field112”，红线“line1”的 x 坐标就显示在显示域“field112”中；依此类推，当填满显示域“field130”后，用户可以在“输入手轮旋转角度”可填域中输入数字，如输入 50 后，再单击“按输入角度旋转”按钮，就能迅速向右移动，再到右第 11 条暗纹中心时，单击右 11 显示域“field211”，红线“line1”的 x 坐标就显示在显示域“field211”中，直至 45 个显示域全部填满后，单击文字域“等厚干涉环实验（红色）牛顿环平凸透镜曲率半径 R =”，仿真实验结果即可显示出来，如图 6-16 所示，并给出自动批阅“本实验数据处理得分 95 分”。

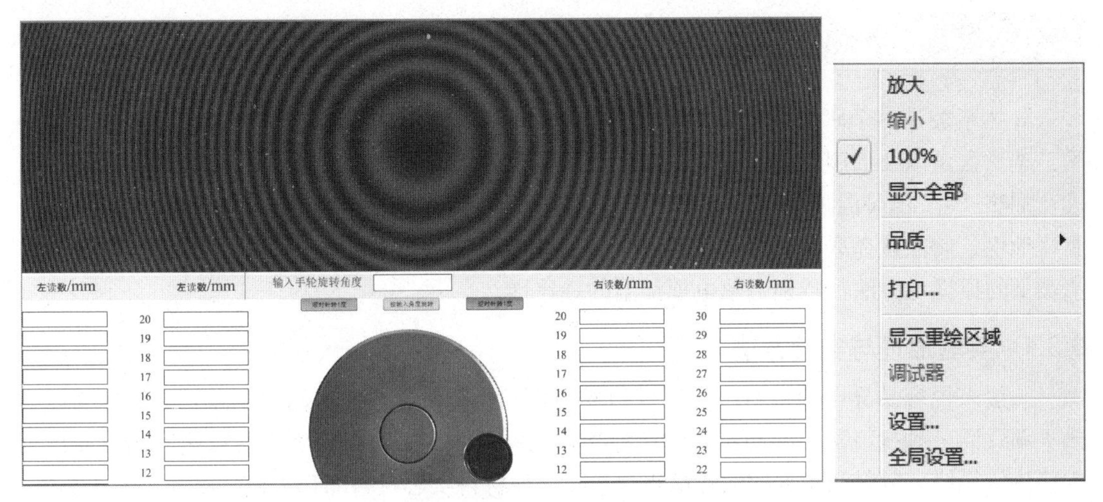

图 6-14　设计的界面超出显示屏　　　　图 6-15　快捷菜单

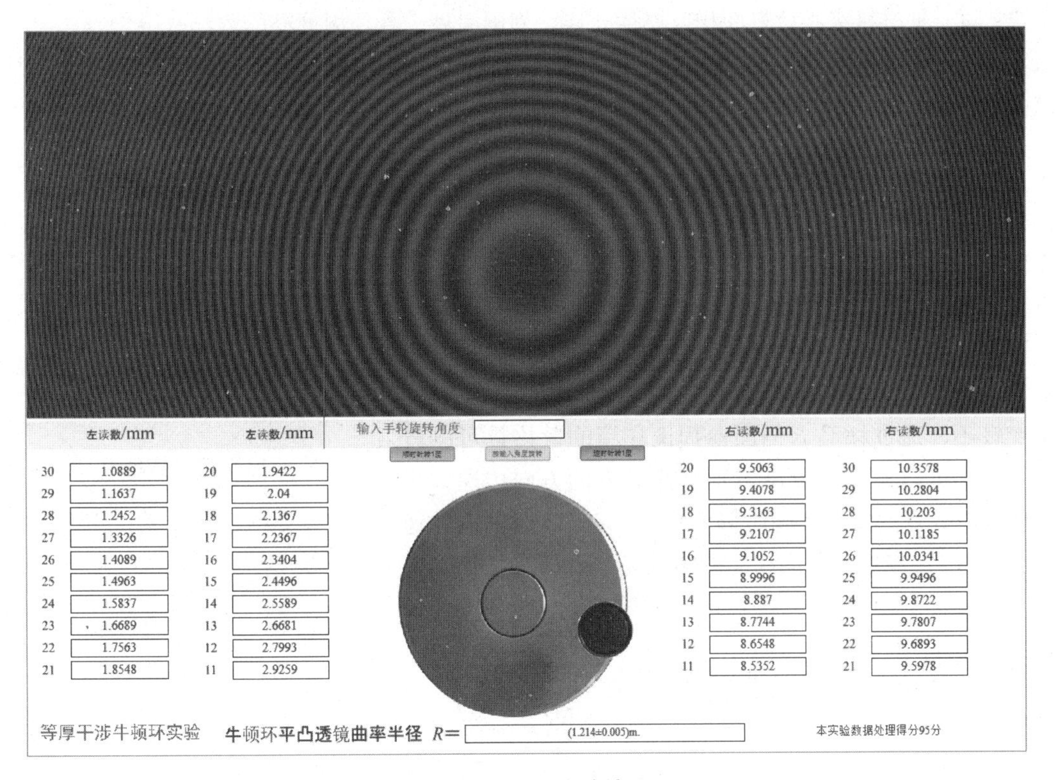

图 6-16　仿真实验结果

需要注意的是，由于利用计算机做仿真实验与真实仪器做实验不同，用计算机“顺时针转 1 度”后再“逆时针转 1 度”，位置完全没有改变，而真实仪器这样做实验，读出的数据肯定不一样，所以智能化等厚干涉——牛顿环实验仿真系统设置了红线向右移动时，手轮可以以大角度转动，也就是说，只有向右才能大步移动，以“顺时针转 1 度”或者“逆时针转 1 度”可以一度一度地微调。与此同时，如果实验结果能达到四位有效数字则给 95 分，三位有效数字就给 65 分，两位有效数字要求重做实验。

6.3 导热系数测量智能化实验仿真系统的制作

导热系数是热学研究中重要的物理量，是用来表征物体传热、导热性能，与材料及其结构、杂质含量以及周围环境的温度、湿度、气压有着密切的关系。由于测量固体的导热系数，涉及加热过程，测量温度也不能直接用温度计进行测量，在热学实验中，采用热电偶进行测量，具体地说，将温度差转化为电势差，从而通过换算得到温度值，因此导热系数的测量需要弄清测量的原理与方法，特别是热电偶测温的规律性。

6.3.1 实验原理与实验方法

一般来说容易导电的材料传导热量的本领强，金属传导热的本领明显高于绝缘体的传导热本领；同一种材料实心的与空心的传导能力也不同；同一种材料实心材料接触热源面积大的传热传得快，散射面积大的散热散得快；同一种材料实心材料面积一样，厚度小的传热快；同一种材料实心材料面积、厚度一样，接触高温的温度高传热传得快，周围温度低则散热散得快；同一种材料实心材料面积、厚度一样，周围温度一样，湿度高的散热散得快。

导热过程是指物体相互接触时，由高温部分向低温部分传递热量的过程，当温度的变化只是沿着 z 方向时，$\mathrm{d}t$ 时间内传导的热量为

$$\mathrm{d}Q=-\lambda\left(\frac{\mathrm{d}T}{\mathrm{d}z}\right)_{z_0}\mathrm{d}s\cdot\mathrm{d}t \tag{6-1}$$

式中，λ 为导热系数，单位为 W/(m•K)，表示在 $\mathrm{d}t$ 时间内通过 $\mathrm{d}s$ 面的热量为 $\mathrm{d}Q$，与面积、温度梯度 $\mathrm{d}T/\mathrm{d}z$ 成正比的比例常数，负号表示热量传递向着降低的方向进行，如图 6-17 所示，铜盘 A 是高温热源，B 为待测物体样品，铜盘 C 是散热盘。铜盘 A、样品 B 和铜盘 C 上下紧密接触，具有相同的直径 D，当样品 B 的厚度较小，通过样品 B 侧面向周围环境的散热量可以忽略不计，可以看作热量沿着垂直样品 B 的方向传递，当温度场中各点的温度不随时间变化时，在 Δt 时间内，通过面积为 S、厚度为 h 的样品的热量为

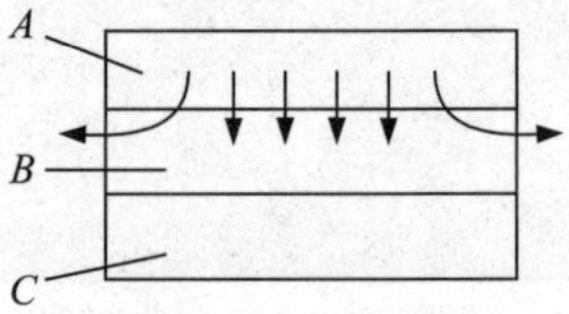

图 6-17 样品图

$$\Delta Q=-\lambda\frac{\Delta T}{h}S\cdot\Delta t \tag{6-2}$$

式中，ΔT 表示样品 B 两底面的恒定温差，即

$$\frac{\Delta Q}{\Delta t}=-\lambda\frac{\Delta T}{h}S \tag{6-3}$$

式中，$\Delta Q/\Delta t$ 为样品 B 的导热速率。铜盘 C 的上表面和样品 B 的下表面接触，则用 $S_{部}=\pi\left(\frac{D}{2}\right)^2+\pi D\delta$ 表示铜盘 C 的散热面积，δ 为铜盘 C 的厚度；在实验中绘制铜盘 C 的冷却曲线时，铜盘 C 是全部裸露于空气中的，故用 $S_{全}=2\pi\left(\frac{D}{2}\right)^2+\pi D\delta$ 表示铜盘 C 的散热面积，有

$$\frac{(\Delta Q/\Delta t)_{部}}{(\Delta Q/\Delta t)_{全}}=\frac{S_{部}}{S_{全}} \tag{6-4}$$

式中，$(\Delta Q/\Delta t)_{部}$为$S_{部}$面积的散热速率；$(\Delta Q/\Delta t)_{全}$为$S_{全}$面积的散热速率。而散热速率$(\Delta Q/\Delta t)_{部}$就等于式（6-3）中的导热速率$\Delta Q/\Delta t$。于是得到

$$\lambda = \frac{-cmKh(D+4\delta)}{\frac{1}{2}\pi D^2(T_1 - T_2)(D+2\delta)} \tag{6-5}$$

式中，c 为比热容，单位是 $\mathrm{J \cdot K^{-1} \cdot kg^{-1}}$，$m$ 为铜盘 C 的质量，$K = \frac{\Delta T}{\Delta t}\Big|_{T=T_2}$ 表示在铜盘 C 的冷却曲线中温度等于铜盘 C 的稳态温度 T_2 时的曲线斜率，T_1 是铜盘 A 的稳态温度。

测量样品 B 的导热系数，第一步就是将铜盘 A、样品 B、铜盘 C 上下紧密接触，设置加热温度，例如 61℃，加热铜盘 A，热量从铜盘 A 传递给样品 B 再传递给铜盘 C，因此每隔 2 分钟读取与铜盘 A 相连的热电偶测量得到的温度 $T_{1i}\,(i=1,2,\cdots)$ 和与铜盘 C 相连的热电偶测量得到的温度 T_{2i}，直到 T_{2i} 不再变化为止，这时的 $T_{1i}=T_1$，$T_{2i}=T_2$。

第二步，取走样品 B，让铜盘 A 直接加热铜盘 C，直到铜盘 C 温度再上升 5℃以上，例如 50℃。

第三步，移走铜盘 A，让铜盘 C，自然冷却，每隔 30 s 读取与铜盘 C 相连的热电偶测量得到的温度 $T_{2j}\,(j=1,2,\cdots)$。

6.3.2 智能化仿真实验系统的设计

导热系数的测量智能仿真实验系统分为三部分，分 6 层 13 帧，如图 6-18 所示，第一部分是预习测试部分，包括 10 个测试选择题，每题 10 分，达到 90 分者方可进入实验系统，如图 6-19 所示；第二部分是实验装置介绍部分，如图 6-20 所示，图示实验仪器中每个关键的部件与功能，增强用户的感性认识；第三部分就是实验数据计算部分，设计成用户首先输入学号，如图 6-21 所示。

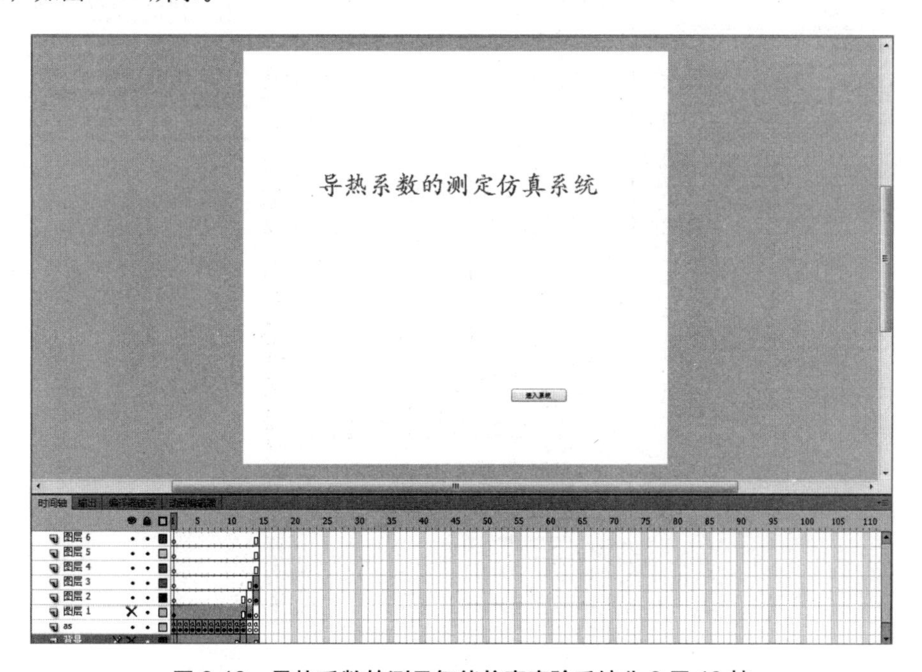

图 6-18　导热系数的测量智能仿真实验系统分 6 层 13 帧

1. 导热系数的单位是什么？
What are the units of thermal conductivity?

- A W/(m · K)
- B J/(m · K)
- C K/(m · W)
- D m/(W · K)

(a)

2. 测定导热系数的方法通常采用____
The method for determining the coefficient of thermal conductivity is usually used___

- A 瞬态法；The transient method;
- B 动态法；The dynamic method;
- C 稳态法；The steady state method;
- D 直接法；The direct method;

(b)

3. 要测量导热材料的导热系数，采用三层材料法，从导热先后顺序它们是____
To measure the thermal conductivity of thermal conducting materials, the three-layer material method shall be adopted

- A 加热盘、样品盘、散热盘；Heating plate, sample plate, cooling plate;
- B 散热盘、样品盘、加热盘；Cooling tray, sample tray, heating tray;
- C 加热盘、样品盘、加热盘；Heating plate, sample plate, heating plate;
- D 散热盘、样品盘、散热盘；Cooling panel, sample panel, cooling panel;

(c)

4. 要测量导热材料的导热系数，采用三层材料法，测定温度从逐渐升高到趋于稳定，是测量______的温度变化。
To measure the thermal conductivity of the thermal conducting material, the three-layer material method is adopted to measure the temperature change from gradually increasing to tending to be stable.

- A 加热盘、样品盘；Heating plate, sample plate;
- B 散热盘、样品盘；Cooling panel, sample panel;
- C 加热盘、散热盘；Heating plate, cooling plate;
- D 加热盘、冰水混合物；Heating plate, ice water mixture;

(d)

5. 要测量导热材料的导热系数，需要测量待测物体的温度，实验采用______测量温度。
To measure the thermal conductivity of the heat-conducting material, the temperature of the object to be measured is required. The temperature is measured by the carrying vessel.

- A 干湿温度计；Wet and dry thermometer;
- B 煤油温度计；Kerosene thermometers;
- C 水银温度计；Mercury thermometers;
- D 铜－康铜热电偶；Copper-constantan thermocouple;

(e)

6. 散射盘的散热面积是____。
The dissipation area of the scattering disc is_____.

- A 上底面+下底面+侧面；Upper bottom + lower bottom + side;
- B 上底面+下底面；Upper bottom + lower bottom;
- C 二倍上底面+侧面；Double upper bottom + side;
- D 侧面+下底面；Side + underside;

(f)

7. 散热曲线的特征是，随着时间推演将是____。
The characteristic of the cooling curve is that over time, the dissipation will be.

- A 温度越来越低；The temperature is getting lower and lower;
- B 温度越来越高；It gets hotter and hotter;
- C 温度不变；Temperature does not change;
- D 温度先低后高；The temperature is low and then high;

(g)

8. 冷却速率的单位是____。
The unit of cooling rate is ___.

- A K / s;
- B K · s;
- C T / s;
- D T · s;

(h)

9. 实验报告包括：Experimental reports include:

- A 预习报告；preparation of the report;
- B 预习报告、老师签字的原始数据；the raw data of the preview report and the teacher's signature;
- C 预习报告、老师签字的原始数据、实验报告正文；the preview report, the original data signed by the teacher, and the text of the experiment report;
- D 预习报告、老师签字的原始数据、实验报告正文、回答思考题与讨论题；preview report, original data signed by the teacher, the text of the experiment report, and answers to the thinking questions and discussion questions;

(i)

10.实验报告正文包括:The experimental report body includes:

- A 实验题目；Experimental topics;
- B 实验题目、实验目的、实验原理、实验器材、实验步骤、数据处理、实验结果；Experimental topic, experimental purpose, experimental principle, experimental equipment, experimental procedures, data processing, and experimental results;
- C 实验题目、实验目的、实验原理；Experimental topics, purpose, and principle of the experiment;
- D 实验题目、实验目的、实验原理、实验器材、实验步骤；Experimental topic, experimental purpose, experimental principle, experimental equipment, and experimental procedures;

学号

(j)

图 6-19　10 个测试选择题

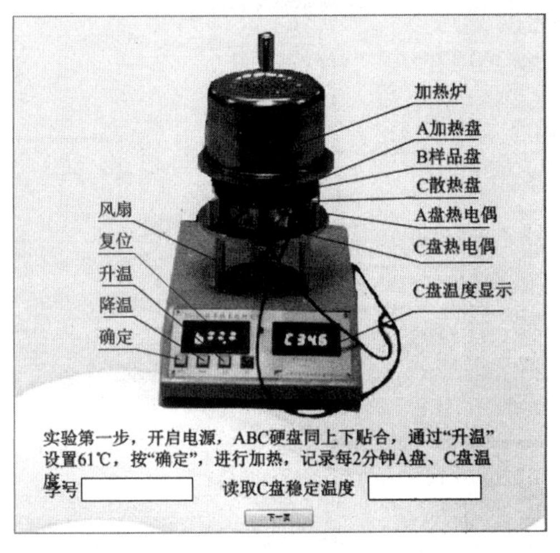

（a）加热状态

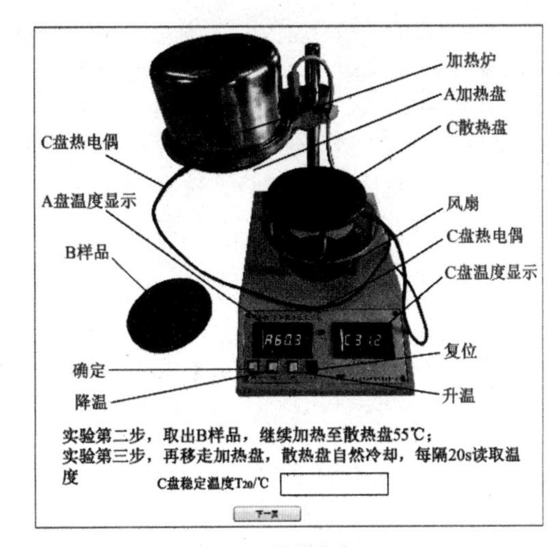

（b）散热状态

图 6-20 实验装置

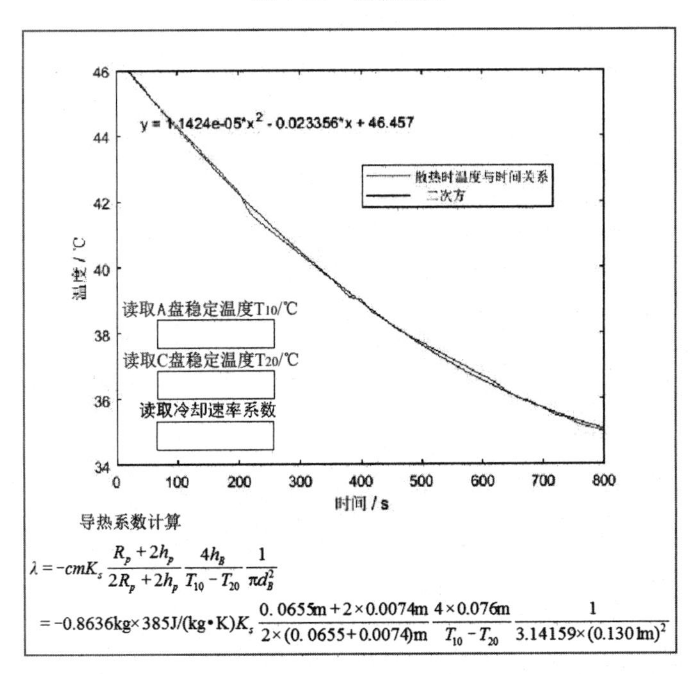

$$\lambda = -cmK_s \frac{R_p + 2h_p}{2R_p + 2h_p} \frac{4h_B}{T_{10} - T_{20}} \frac{1}{\pi d_B^2}$$

$$= -0.8636\text{kg} \times 385\text{J/(kg·K)} K_s \frac{0.0655\text{m} + 2 \times 0.0074\text{m}}{2 \times (0.0655 + 0.0074)\text{m}} \frac{4 \times 0.076\text{m}}{T_{10} - T_{20}} \frac{1}{3.14159 \times (0.1301\text{m})^2}$$

图 6-21 实验数据计算

6.3.3 智能仿真实验系统的制作

智能化导热系数测量仿真实验系统包括背景、6 个图层和 13 帧，其中背景采用浅色渐变色彩图案，因纸张印刷出现灰糊，故在截图（见图 6-18 和图 6-19）时滤去背景图案。下列的程序可以一劳永逸地做所有实验的智能化测试系统、介绍系统和数据处理系统。

第 1 帧（见图 6-18）程序如下：

```
import flash.events.Event;
stop();
```

```
btn3.addEventListener(MouseEvent.CLICK,A33);
tiao.addEventListener(MouseEvent.CLICK,AA);
function A33(e:MouseEvent):void{nextFrame();}
function AA(e:MouseEvent):void {gotoAndStop(13);}
```

第 2 帧 [见图 6-19 (a)，选择题第 1 题] 程序如下：

```
import flash.events.Event;
stop();
var fenshu=0;
btn12.addEventListener(MouseEvent.CLICK,H14);    //提交//
btn13.addEventListener(MouseEvent.CLICK,H13);    //下一题//
function H13(e:MouseEvent):void{nextFrame();}
function H14(e:MouseEvent):void{
if(A1.selected==true)  {music.gotoAndPlay(2);    fenshu+=10;}
else  {music.gotoAndPlay(31);fenshu+=0;}
btn13.visible=true;
A1.enabled=false;  B1.enabled=false;  C1.enabled=false;  D1.enabled=false;
btn12.enabled=false; answer1_txt.text="您的得分："+fenshu+"分！";}
```

第 3 帧 [见图 6-19 (b)，选择题第 2 题] 程序如下：

```
import flash.events.Event;
stop();
btn22.addEventListener(MouseEvent.CLICK,H24);
btn23.addEventListener(MouseEvent.CLICK,H23);
function H23(e:MouseEvent):void{nextFrame();}
function H24(e:MouseEvent):void{
if(C2.selected==true){music.gotoAndPlay(2);fenshu+=10;}
else{music.gotoAndPlay(30); fenshu+=0;    }
btn23.visible=true;
A2.enabled=false;  B2.enabled=false;  C2.enabled=false;  D2.enabled=false;
btn22.enabled=false; answer2_txt.text="您的得分："+fenshu+"分！"; }
```

第 4 帧 [见图 6-19 (c)，选择题第 3 题] 程序如下：

```
import flash.events.Event;
stop();
btn32.addEventListener(MouseEvent.CLICK,H34);
btn33.addEventListener(MouseEvent.CLICK,H33);
function H33(e:MouseEvent):void{nextFrame();}
function H34(e:MouseEvent):void{
if(A3.selected==true) {music.gotoAndPlay(2); fenshu+=10;}
else{music.gotoAndPlay(30); fenshu+=0;  }
btn33.visible=true;
A3.enabled=false;  B3.enabled=false;  C3.enabled=false;  D3.enabled=false;
btn32.enabled=false; answer3_txt.text="您的得分："+fenshu+"分！"; }
```

第 5 帧 [见图 6-19 (d)，选择题第 4 题] 程序如下：

```
import flash.events.Event;
stop();
btn42.addEventListener(MouseEvent.CLICK,H44);
btn43.addEventListener(MouseEvent.CLICK,H43);
function H43(e:MouseEvent):void{nextFrame();}
```

```
function H44(e:MouseEvent):void{
 if(C4.selected==true){ music.gotoAndPlay(2); fenshu+=10;}
 else{music.gotoAndPlay(30); fenshu+=0;}
btn43.visible=true;
A4.enabled=false; B4.enabled=false; C4.enabled=false; D4.enabled=false;
btn42.enabled=false; answer4_txt.text="您的得分: "+fenshu+"分!";}
```

第 6 帧［见图 6-19（e），选择题第 5 题］程序如下：

```
import flash.events.Event;
stop();
btn52.addEventListener(MouseEvent.CLICK,H54);
btn53.addEventListener(MouseEvent.CLICK,H53);
function H53(e:MouseEvent):void { nextFrame(); }
function H54(e:MouseEvent):void {
if(D5.selected==true) {music.gotoAndPlay(2); fenshu+=10;}
else{music.gotoAndPlay(30); fenshu+=0; }
btn53.visible=true;
A5.enabled=false;  B5.enabled=false;  C5.enabled=false;  D5.enabled=false;
btn52.enabled=false; answer5_txt.text="您的得分: "+fenshu+"分! ";}
```

第 7 帧［见图 6-19（f），选择题第 6 题］程序如下：

```
import flash.events.Event;
stop();
btn62.addEventListener(MouseEvent.CLICK,H64);
btn63.addEventListener(MouseEvent.CLICK,H63);
function H63(e:MouseEvent):void {nextFrame();}
function H64(e:MouseEvent):void {
if(D6.selected==true) {music.gotoAndPlay(2); fenshu+=10; }
else{music.gotoAndPlay(30); fenshu+=0;    }
btn63.visible=true;
A6.enabled=false;  B6.enabled=false;  C6.enabled=false;  D6.enabled=false;
btn62.enabled=false; answer6_txt.text="您的得分: "+fenshu+"分! ";}
```

第 8 帧［见图 6-19（g），选择题第 7 题］程序如下：

```
import flash.events.Event;
stop();
btn72.addEventListener(MouseEvent.CLICK,H74);
btn73.addEventListener(MouseEvent.CLICK,H73);
function H73(e:MouseEvent):void {nextFrame();}
function H74(e:MouseEvent):void{
 if(A7.selected==true){  music.gotoAndPlay(2);    fenshu+=10;}
else{music.gotoAndPlay(30); fenshu+=0;   }
btn73.visible=true;
A7.enabled=false;  B7.enabled=false;  C7.enabled=false;  D7.enabled=false;
btn72.enabled=false; answer7_txt.text="您的得分: "+fenshu+"分! ";}
```

第 9 帧［见图 6-19（h），选择题第 8 题］程序如下：

```
import flash.events.Event;
stop();
btn82.addEventListener(MouseEvent.CLICK,H84);
btn83.addEventListener(MouseEvent.CLICK,H83);
```

```
function H83(e:MouseEvent):void {nextFrame(); }
function H84(e:MouseEvent):void {
 if(A8.selected==true) {  music.gotoAndPlay(2);   fenshu+=10; }
 Else {music.gotoAndPlay(30); fenshu+=0;  }
btn83.visible=true;
A8.enabled=false;  B8.enabled=false; C8.enabled=false; D8.enabled=false;
btn82.enabled=false; answer8_txt.text=" 您的得分: "+fenshu+" 分! ";}
```

第 10 帧［见图 6-19（i），选择题第 9 题］程序如下：

```
import flash.events.Event;
stop();
btn92.addEventListener(MouseEvent.CLICK,H94);
btn93.addEventListener(MouseEvent.CLICK,H93);
function H93(e:MouseEvent):void {nextFrame();}
function H94(e:MouseEvent):void{
if(D9.selected==true){music.gotoAndPlay(2); fenshu+=10;}
else{music.gotoAndPlay(30); fenshu+=0;  }
btn93.visible=true;
A9.enabled=false;  B9.enabled=false;  C9.enabled=false;  D9.enabled=false;
btn92.enabled=false; answer9_txt.text=" 您的得分:"+fenshu+" 分! ";}
```

第 11 帧［见图 6-19（j），选择题第 10 题］程序如下：

```
import flash.events.Event;
stop();
btn102.addEventListener(MouseEvent.CLICK,H104);
btn103.addEventListener(MouseEvent.CLICK,H103);
function H103(e:MouseEvent):void {nextFrame();}
function H104(e:MouseEvent):void {
 if(B10.selected==true)  {music.gotoAndPlay(2); fenshu+=10; }
else{ music.gotoAndPlay(30); fenshu+=0;  }
btn103.visible=true;
A10.enabled=false; B10.enabled=false; C10.enabled=false; D10.enabled=false;
btn102.enabled=false; answer10_txt.text=" 您的得分: "+fenshu+" 分! ";}
```

第 12 帧程序如下：

```
btn1.visible=false; btn2.visible=false;
import flash.events.Event;
stop();
btn1.addEventListener(MouseEvent.CLICK,A11);
btn2.addEventListener(MouseEvent.CLICK,A22);
T1.text=" 本次测试得分: "+String(fenshu)+" 分! ";
if(fenshu>80)  {T2.text=" 恭喜你, 可以进行试验了! ! "; btn2.visible=true;}
 else{T2.text=" 加油, 继续努力吧! ! "; btn1.visible=true; }
function A22(e:MouseEvent):void {nextFrame(); }
function A11(e:MouseEvent):void {gotoAndStop(1);}
```

第 13 帧［见图 6-20（a）］程序如下：

```
btn001.addEventListener(MouseEvent.CLICK,L1);
function L1(e:MouseEvent):void{nextFrame();}
field02.addEventListener(MouseEvent.CLICK,F02);
function F2(e:MouseEvent):void {field02.text="60.3";}
```

```
field2.addEventListener(MouseEvent.CLICK,F2);
function F2(e:MouseEvent):void {
if (field2.text==""){field2.text="请输入学号。"}
else{var x1=Number(field1.text);
var x2; var x3; var x4; var x5; x2=(x1/10) % 1; x3=x2*6+40;  x4=(x3*10+1)/10;
if (((x3*10)%1)>0.5){x4=(x3*10 +1)/10;  }
x5=(x4*10-(x4*10)%1)/10; field2.text=x5;}}
```

第 14 帧 [见图 6-20（b）] 程序如下：

```
field6.addEventListener(MouseEvent.MOUSE_MOVE,F06);
function F06(e:MouseEvent):void{
if (field5.text=="");{field6.text="请输入C盘稳态时的温度";}}
```

第 15 帧（见图 6-21）程序如下：

```
field6.addEventListener(MouseEvent.CLICK,F6);
function F6(e:MouseEvent):void {
var x1=Number(field5.text);  var ts1; var ks; var ks1;  var ks2; var ks3;
ts1=3.9339*x1*x1-385.32*x1+9443.4; ks=2*1.1424*0.00001*ts1-0.023356;
ks1=ks*(-1); ks2=(ks1*10000 +0 - (ks1*10000)%1)/10000;
ks3=ks2*(-1); field6.text=ks3;
if (((ks1*10000)%1)>0.5){ ks2=(ks1*10000 +1 - (ks1*10000)%1)/10000;
ks3=ks2*(-1); field6.text=ks3;}}
```

需要注意的是，用户只需要输入学号，就能获得仿真实验稳态时的加热盘温度 T_{10} 和散热盘温度 T_{20}，仿真实验系统自动给出冷却曲线，用户读取冷却速率系数，代入图 6-21 所示的导热系数公式计算相应的导热系数，系统设置不同的学号加热盘温度 T_{10} 和散热盘温度 T_{20} 数值是不一样的，最后计算出来的导热系数是有差异的，批阅老师只需要看学号就知道学生的实验结果是自己算出来的还是参考了别人的数据。

讨论与思考

1. 使用手轮旋转，顺时针转动与逆时针转动为什么说在统计意义上有半个螺距误差？
2. 仿真实验系统与真实实验在读数重复性上有什么不同？

习　　题

1. 如何实现不同学号，实验初始状态不同，举例说明。
2. 如何实现不同学号，实验读数不同，从而实验结论有微小的差异，举例说明。

视频编辑技术

随着现代影视制作水平的不断提高，后期编辑软件的持续升级和发展，计算机用于影视制作，发挥的空间在不断扩大，基于计算机处理技术所开发的视频编辑软件也随着时代的步伐不断地进行革新。

7.1 影视编辑软件

7.1.1 EDIUS

EDIUS 是日本 Canopus（康能普视）公司研制的一款非线性编辑软件，后被法国 Thomson（汤姆逊）收购，2011 年 3 月并入美国 Grass Valley（草谷）公司旗下，能兼容多种多样素材和插件。EDIUS 应用软件同时也是十分经济快捷视频音频编辑软件，支持 .avi、.mpge、.flv、.wmv、.asf、.rmc 以及 QuickTime 格式的视频，支持包括 SONY XDCAM、Panasonic P2 Peye.com、Canon XF、EOS 视频和 .R3D 格式；支持 .mp3、.mp4、.wav 格式的音频和 .png、.jpg、.bmp 格式的图像；采用 Grass Valley 高性能的 10 位 HQX 编码等，其运行环境要求低，视频输出质量高，插件功能强大，64 位个人计算机外加一个大容量的移动硬盘就可以胜任数十部电影素材的编辑工作。其中 Edius 5.0 通常具备以下功能：

（1）能够处理实时字幕和图文，可以允许操作者叠放多层字幕在视频轨道中，并且可以控制字幕的动态和透明度；在字幕的效果上还包括淡入淡出、飞入飞出、虚化、划像等；带有 title express 字幕插件，可以更加快速地制作出更加精美的高质量的视频字幕。

（2）提供高速度、高质量、多格式的视频输出功能，用户可以快速地输出 MPEG-1、MPEG-2、Quick Time Real Video 和 Windows Media 格式，还有 Canopus 独有的 DV AVI 格式。

（3）提供快速灵活的用户界面切换，可以实时编辑和转换不同的高清、标清视频；在高清和标清视频混编方面可以做到添加实时的效果、转场、字幕和键；可以多机位剪辑。

（4）能够实现在每个编辑序列中的嵌套功能。在素材较多的情况下，编辑人员工作量巨大，在素材的选择和编辑中容易出错，可以在同一个工程文件中进行多序列共同编辑。在视频成片的输出上，Edius 5.0 不仅可以多格式输出，可以将视频文件输出到 DVD 进行刻盘，还可以进行数字/模拟转换输出到磁带。

Canopus EDIUS 6.0 是一款专业的电视后期制作软件，具有较完善的文件工作流程，为操作者提供了实时、多轨道、多格式混编、合成、调色、字幕、时间线输出等多种功能，具有操作便捷、满足影视编辑需求等功能。其中调色功能也可以利用 magic Bullet Looks、Mojo V1.2.4、Colorista Ⅱ V1.0.9 调色师等插件来完成。Canopus EDIUS 6.0 视频滤镜中的色彩校正模块具有 YUV 曲线、三路色彩校正、单色、色彩平衡、颜色轮等调色特效选项；Canopus EDIUS 6.0 视频滤镜中增加了手绘遮罩、色度等特效，支持 64 位操作系统，视频量化比特率的算法进一步优化，提供了 10 位的选项，帧尺寸 720×576 像素，宽度比 16 : 9，帧速率 25，场序：下场优先；视频量化比特率 10 位，采样率 48 000 Hz，音频通道 2ch，音频量化比特率 16 位。对于红绿超标的图像，制作技术如下。

（1）给素材添加 YUV 曲线，对偏色、对比度和亮度进行校正。添加 YUV 曲线，主要是为了将人物的皮肤亮度提高，同时背景亮度也有一定的提高，降低阴影部分的亮度。例如，只要调整 Y 曲线，在提高人物皮肤亮度的同时，场景对比度得到了改善，层次感丰富。

（2）修正色温。调色不是一次性完成的工作，可以应用三路色彩校正来修正色温，通过调整白平衡、灰平衡、黑平衡减少红色、绿色，增加少量蓝色和黄色，其中灰平衡有助于提高画面的对比度，加亮人物的肤色。通过经验调整 YUV 曲线、YUV 色彩空间表示、色彩平衡参数、老电影参数、平滑模糊参数，达到主观最佳效果为止。

EDIUS 7 支持 3 840×2 160 像素分辨率图像，支持 RED EPIC 摄像机拍摄的 R3D 格式和 SONY 拍摄的 XAVC 4K 格式。将 3 840×2 160 像素分辨率简称为 4K，注意：3 840 : 2 160 = 16 : 9，3 840×2 160=8 294 400，通常称为 800 万像素。将 7 680×4 320 像素分辨率简称为 8K,点阵个数是 4K 的 4 倍。AVCHD 是索尼（Sony）公司与松下电器（Panasonic）于 2006 年 5 月联合发表的高画质光碟压缩技术，AVCHD 标准基于 MPEG-4 AVC/H.264 视频编码，支持 480i、720p、1080i、1080p 等格式，对于廉价的入门级摄像机来说还好，但是对于中高档的来说，最高只有 25 Mbit/s 的码率显得不够专业，广播级的码率要求是 50 Mbit/s，在这种情况下，索尼将一直应用在高端领域的 XAVC（以 .mxf 格式保存）应用到了消费级别领域，命名为 XAVC-S, 以 .mp4 格式保存。

EDIUS 8、EDIUS 9 全面支持了日渐流行的 H.265 视频格式，做到了软件启动界面中自己标榜的 Edit Anything。

7.1.2 AU

Adobe Audition（简称 AU）其前身是 Cool Edit Pro，2003 年 Adobe 公司将 Cool Edit Pro 改名为 Audition，支持各种工业标准的音频文件格式，与 Adobe Premiere Pro 和 Adobe After Effects 无缝链接，支持 VST 插件、Asio 驱动与无限音轨。Adobe Audition 是一套提供专业化音频编辑环境的软件系统，可以录制、混合、编辑、控制音频。Adobe Audition CC 2015 最多可以混合 128 个声道，可以编辑单个音频文件、创建回路使用 45 种以上数字信号进行处理，采样率 44.1 kHz，位深度 32 浮点，同时也是一个多声道录音室，可以提供灵活的工作流程，广泛地应用于录制音乐、录制无线电广播，为录像配音，可以轻松地创建音乐，制作广播短片。

在使用 AU 录制声音时，只需要创建一个项目，单击“多轨混音”按钮，打开“新建多轨混音”对话框，选择录制路径“E:\szmt”，文件名 lx1，如图 7-1 所示，就可以录音了，并可以将背景音乐导入音轨中，进行多轨混音。

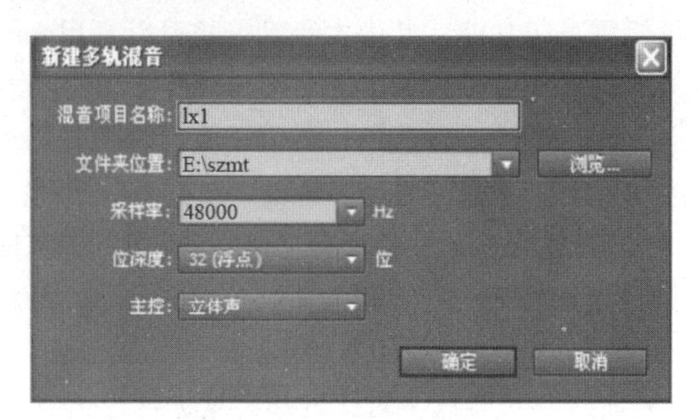

图 7-1　录音界面

7.1.3　AP

视频编辑软件 Premiere，简称 AP，是 Adobe 旗下用于影视编辑的一款非线性编辑软件，该软件经历了 CS4、CS5、CS6、CC 2014、CC 2015、CC 2017、CC 2018、CC 2019、CC 2020 等多个版本，提供采集、调色、添加字幕、输出等流程，具有“项目”面板、“监视器”面板、“时间线”面板，其界面如图 7-2 所示。

图 7-2　Adobe Premiere CC 2015 界面

Adobe Premiere 能够制作运动字幕，例如文字的变形、扭曲、缩放、旋转、延时，还提供了 75 种色彩、模糊、图像变形等过滤特效技术，使两个片段连接处达到视觉连贯、优美。其中字幕运动的制作方法是：右击字幕镜头处，在弹出的快捷菜单中选择视频（Vdieo）→选项（Option）→视频运动（Motion），打开视频运动设置界面，设置视频运动的起始点坐标，在设置好参数后，字幕就合理地位于画面的中心。其中字幕旋转的制作方法是：在视频运动（Motion）界面的时间栏（Time）中，选择起始点，设置旋转（Rotation）参数为 0，在终止点，设置旋转（Rotation）参数为 1 440，注意 1 440 就是 1 440°，每圈 360°，4 圈 1 440°；同时也可以设置缩放（Zoom）参数，例如，起始点为 100，终止点为 0，即起始时为 100%，原来大小，终止点为 0%，参数设置好后，效果为边旋转边逐渐消失。

需要注意的是，随着 360° 虚拟现实视频的普及应用，Adobe Premiere CC 版本给出了在 VR（Virtual Reality，虚拟现实）中编辑沉浸式视频的解决方案，推出了 Premiere Pro 的 VR 内编辑器“Clover VR”，可以直接导入 360° 全景拍摄的视频，然后拉到时间线上，可以用鼠标拖动窗口，右边会显示相应的角度，右击，设置 VR 参数 Settings，可以打开左眼、右眼参数对话框进行参数设置，以及调整显示屏幕大小的参数，最后输出，按【Ctrl+M】组合键直接打开输出面板，移到视频（Video），打开视频面板，勾选 VR 设置选项，即可输出 VR 视频。

7.2 认识 EDIUS 界面

EDIUS_LOADER 图标如图 7-3 所示，打开 EDIUS Pro 7，如图 7-4 所示，打开的 EDIUS 界面如图 7-5 所示。

图 7-3　EDIUS 图标

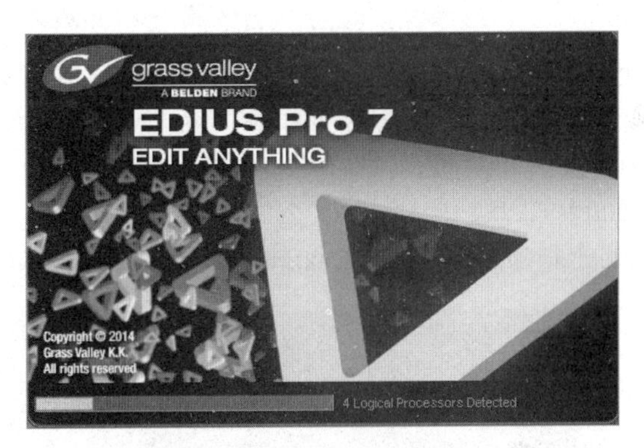

图 7-4　打开中的 EDIUS

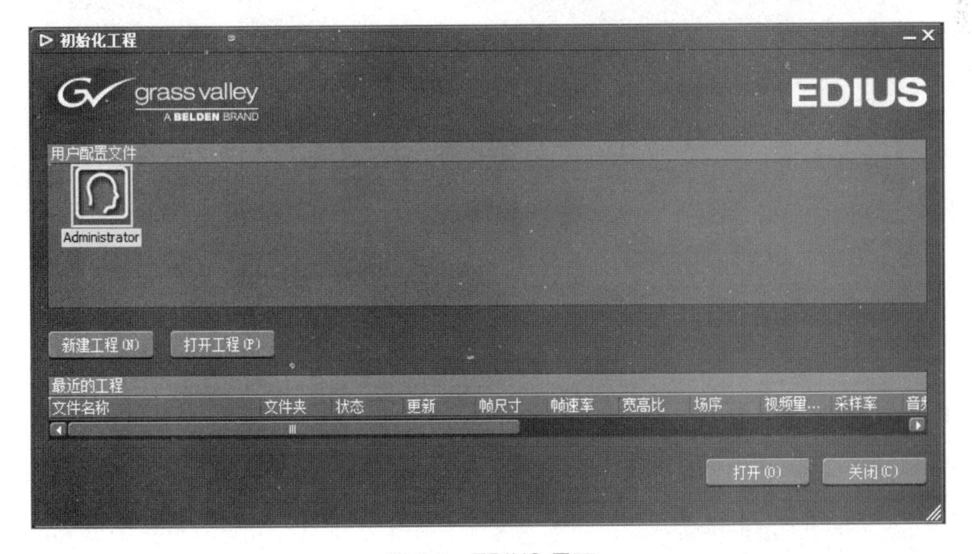

图 7-5　EDIUS 界面

在 EDIUS 界面中，单击“新建工程”按钮，新建一个工程，也就是新建一个文件夹，例如文件夹名称默认为“H:\2019_10_22_18_30_20_dmt5\ 无标题 1”，如图 7-6 所示。

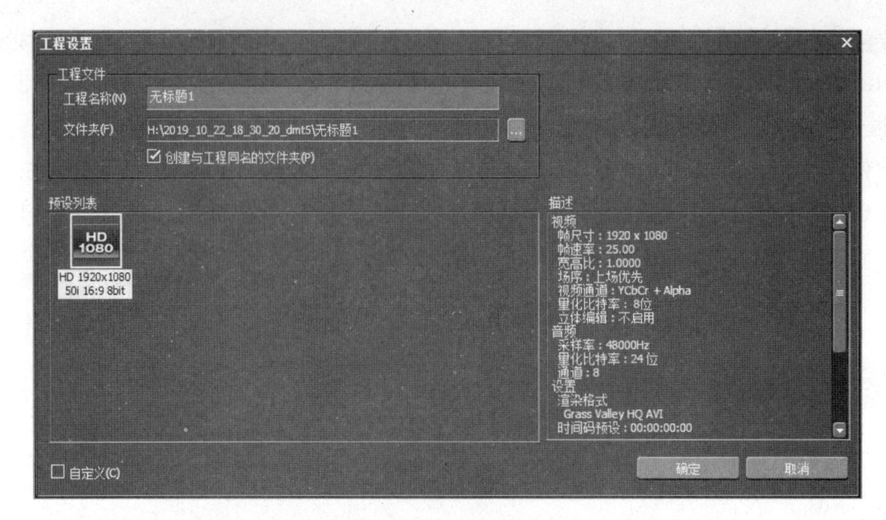

图 7-6　新建文件夹

在图 7-6 中，默认格式为“HD 1920 × 1080, 50i, 16:9, 8bit”，即视频的“帧尺寸”为“1920 pixel × 1080 pixel”，“帧速率”为 25，“宽高比”为 1.0000，“场序”为“上场优先”，“视频通道”为“YCbCr”+“Alpha”，“量化比特率”为“8 位”，“立体编辑”为“不启用”；音频的“采样率”为 48 000 Hz，“量化比特率”为“24 位”，“通道”为 8；设置的“渲染格式”为 Grass Valley HQ AVI，“时间码预设”为“00:00:00:00”。单击“确定”按钮，如图 7-7 所示。

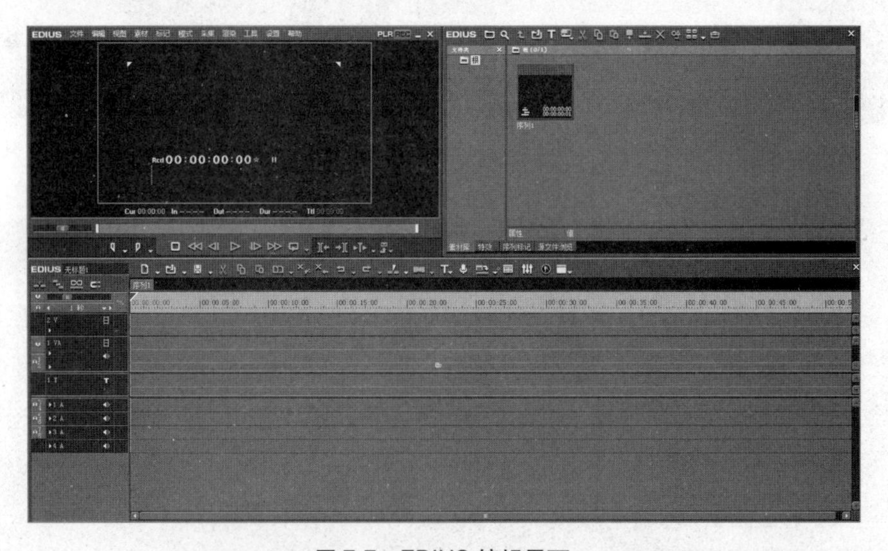

图 7-7　EDIUS 编辑界面

EDIUS 编辑界面具有 8 个要素，分别如下。

（1）菜单栏：大部分的编辑操作都可以在菜单栏中完成，如文件的保存与另存为、编辑功能，面板上视图的添加与减少、视频采集等。

（2）播放窗口：用来播放摄像机图像或者素材库中的素材，并且可以指定入 / 出点，还可以将播放窗口上的视频文件直接拖到视频时间线上进行编辑。

（3）素材库窗口：用来管理素材的窗口，比如对视频的保存或者创建新的素材或者删除文件等；可以执行各种关于素材的操作，如复制、创建等。

(4) 时间标尺：由于视频素材的编辑是以镜头为单位的，而镜头是以帧为单位的，时间标尺在这里就起到帮助放置素材，在剪辑过程中根据时间标尺的放置不会导致视频的夹帧或者跳帧的现象，避免画面的跳动。

(5) 信息面板：可以查看素材的信息，或者调整已应用的特效。

(6) 轨道面板：轨道面板中分为视频轨道、字幕轨道、音频轨道。每个轨道的详细状态都可以进行设置，还可以在同步箭头处右击选择锁定轨道防止错误操作。

(7) 时间线：用于放置素材并对素材进行编辑。

(8) 文件夹视图：以树状结构显示文件夹目录，可以将素材归入相应的文件夹中。

具体地说，EDIUS 界面由三个主要模块组成，左上方是录像显示区，右上方是素材区，下方是录像剪辑区域，如图 7-8 所示。

图 7-8 录像显示区

在录像显示区中，上下包括五部分，第一部分是菜单部分，包括“文件”“编辑”“视图”“素材”“标记”“模式”“采集”“渲染”“工具”“设置”“帮助”11 项。

“文件”下拉菜单如图 7-9 所示。

“编辑”下拉菜单如图 7-10 所示。

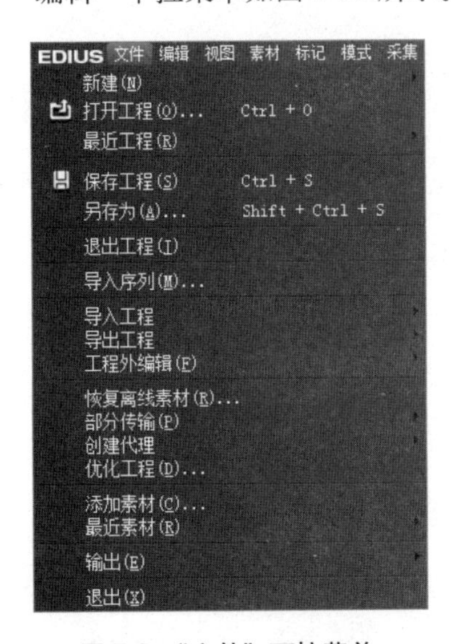

图 7-9 “文件”下拉菜单

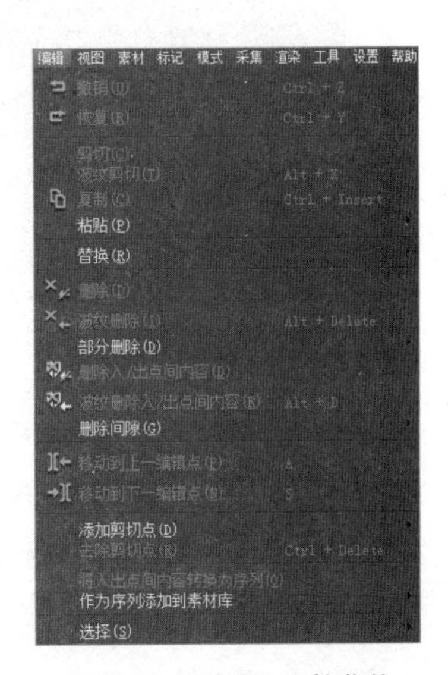

图 7-10 “编辑”下拉菜单

“视图”下拉菜单如图 7-11 所示。

“素材”下拉菜单如图 7-12 所示。

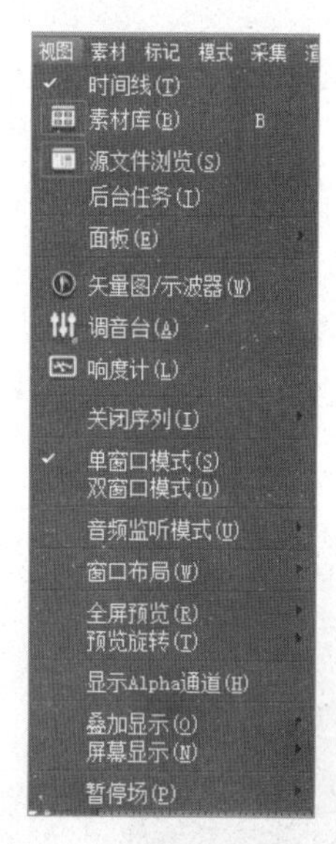

图 7-11 “视图”下拉菜单

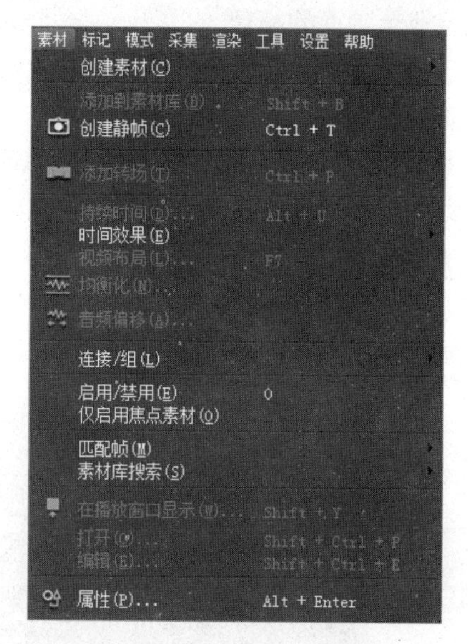

图 7-12 “素材”下拉菜单

“标记”下拉菜单如图 7-13 所示。

“模式”下拉菜单如图 7-14 所示。

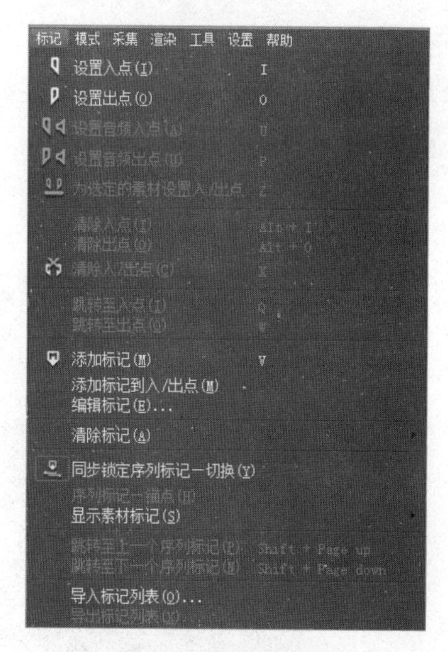

图 7-13 “标记”下拉菜单

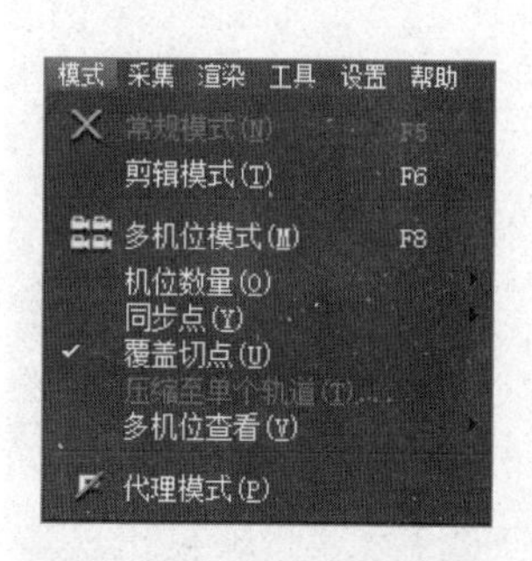

图 7-14 “模式”下拉菜单

“采集”下拉菜单如图 7-15 所示。

“渲染”下拉菜单如图 7-16 所示。

图 7-15 “采集”下拉菜单

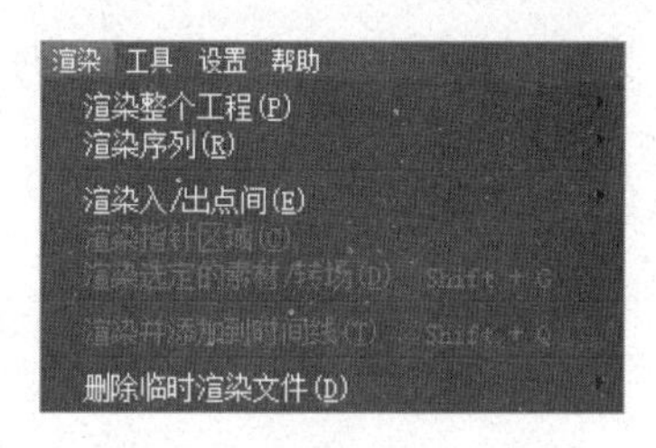

图 7-16 “渲染”下拉菜单

“工具”下拉菜单如图 7-17 所示。

“设置”下拉菜单如图 7-18 所示。

“帮助”下拉菜单如图 7-19 所示。

图 7-17 “工具”下拉菜单

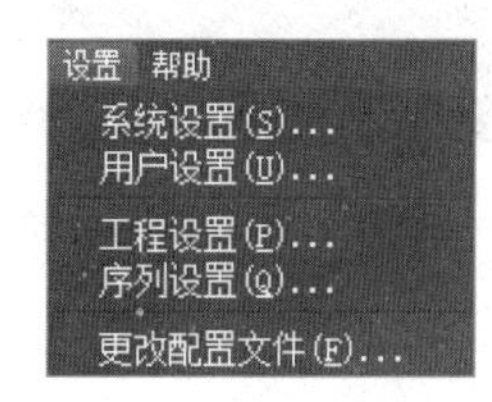

图 7-18 “设置”下拉菜单

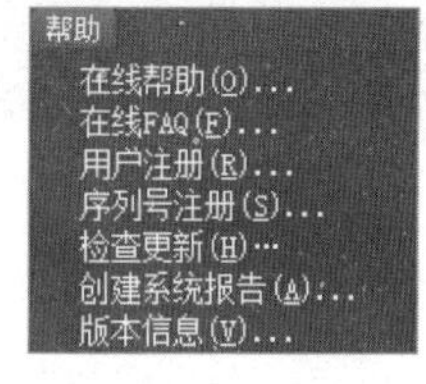

图 7-19 “帮助”下拉菜单

在素材区（见图 7-20），也分了图标栏、根图标，以及“素材库”“特效”“序列标记”和“源文件浏览”4 个标签。

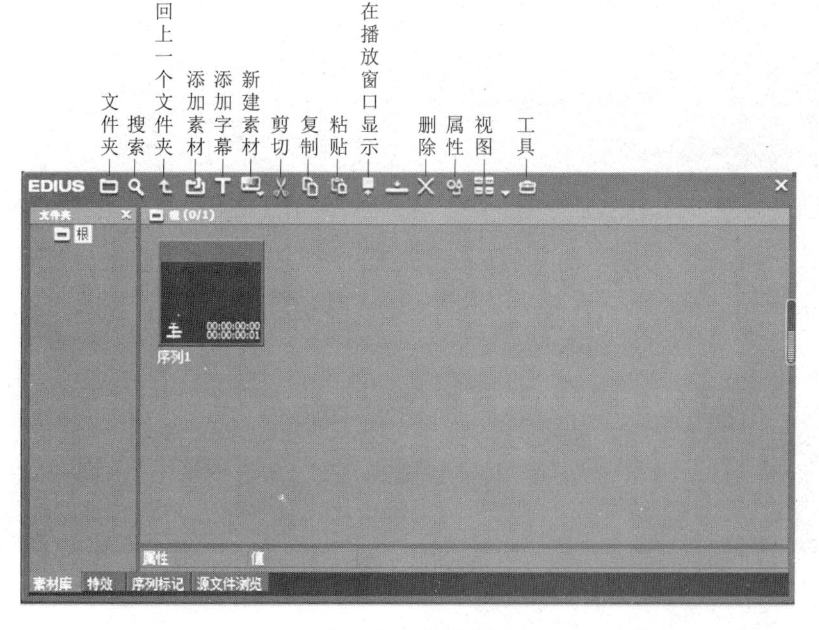

图 7-20 素材区

在“素材库”标签状态，文件夹显示“根”，以右方最大区域里显示素材的图标。在“特效”标签状态，如图 7-21 所示的显示特效框。

EDIUS
文件夹
特效
\特效\
素材库
特效
序列标记
源文件浏览

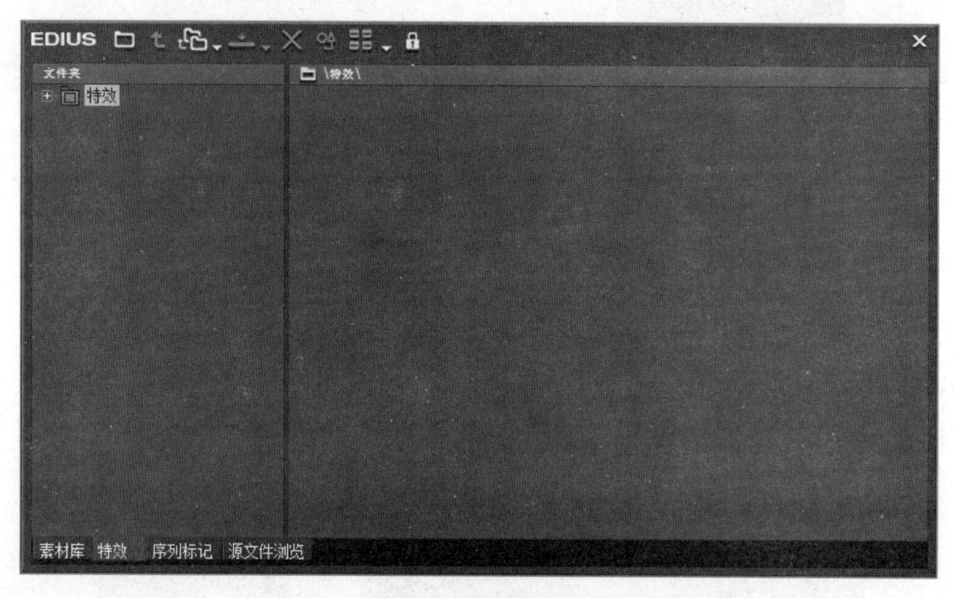

图 7-21 “特效”标签状态，特效显示框

在“序列标记”标签状态，如图 7-22 所示的显示序列标记框。

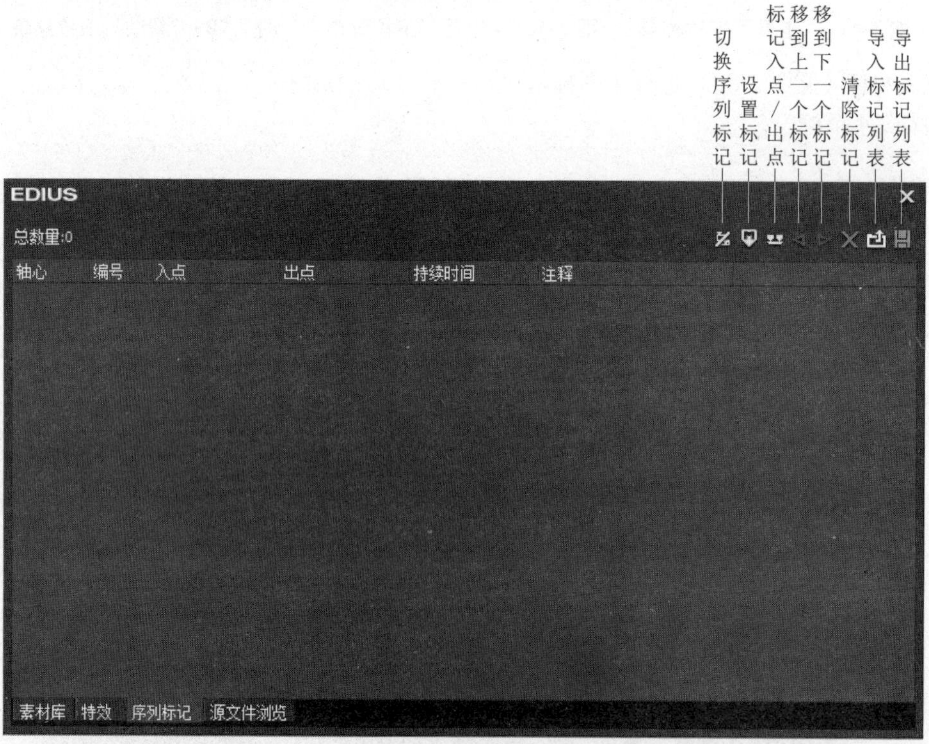

切换序列标记
设置标记
标记入点/出点
移到上一个标记
移到下一个标记
清除标记
导入标记列表
导出标记列表
EDIUS
总数量:0
轴心
编号
入点
出点
持续时间
注释
素材库
特效
序列标记
源文件浏览

图 7-22 “序列标记”标签状态，序列标记显示框

在“源文件浏览”标签状态，如图 7-23 所示的显示源文件浏览框。

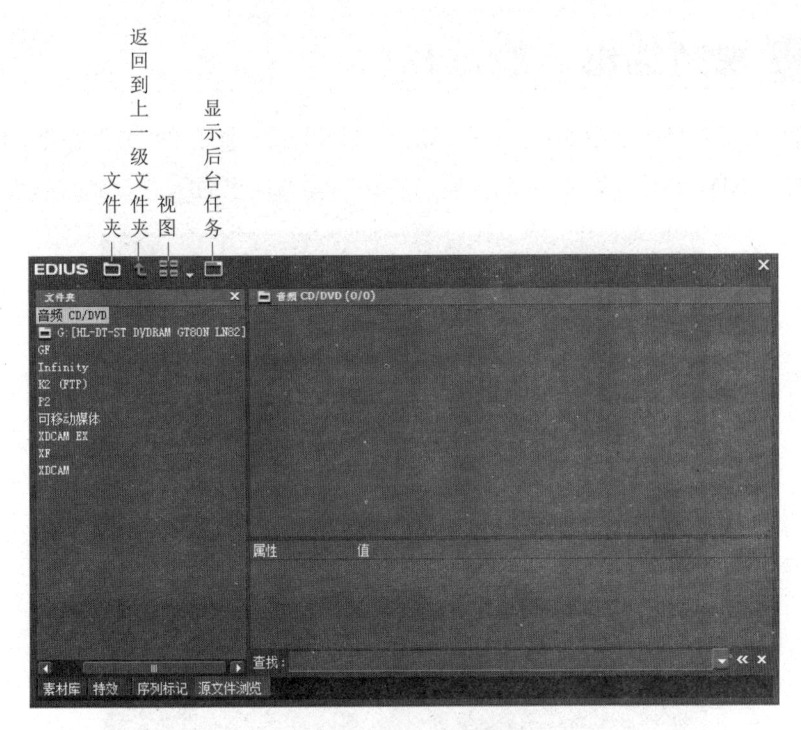

图 7-23 源文件浏览框

在录像剪辑区（见图 7-24）包括左右两部分，左边部分包括四个图标和 V 轨（录像）、A 轨（声音）、VA 轨（图像与声音）和 T 轨（字幕），从图中可以看到两处放置录像，一处是独立录像，一处是录像与声音同步；一处字幕轨；五处声音，其中一处是录像与声音同步，四处是独立声音轨。

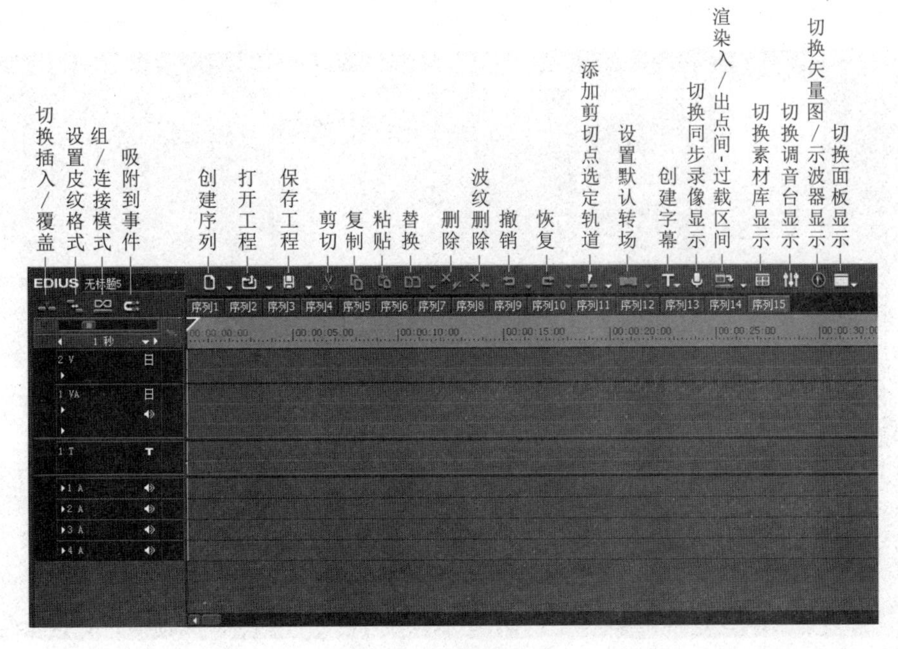

图 7-24 录像剪辑区

7.3 视频编辑一般过程

在图 7-20 所示素材区空白处右击，在弹出的快捷菜单中选择“打开”命令，弹出“打开”对话框，选择“PGM.mxf”（见图 7-25），将图 7-26 中素材区里的拖动到时间线 VA 线上。

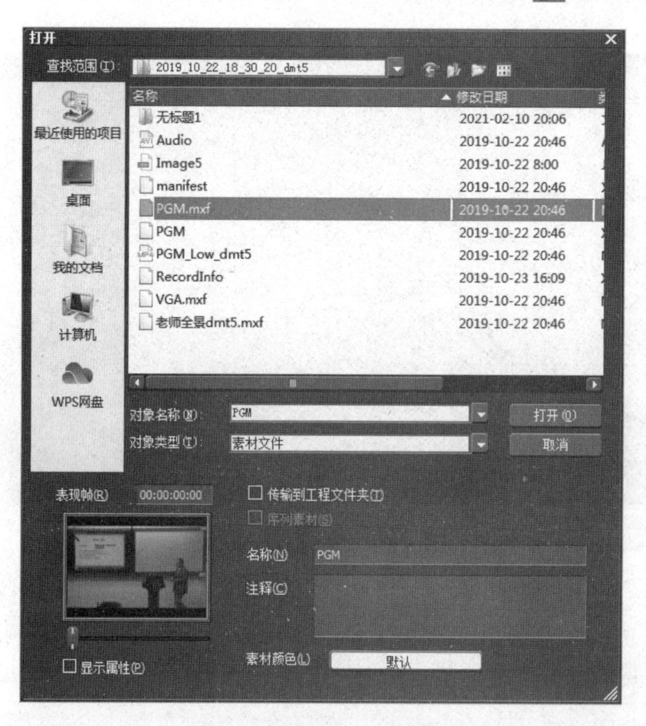

图 7-25 “打开”对话框

图 7-26 素材区输入文件

（1）制作色块

在时间线 VA 线上，在录像的起点左方右击，弹出的快捷菜单如图 7-27 所示。

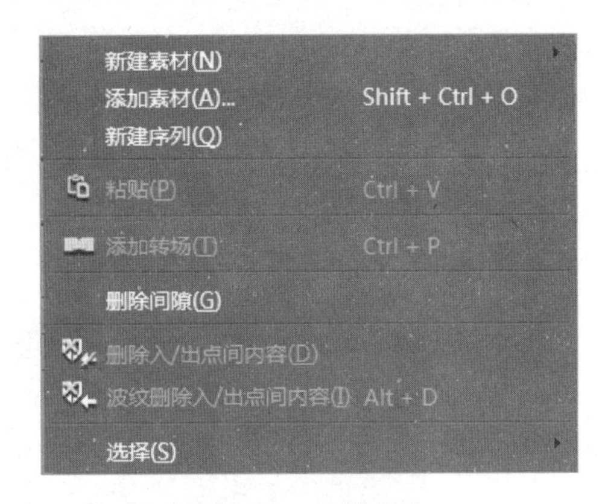

图 7-27 快捷菜单

在快捷菜单中执行“新建素材 / 色块”命令，如图 7-28 所示。单击“色块”第一个方框，弹出“色彩选择”对话框，如图 7-29 所示，在“红”文本框中输入 0，“绿”文本框中输入 8，“蓝”文本框中输入 206。如图 7-30 所示，色块第一个框由黑色变成蓝色。

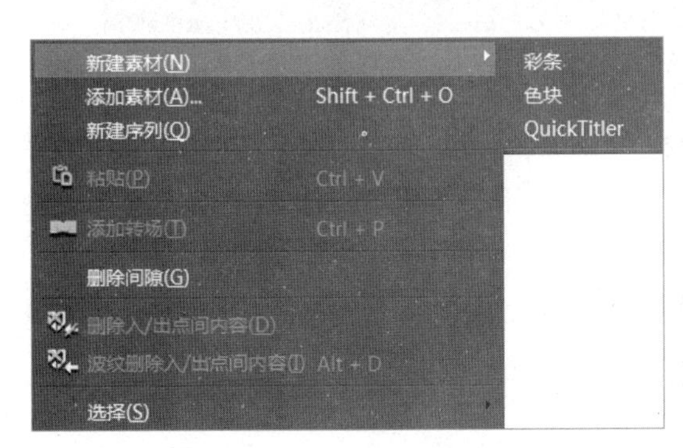

图 7-28 执行“色块”命令

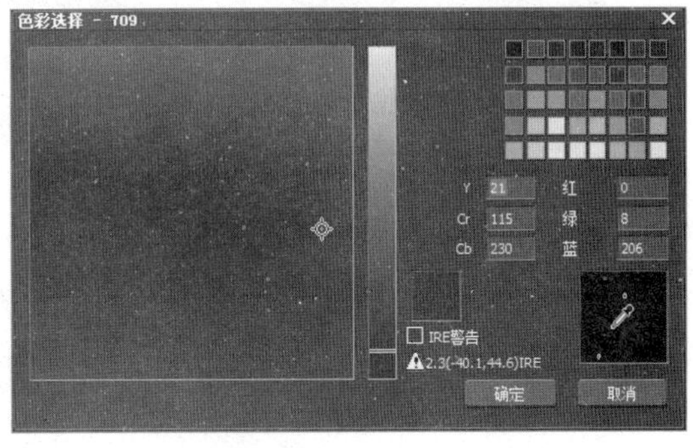

图 7-29 “色彩选择”对话框

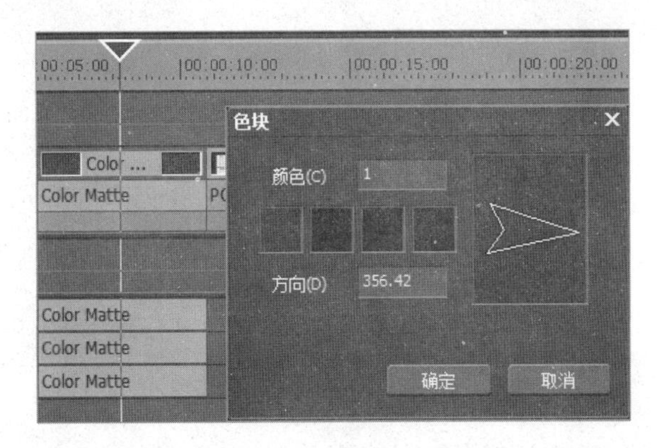

图 7-30 色块第一个框由黑色变成蓝色

（2）制作中文、英文字幕

在图 7-30 中，蓝色色块做好后，还需要制作片头字幕，字幕被设计成中文和英文，先中文后英文，制作方法是，在时间线 VA 线上录像的起点左方右击，在弹出的快捷菜单中执行“添加字幕”命令，如图 7-31 所示。

在 Quick Titler 的工具栏中选择“Text_08”，在弹出的“色彩选择”对话框中选择红色，在“红”文本框中输入 146，“绿”文本框中输入 1，“蓝”文本框中输入 -105。如图 7-32 所示，在 Quick Titler 的工具栏中选择“文本工具”，选择字体为“简体行楷”，字大小为 90，在文本框中输入“第五讲　动画制作 Lesson 5　animation production”，然后单击工具栏中的“上下对齐”按钮和“左右对齐”按钮，如图 7-33 所示。

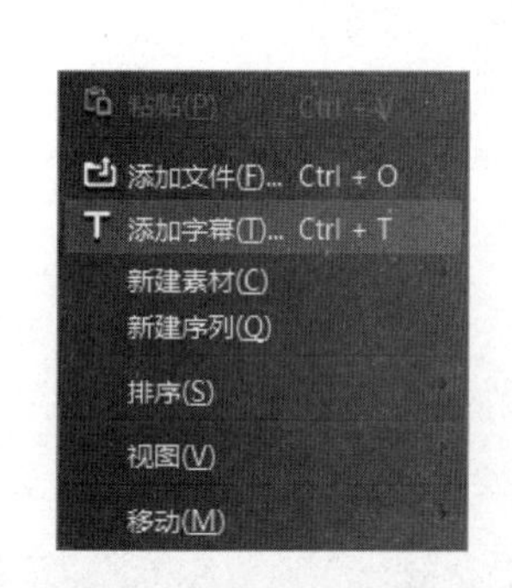

图 7-31　添加字幕

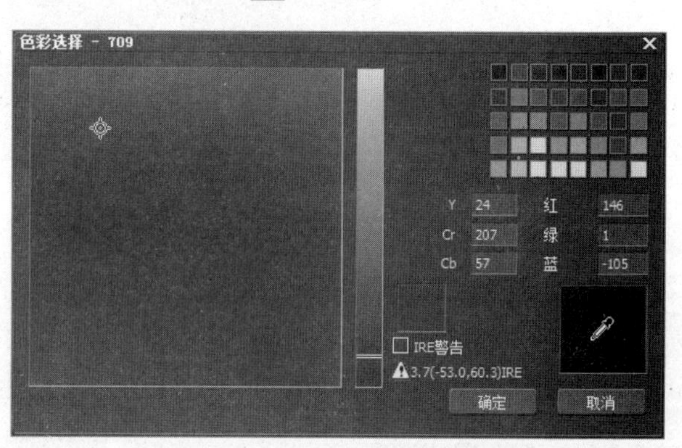

图 7-32　选择字幕颜色为红色

单击“保存”按钮，将“第五讲　动画制作 Lesson 5　animation production”另存为“20210210-0001”，如图 7-34 所示，在素材区右上角水平居中、上下居中的字幕文件为“20210210-0001”。

录像第一句话，“Cartoon 这个字是舶来品，The word cartoon is imported”，放置文本域位于界面最低端，再单击“左右对齐”按钮，得到的效果如图 7-35 所示。

制作的录像字幕如图 7-36 所示。

图 7-33　片头字幕

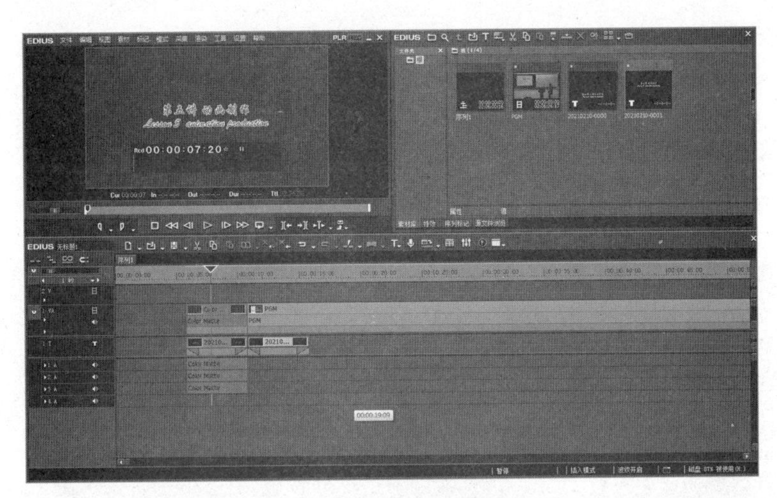

图 7-34　片头字幕入素材区

图 7-35　录像字幕

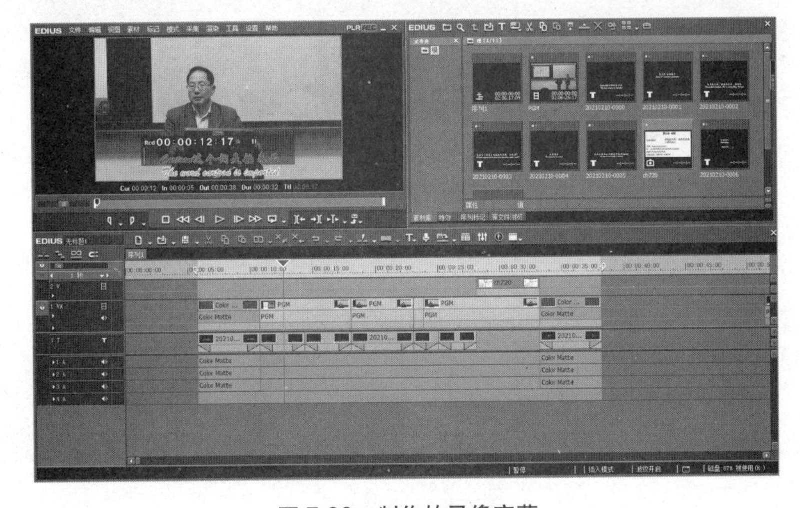

图 7-36　制作的录像字幕

（3）篇末制作

用制作片头同样的方法制作片尾，方法如下。

①复制片头的蓝色块粘贴到片尾。

②制作文字“江兴方制作 /Made by Jiang/2021.2.10”。

③拉至字幕位置，如图 7-37 所示。

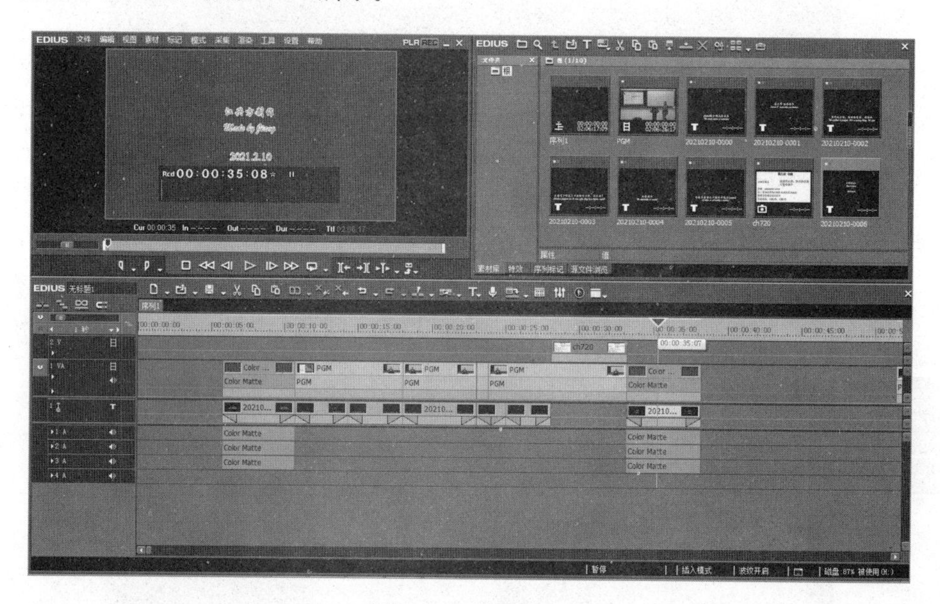

图 7-37　片尾制作

（4）保存

将光标设置在起点处，然后单击“设置入点”按钮，如图 7-38 所示；将光标设置在终点处，单击“设置出点”按钮，如图 7-39 所示。

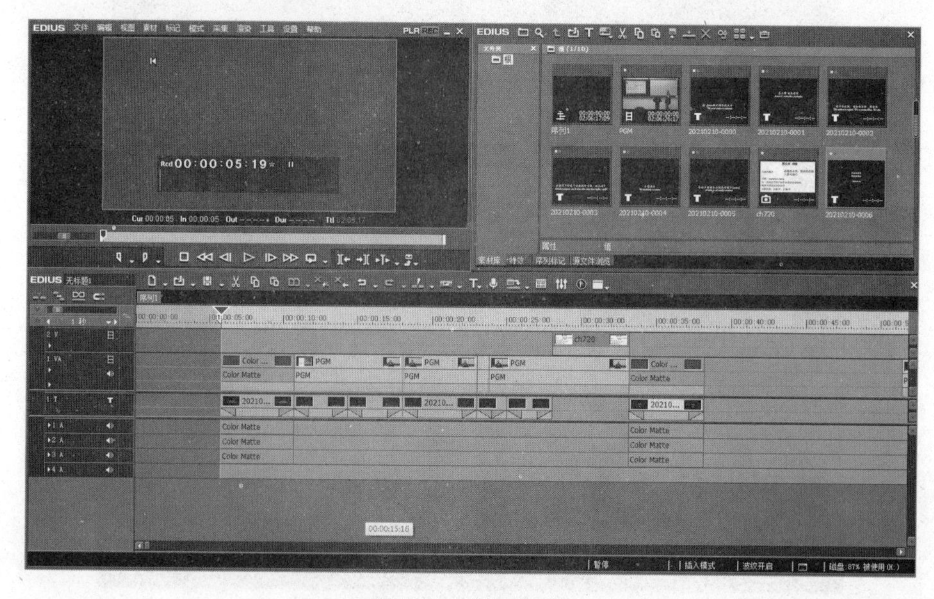

图 7-38　设置入点

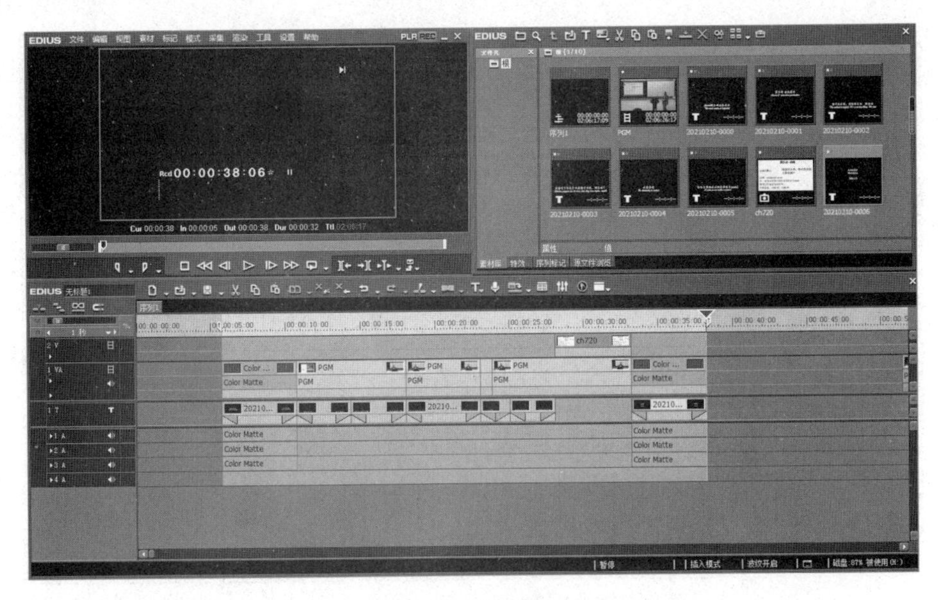

图 7-39　设置出点

执行“文件/输出/输出到文件”命令（见图 7-40），打开“输出到文件”对话框，如图 7-41 所示，保存文件名为“dmt5_1”，如图 7-42 所示。保存过程如图 7-43 所示。

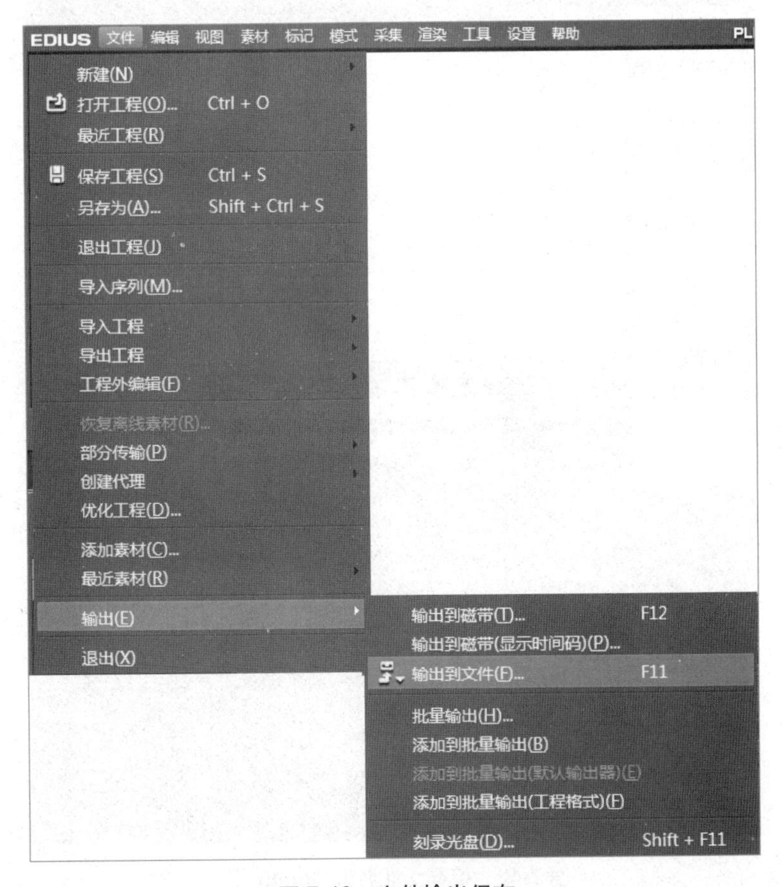

图 7-40　文件输出保存

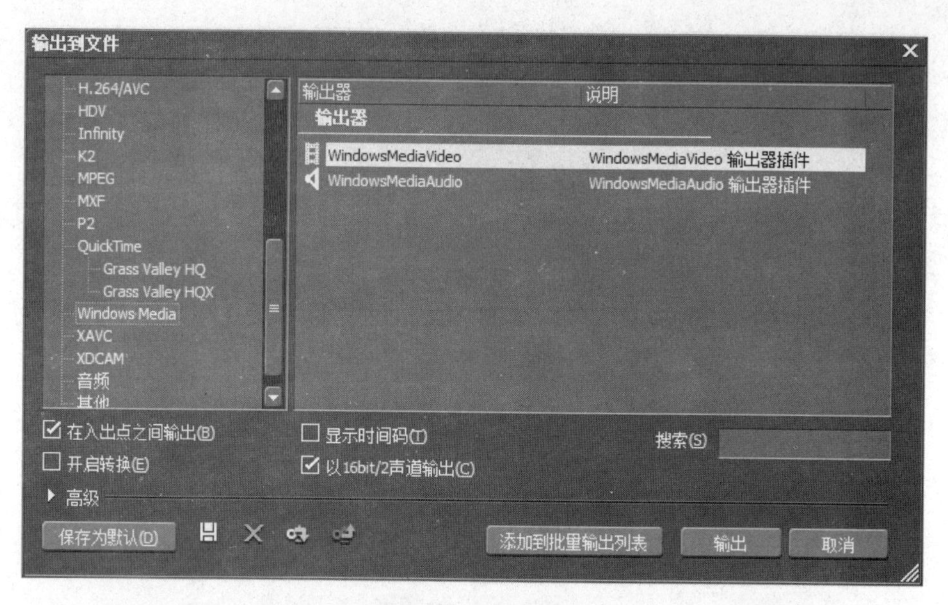

图 7-41　保存文件

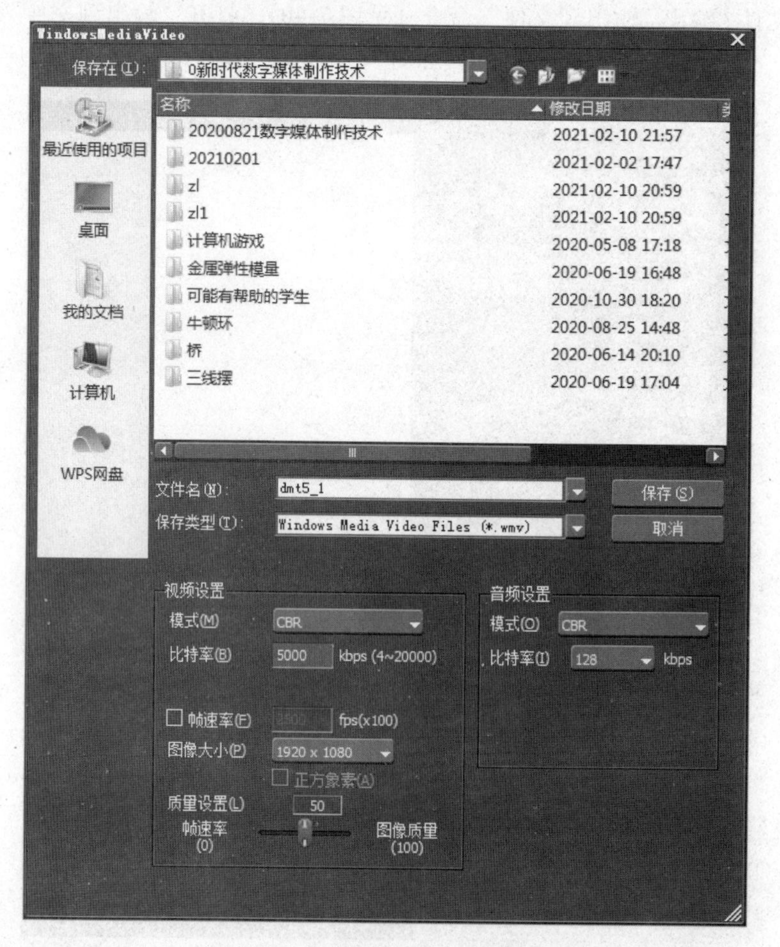

图 7-42　保存文件名为“dmt5_1”

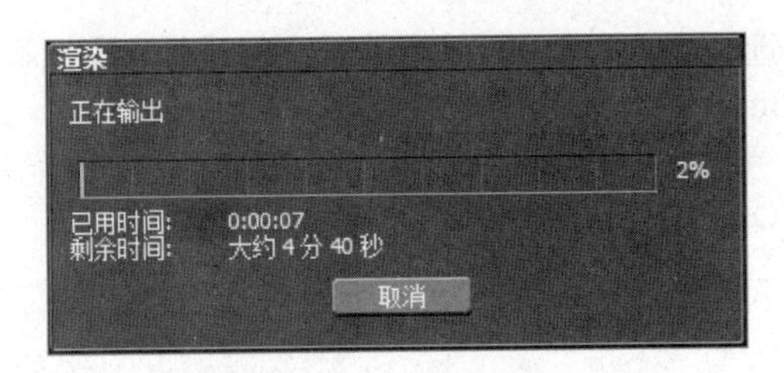

图 7-43　保存过程

（5）转换成 .mp4 格式

保存编辑的录像格式是“.wmv”，还需要将其转换成 .mp4 格式，可使用“格式工厂”完成，如图 7-44 所示，单击“→ MP4”，弹出“→ MP4”对话框，如图 7-45 所示，单击“输出配置”按钮，“屏幕大小”选择 1920 × 1080 HD Device，如图 7-46 所示。

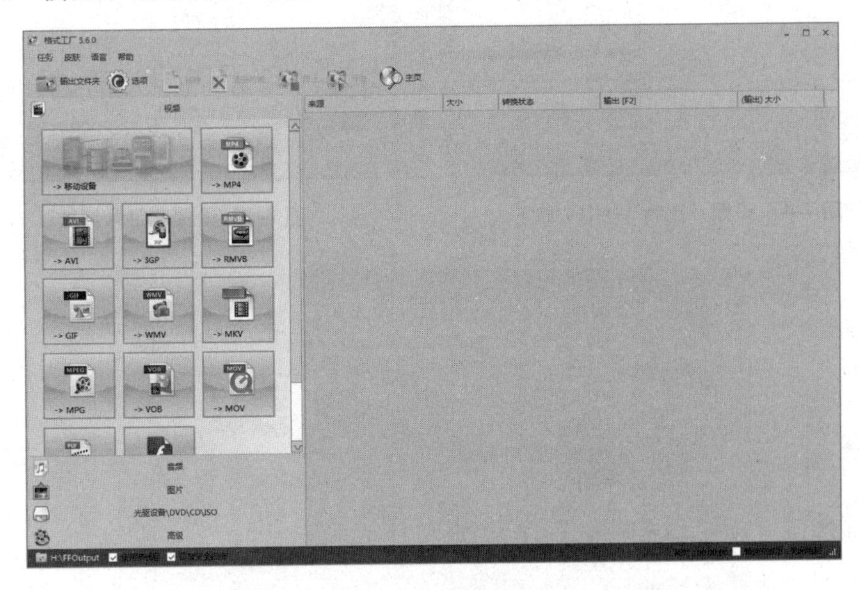

图 7-44　格式工厂

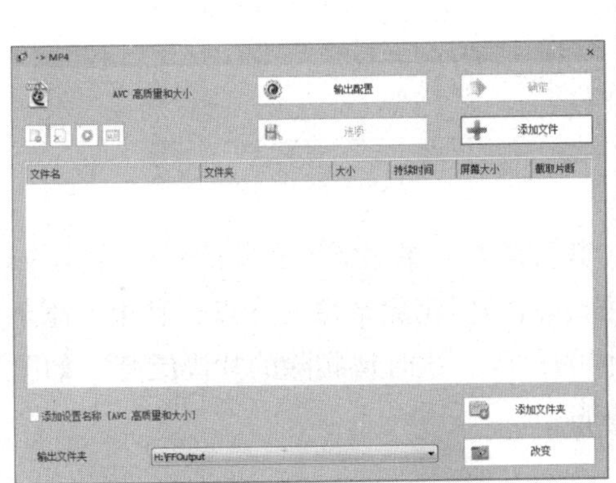

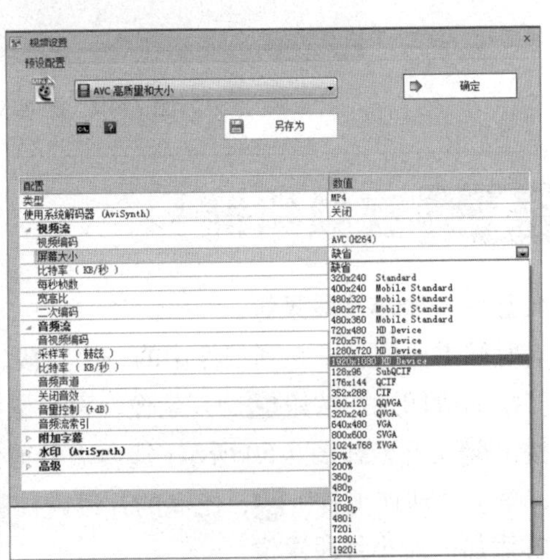

图 7-45　“→ MP4”对话框　　　　图 7-46　设置屏幕大小

“比特率(KB/秒)”选择5000,如图7-47所示;“每秒帧数”选择25,单击“确定”按钮,如图7-48所示;添加“dmt5_1.wmv”文件，这时“dmt5_1.wmv”文件被添加到“→ MP4”对话框中，如图7-49所示。选中“dmt5_1.wmv”后，单击“开始”按钮，文件“dmt5_1.wmv”被保存为“H:/FFOutput/dmt5_1.mp4”，就能方便地浏览了。

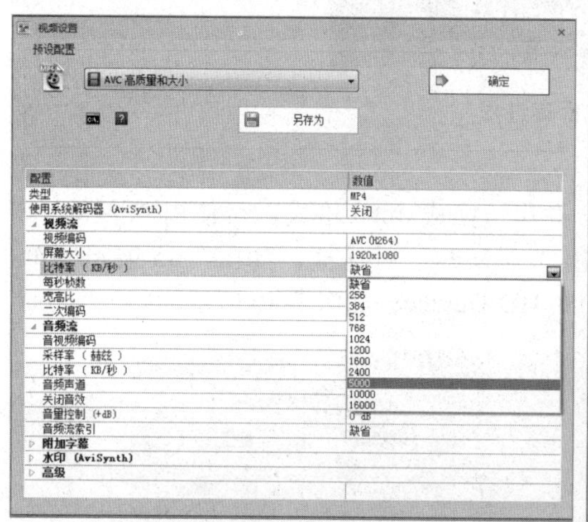

图7-47 设置“比特率(KB/秒)”

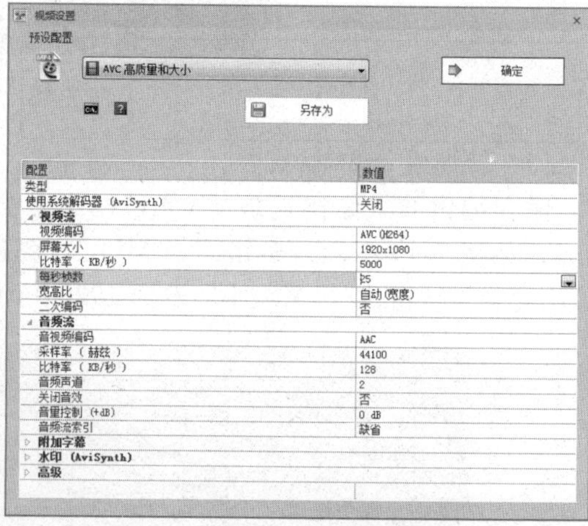

图7-48 设置“每秒帧数”

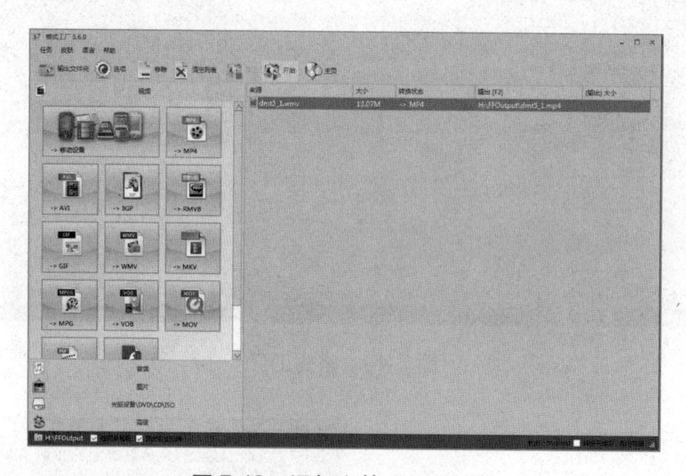

图7-49 添加文件“dmt5_1”

7.4 视频编辑

1. 删除一个小片段录像

有时候需要删除一系列录像中的一个片段，其方法是，单击需要删除的录像片段的起点，利用“添加剪切点”按钮切开录像，再用鼠标单击需要删除录像的终点，利用“添加剪切点”按钮切开，如图7-50所示；选中需要剪掉的片段，这时待删除的片段泛亮，如图7-50所示，单击“剪切工具”，泛亮的片段就被删除。

2. 添加一段小片段录像

既然能剪切掉一个片段录像，当然也可以采用别处剪切（【Ctrl+X】组合键）下来的录像或者复制（【Ctrl+C】组合键）过来的片段粘贴（【Ctrl+V】组合键）到当前位置，这一技术一般用于音频即声音的修补。

3. 需要保留录像的声音，不需要图像

有的录像声音是需要保留的，但是图像需要修补。对于这一情况，方法是：可以采用文字或者图片，挡在图像上面的方式进行修补。由于录制好的录像十分宝贵，尽量要用足用好所摄制的录像。加盖图片的方法是，以 PowerPoint 的一页，如图 7-51 所示，在 Photoshop 中制作成 16 : 9 的图像，然后另存为 ch742，右击界面右上方的素材区，选择 ch742，再将拖动至所需要覆盖图像上层，如图 7-52 所示。

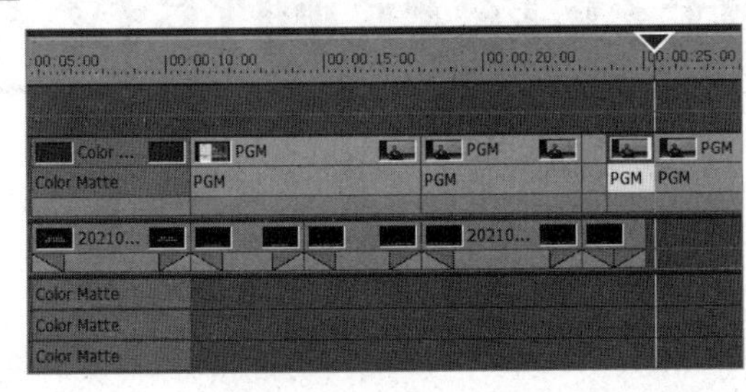

图 7-50 设置待删除录像片段的起点与终点

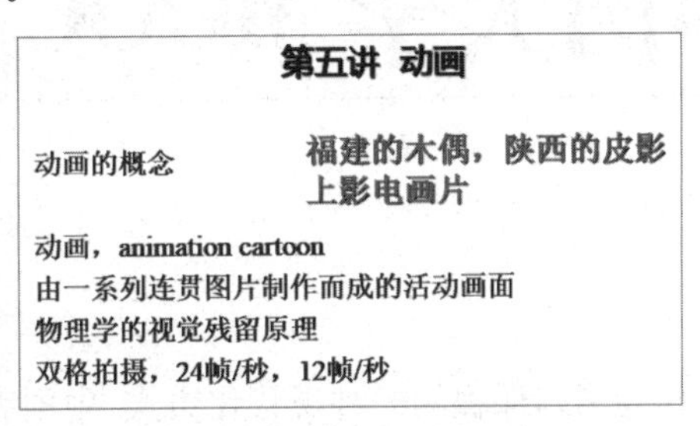

图 7-51 PowerPoint 一页

图 7-52 PowerPoint 一页覆盖图像

讨论与思考

1. 试述获取录像的方法。

2. 编辑录像的一般过程包括哪些？

习　　题

1. 在编辑一个片段录像时，常常需要删除某些没有声音的图像，从而使录像紧凑，试动手做做，并归纳一下具体的方法。

2. 在编辑某一片段录像时，有时因为声音中某个字的语音弱需要找相同声音的小片段补进去，试动手做做，并归纳一下具体的方法。

3. 在编辑某一片段录像时，会遇到需要保留语音，图像需要替换成图片，试动手做做，并归纳一下具体的方法。

中国大学 MOOC 在线课程制作技术

作为学习课程的一种现代化方式，中国大学 MOOC 综合了文本教材、视频讲解、课后练习、答疑讨论等多个学习环节。爱课程提供了一个较完善的平台，并且今后会越来越完善，逐渐地继书本后，创造出又能听、又能看、又能练、又能问的综合性学习平台，正在为综合提高全民族科学素养做出贡献。

8.1 中国大学 MOOC 在线课程架构

MOOC（Massive Open Online Course，大规模开放在线课程）是基于网络学习的开放教育学，是互联网 + 教育的产物，目前中国大学 MOOC 像雨后春笋般地茁壮成长。编者从事大学物理教学，积累了三十多年教学资料与经验，从早期的计算机辅助教学 CAI 到网络课堂，从基于 CD-ROM 多媒体教学到基于网络的在线课程，每前进一步，都是伴随着数字媒体制作技术的进步。不断地学习，不断地总结，不断地进步。

中国大学 MOOC 大学物理在线课程，课程编号：201905，2018 年开始制作，2019 年上线，网址：https://www.icourse163.org/collegeAdmin/teacherPanel.htm#/agt?type=3。目前开放了第四期，如图 8-1 所示。

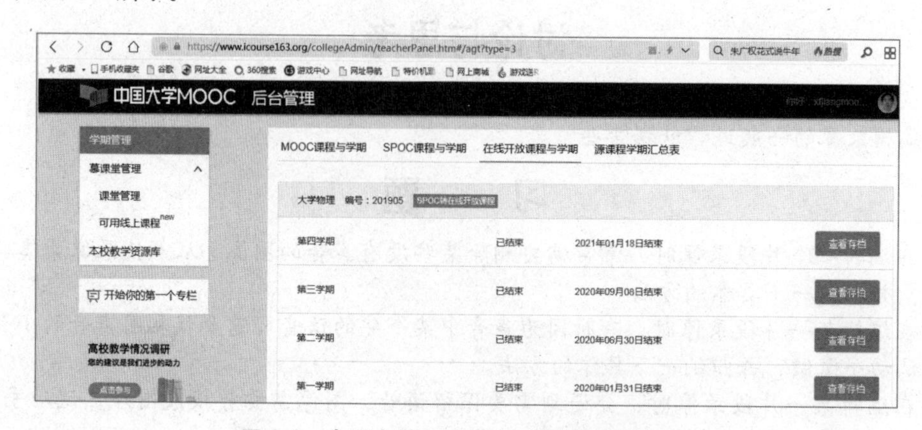

图 8-1 中国大学 MOOC 大学物理在线课程

以第四期大学物理课程开课为例，2020-10-08 开课，整个编辑框架分为“引导”“内容”“设置”“工具”“慕课堂”“资源库”六大模块。

8.1.1　引导

“引导”模块包括“发布课程介绍页”“发布课程学习页”“线下教学辅助”，如图 8-2 所示。

图 8-2　中国大学 MOOC 大学物理在线课程

8.1.2　内容

“内容”模块包括“课程介绍页”“公告”“教学单元内容发布”“自定义栏目”，如图 8-3 所示。

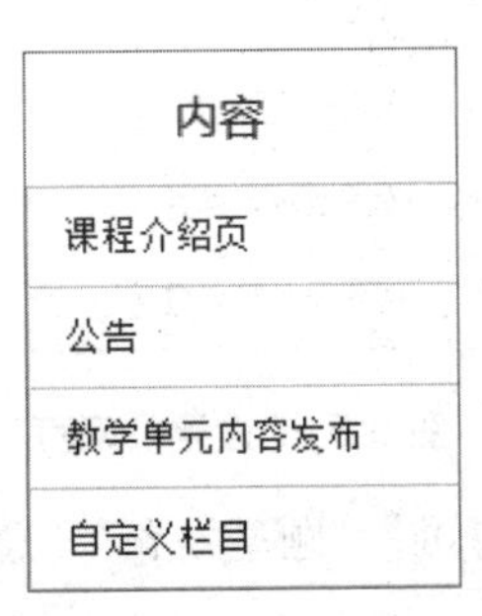

图 8-3　“内容”模块

大学物理涵盖力学（包括质点运动学、质点动力学、刚体运动学、刚体动力学）、热学（宏观热力学、微观分子气体运动论）、电磁学（静电场、稳恒磁场、电磁感应电磁波）、振动与波动（机械振动、机械波）、波动光学（光的干涉、光的衍射、光的偏振）、近代物理（狭义相对论、量子力学基础）。具体课程介绍如图 8-4 所示。

图 8-4 “课程介绍”网页

8.1.3 设置

“设置”模块包括“课程团队设置”“评分规则”“讨论区设置”“设置互评训练题”“结课及版权设置”，如图 8-5 所示。

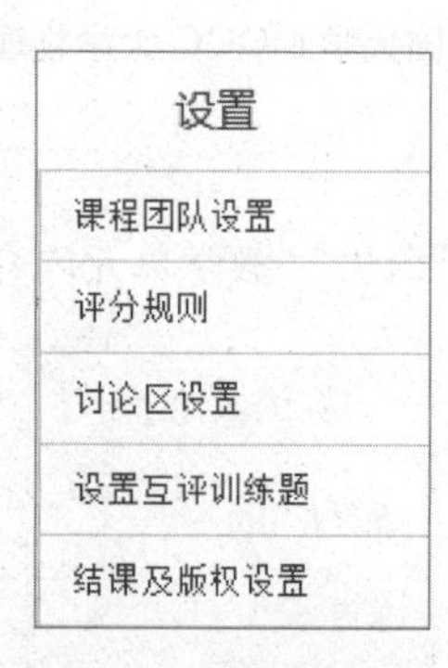

图 8-5 “设置”网页

其中“评分规则”包括“评分标准”“题型设置”“总分及成绩设置”，如图 8-6 所示。

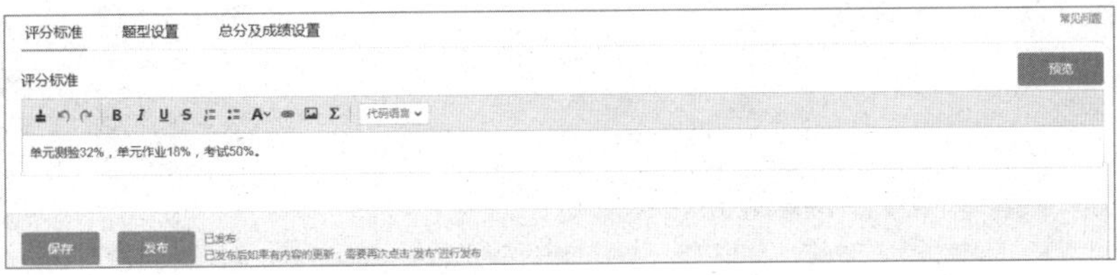

评分标准 题型设置 总分及成绩设置 常见问题

评分标准 预览

单元测验32%，单元作业18%，考试50%。

保存 发布 已发布
已发布后如果有内容的更新，需要再次点击"发布"进行发布

（a）评分标准

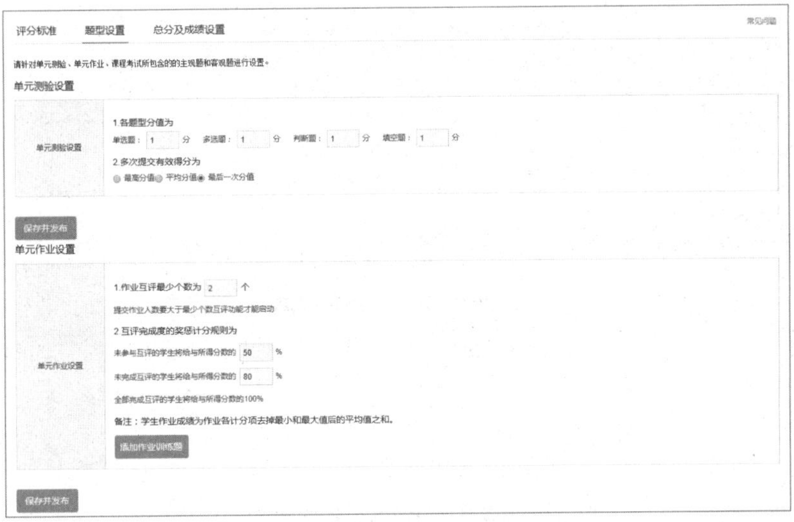

评分标准 题型设置 总分及成绩设置 常见问题

请针对单元测验、单元作业、课程考试所包含的的主观题和客观题进行设置。

单元测验设置

单元测验设置
1.各题型分值为
单选题：1 分 多选题：1 分 判断题：1 分 填空题：1 分
2.多次提交有效得分为
最高分值 平均分值 最后一次分值

保存并发布

单元作业设置

单元作业设置
1.作业互评最少个数为 2 个
提交作业人数要大于最少个数互评功能才能启动
2.互评完成度的奖惩计分规则为
未参与互评的学生将给与所得分数的 50 %
未完成互评的学生将给与所得分数的 80 %
全部完成互评的学生将给与所得分数的100%
备注：学生作业成绩为作业各计分项去掉最小和最大值后的平均值之和。
添加作业训练题

保存并发布

（b）题型设置

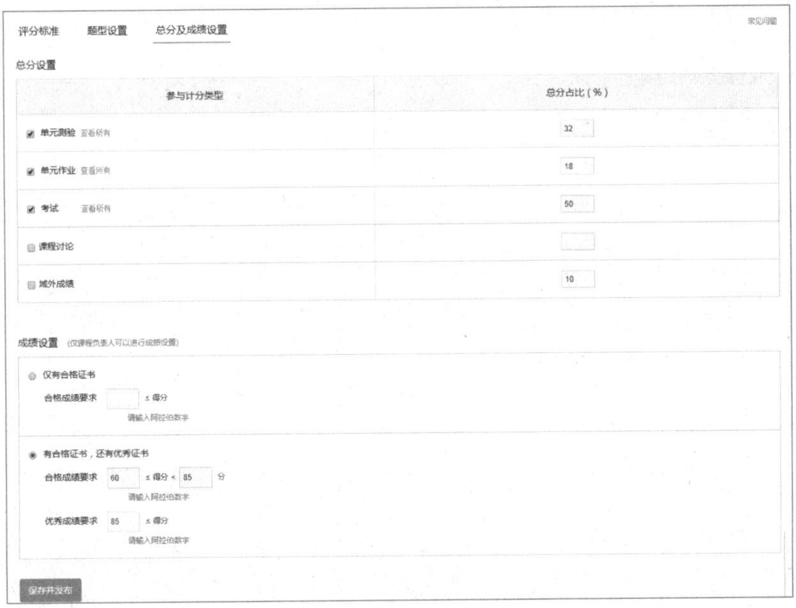

评分标准 题型设置 总分及成绩设置 常见问题

总分设置

参与计分类型	总分占比（%）
单元测验 查看所有	32
单元作业 查看所有	18
考试 查看所有	50
课程讨论	
域外成绩	10

成绩设置（仅课程负责人可以进行成绩设置）

仅有合格证书
合格成绩要求 ≤ 得分
请输入阿拉伯数字

有合格证书，还有优秀证书
合格成绩要求 60 ≤ 得分 < 85 分
请输入阿拉伯数字
优秀成绩要求 85 ≤ 得分
请输入阿拉伯数字

保存并发布

（c）总分及成绩设置

图 8-6 “评分规则”网页

其中“讨论区”包括“讨论区结构”“讨论区公告”和“讨论区关闭设置”。“讨论区结构”如图 8-7 所示；“讨论区公告”如图 8-8 所示；“讨论区关闭设置”如图 8-9 所示。

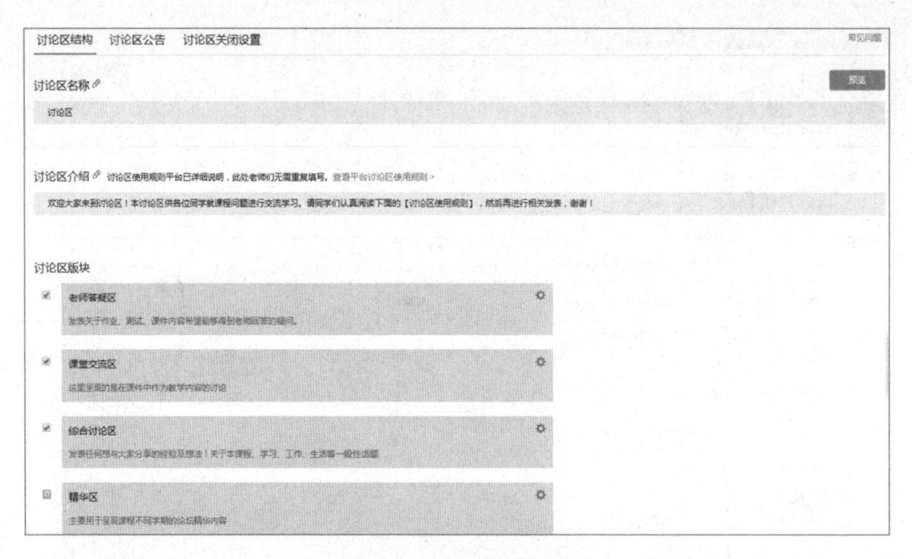

图 8-7　讨论区结构界面

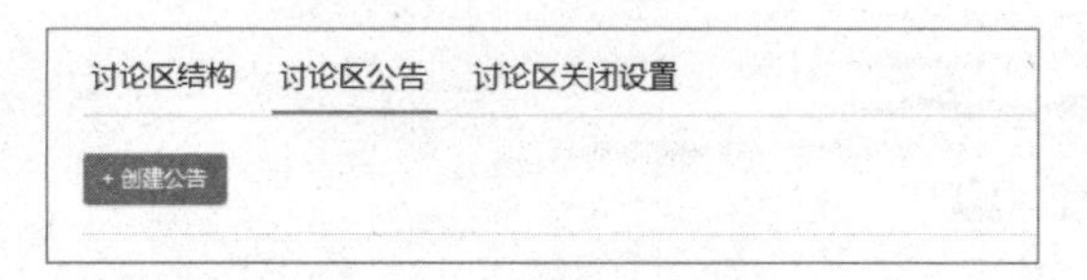

图 8-8　讨论区公告界面

图 8-9　讨论区关闭设置界面

其中“设置互评训练”界面如图 8-10 所示。

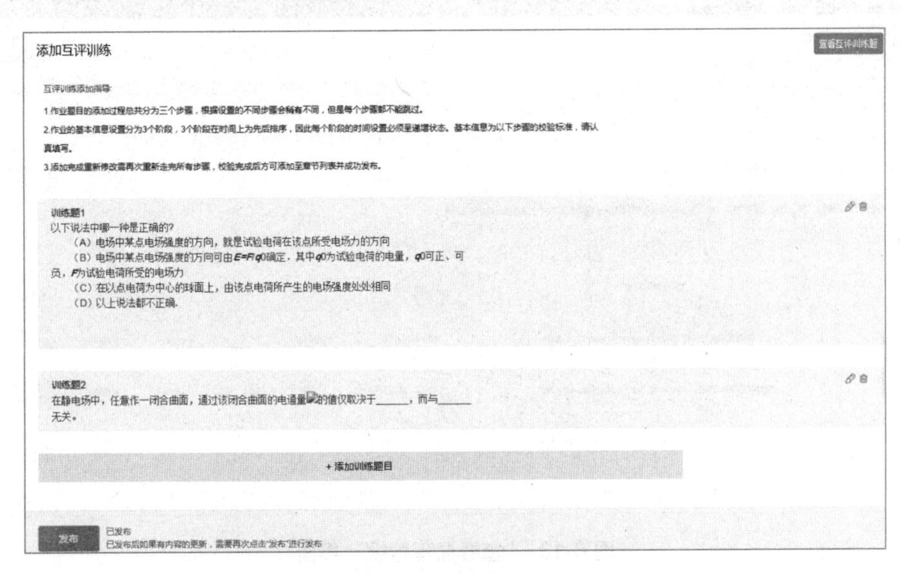

图 8-10 “设置互评训练”界面

其中“结课及版权设置”界面如图 8-11 所示。

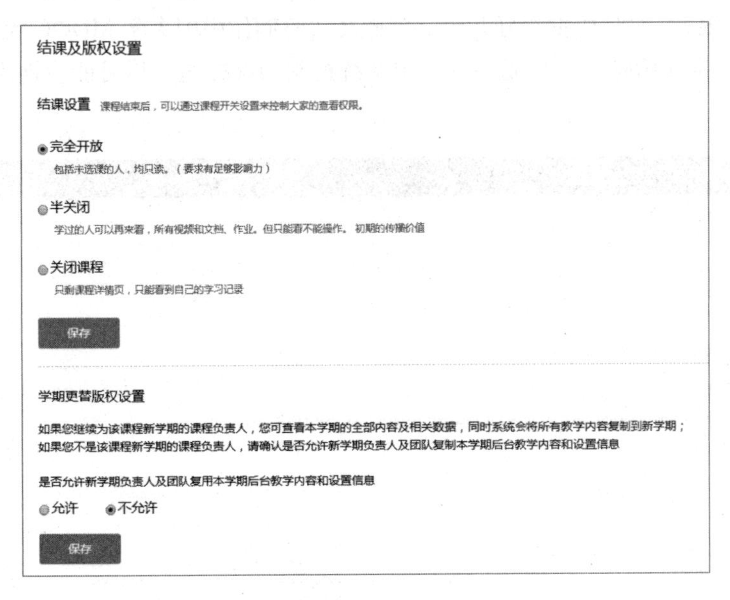

图 8-11 “结课及版权设置”界面

8.1.4 工具

“工具”模块包括“查看课程数据”“学生成绩管理”“课程数据统计”，如图 8-12 所示。其中“查看课程数据”，包括每一个测验、每个作业、测验与考试成绩，可以导出“.xls”统计表，如图 8-13 所示。

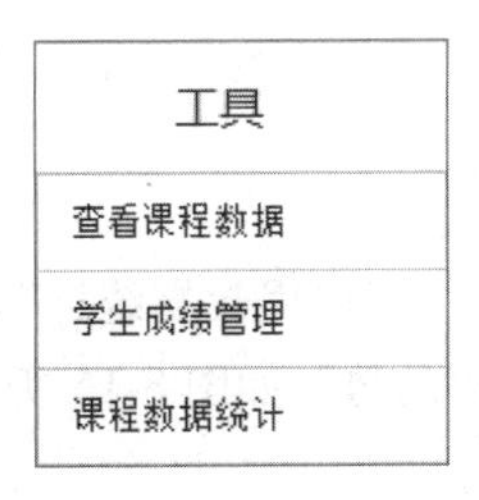

图 8-12 “工具”模块

图 8-13 “查看课程数据”界面

“学生成绩管理”涉及每个学生第一题分数，特别是主观互批题，有的学生没有及时批阅其他同学的问题，按照评分设定，主观题分数减半，学生没有互批完成的，可以让老师进行批阅，工作量很大，有时要批阅好几天。因此在实验制作中国大学 MOOC 大学物理课程时，在不影响综合评定成绩时，尽可能多地采用系统批阅的选择题，尽可能少地设置主观题，如图 8-14 所示。

图 8-14 “查看成绩管理”界面

“课程数据统计”包括“课程趋势”“课时 / 测验 / 作业”“讨论区”“成绩 / 考核”。其中“课程趋势”如图 8-15 所示。

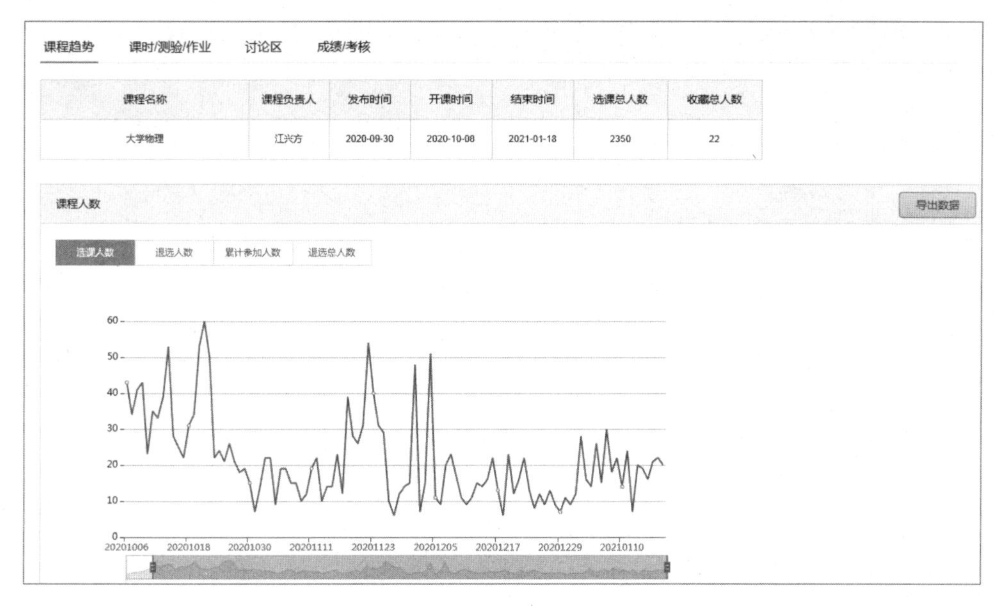

图 8-15 “课程趋势”界面

“课时 / 测验 / 作业”包括“每日学习人数”“整体学习人数”，如图 8-16 所示。

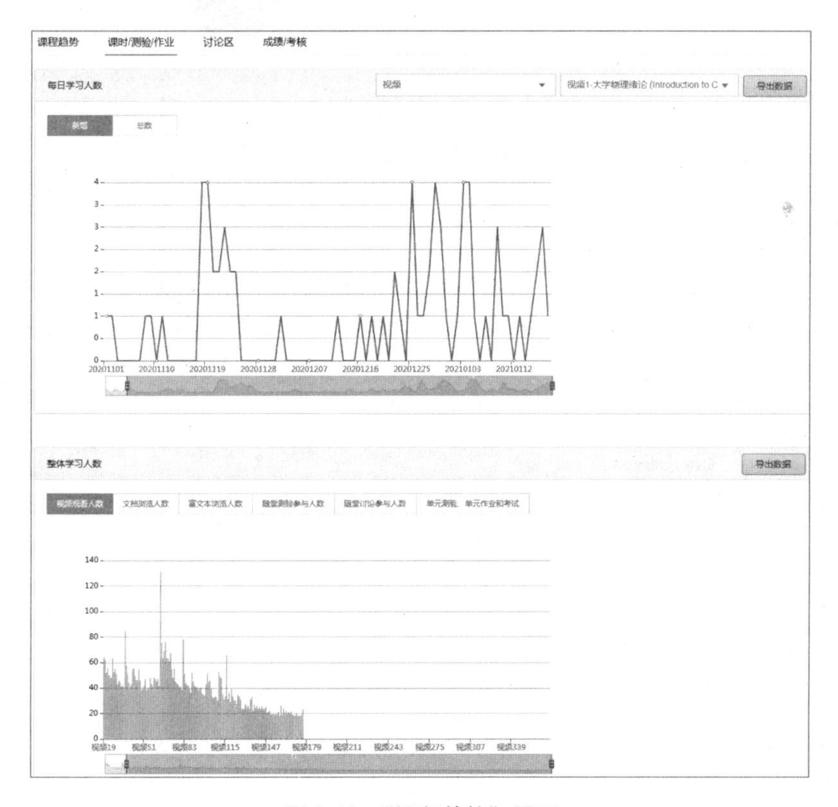

图 8-16 “课程趋势”界面

“讨论区”统计结果界面，可以导出“.xls”统计表，如图 8-17（a）所示；“成绩 / 考核”界面，如图 8-17（b）所示。

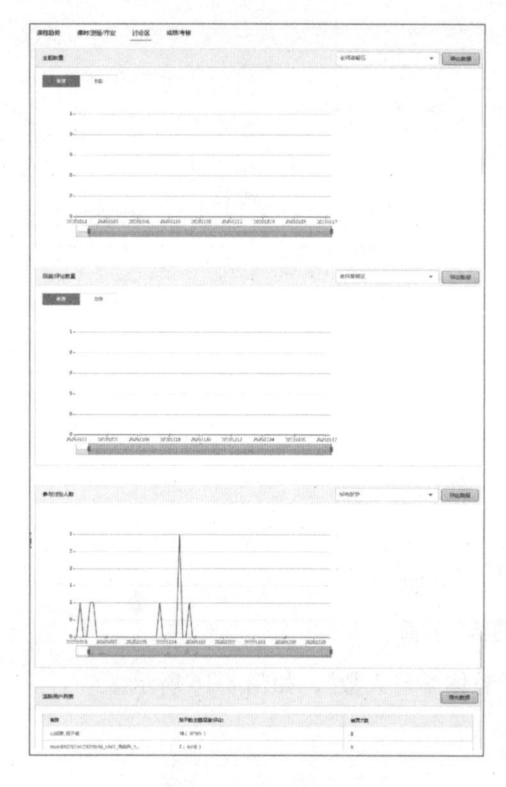

（a）

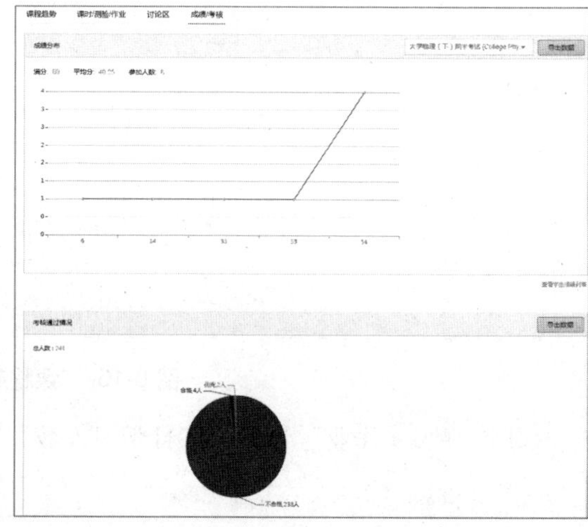

（b）

图 8-17 “课程趋势”界面

8.1.5 慕课堂

“慕课堂”模块包括“备课区”“教学日志”“学情统计”“学生成绩”“资源库”，如图 8-18 所示。其中“备课区”包括“添加备课”（记录着每次备课的信息，包括课堂练习等）“创建课外任务”，如图 8-19 所示。

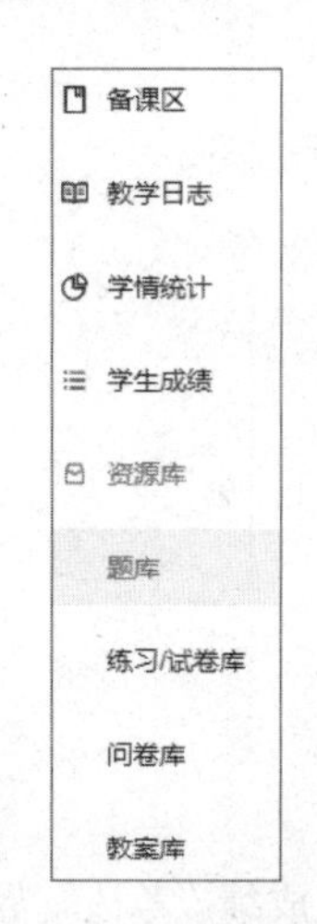

图 8-18 “慕课堂”

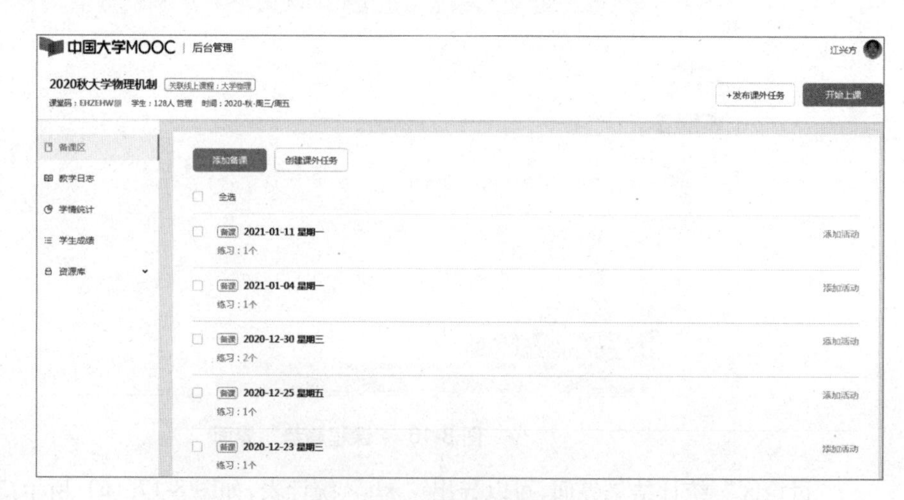

图 8-19 “备课区”界面

“教学日志”记录着每次使用“慕课堂”的情况，如图 8-20 所示；“学情统计”统计了 19 级机制班同学使用中国大学 MOOC 大学物理慕课堂进行练习的情况，如图 8-21 所示。

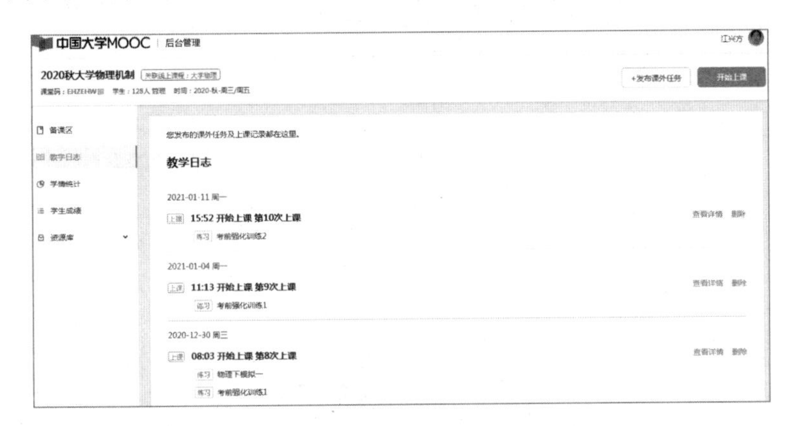

图 8-20 “教学日志”界面

图 8-21 “学情统计”界面

“学生成绩”，如图 8-22 所示；“资源库”包括“题库”“练习 / 试卷库”“问卷库”“教案库”，如图 8-23 所示，其中“题库”如图 8-24 所示，“练习库”如图 8-25 所示，“问卷库”如图 8-26 所示，“教案库”如图 8-27 所示。

图 8-22 “学生成绩”界面

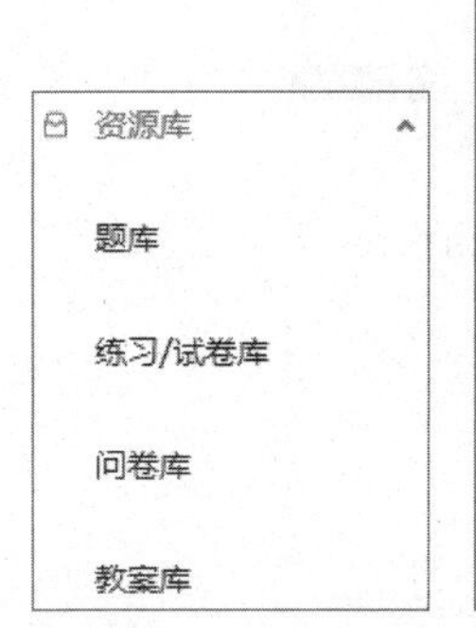

图 8-23 “资源库”

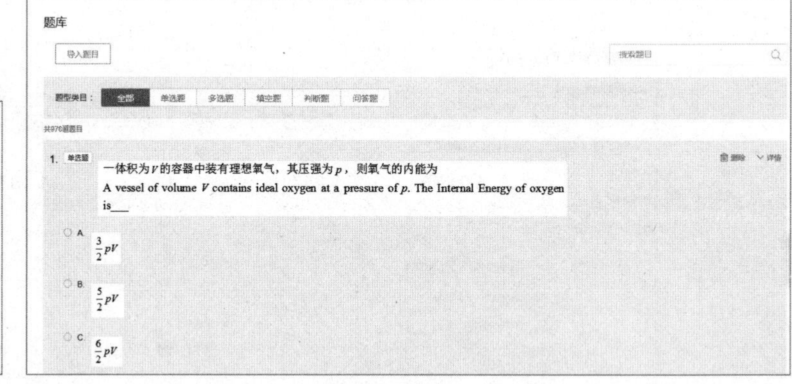

图 8-24 “题库”界面

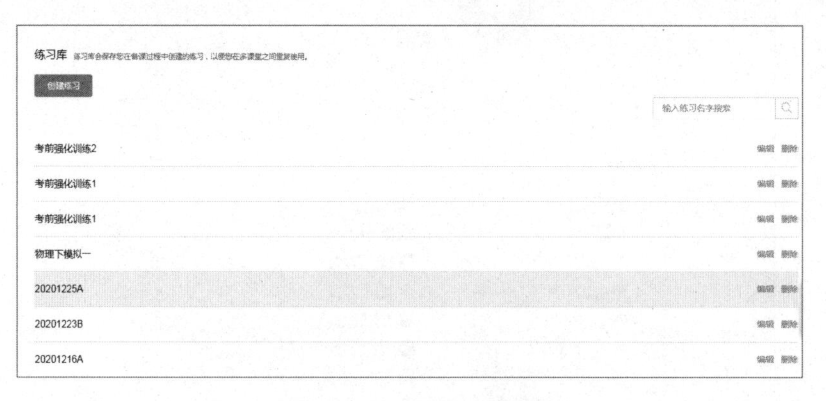

图 8-25 “练习库”界面

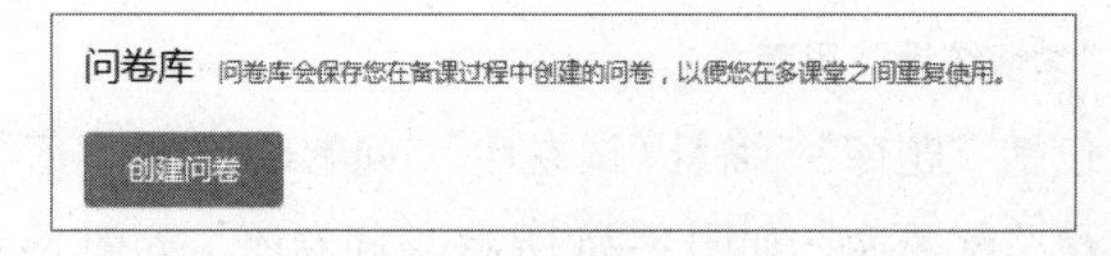

图 8-26 “问卷库”界面

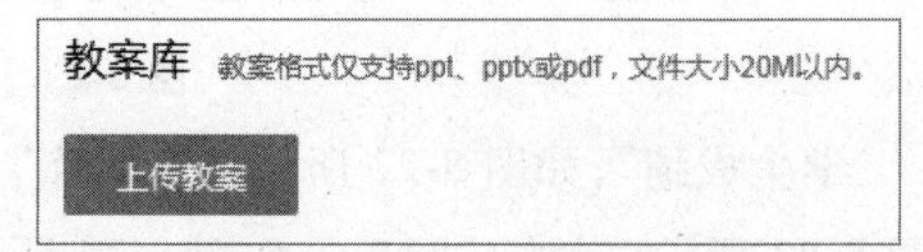

图 8-27 “教案库”界面

8.1.6 资源库

“资源库”模块包括“视频库”和“题库”，如图 8-28 所示。其中“视频库”包括所有上传到中国大学 MOOC 大学物理的 300 段录像，如图 8-29 所示；其中“题库”包括客观题和主观题。

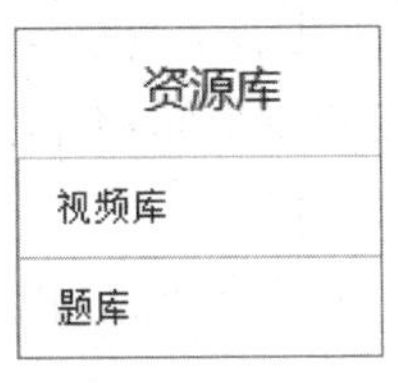

图 8-28 “资源库”

图 8-29 “视频库”界面

8.2 中国大学 MOOC 在线课程制作

自从 2016 年开始，常州大学武进校区 W12 教室改造成录播教室以来，大学物理课程 96 学时录制了五遍，值得一提的是，机制 194 班有位同学因身体原因不能进 W12 教室听课，每次课都是看 W12 上课现场的录像（简称实录），这位同学在大学物理（上）全校统考时考了 91 分，大学物理（下）考了 96 分，从此坚信实录的效果，坚持每次课录像。自从中国大学 MOOC 推出慕课堂后，真正实现线上线下混合式教学。

8.2.1 “大学物理”在线课程系统结构

中国大学 MOOC 大学物理系统结构，分一级标题、二级标题和三级标题。

一级标题包括每一章和期末考试卷，其中考试卷分为客观题和主观题两种试卷。

二级标题包括每一章的各节，每一章有“单元测验”，重点章有“单元作业”。其中“单元测验”为选择题，属于客观题，作者设置题干和两个、四个或者多个选项，供学习者选择，一般采用四选一。学习者完成点选后就被系统批改，立即显示得分，有意义的是，学习者可以点选两次，以第二次成绩进行计分，鼓励学习者网上学习，培养学习兴趣。“单元作业”以填空、计算题为主，属于主观题，采用学生间相互批阅，给分，这样一方面可以了解到同类学习者的学习水平，同时也促进教学相长。

三级标题包括各节中的所有视频媒体（以“.mp4”“.wmv”格式为主）、文本（以“.pdf”格式为主）、资料（以“.rar”格式为主）。其中视频媒体即录像，可以在某分某秒设置断点，其好处有二，一是不让学习者一放到底，不让所有的录像连续放完，时长有了，但是没有学；二是对于录像中的重点建立1~2个断点，称为看录像里程碑，学习者必须做对选择题才能继续观看，有利于理解物理知识，留下深刻印象。每节还可以设置讨论题等。其中文本部分可以是重要的文图资料，如书稿、重点难点内容，以“.pdf”格式上传，以免文字、公式、图片因不同浏览器，发生错位，影响学习；资料部分允许各种“.ppt”格式的文件、各种录像格式的文件、各种文档文件，全部打包成“.rar”格式上传，作为学习者的参考资料，方便同学们学习研究、分析、判断。

图8-30所示为大学物理（下）课程内容，当用户单击“第二篇 热学 Ch4 气体动理论”前面的向下箭头时，系统就展开第四章各节内容，如图8-31所示，当用户单击“§4.2 理想气体模型”后面的时，就打开“课件 / 第二篇 热学 Ch4 气体 .../§4.2 理想气体模型 ...”录像，如图8-32所示。在1'56"处设置了断点问题，问题采用中文和英语双语形式，适合于中外学生练习，如图8-33所示，答对后可以“继续学习”，如图8-34所示。

图8-30 大学物理（下）各章内容

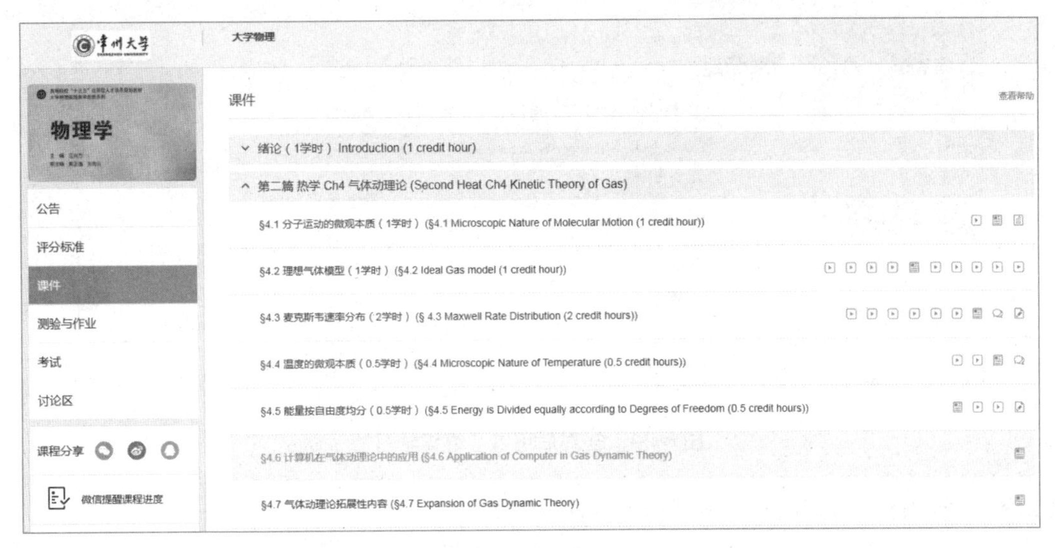

图 8-31 显示各节内容

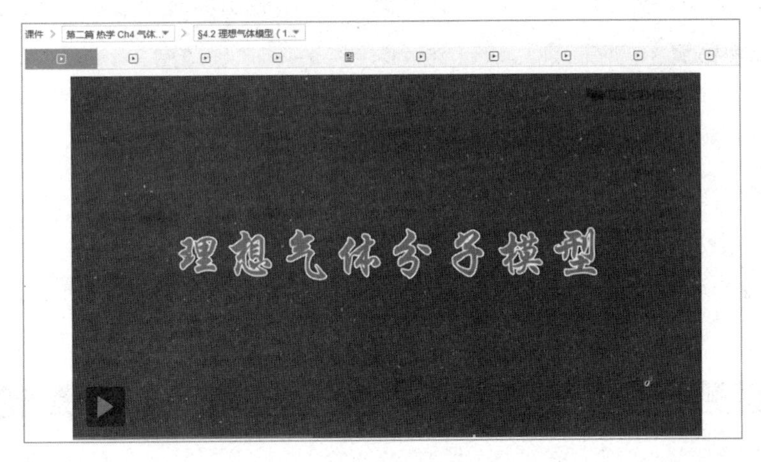

图 8-32 显示各节内容

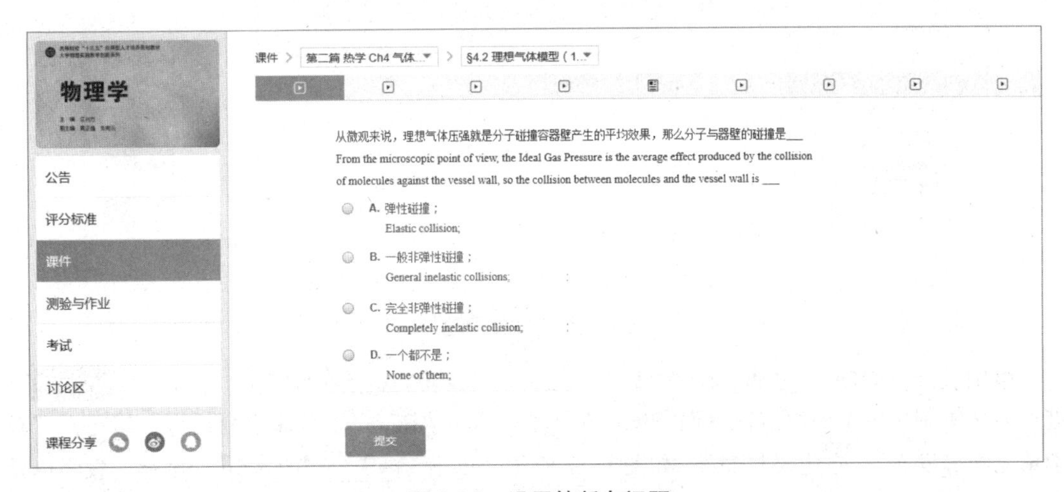

图 8-33 设置的断点问题

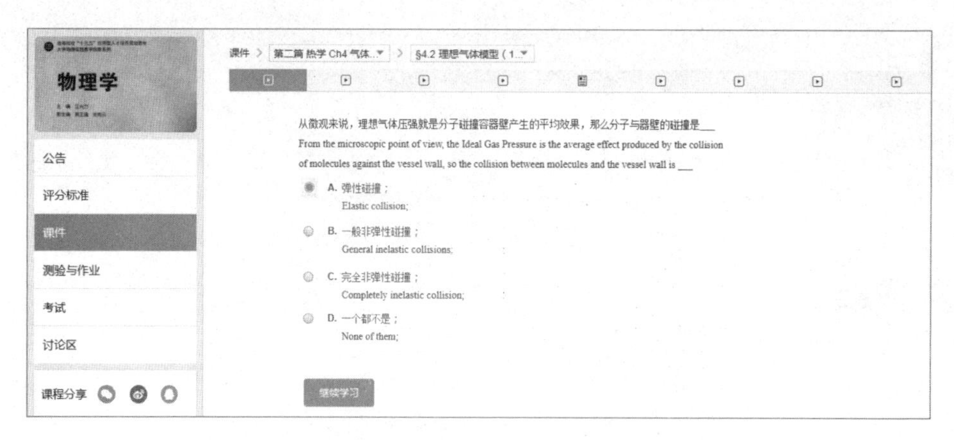

图 8-34　答对后可以“继续学习”

8.2.2　“多媒体制作技术”在线课程制作技术

以“https://www.icourse163.org/”通过账号登录后，单击“个人中心”右侧作者头像，出现弹出菜单，如图 8-35 所示，单击“课程管理后台”后弹出界面如图 8-36 所示。

图 8-35　“个人中心”

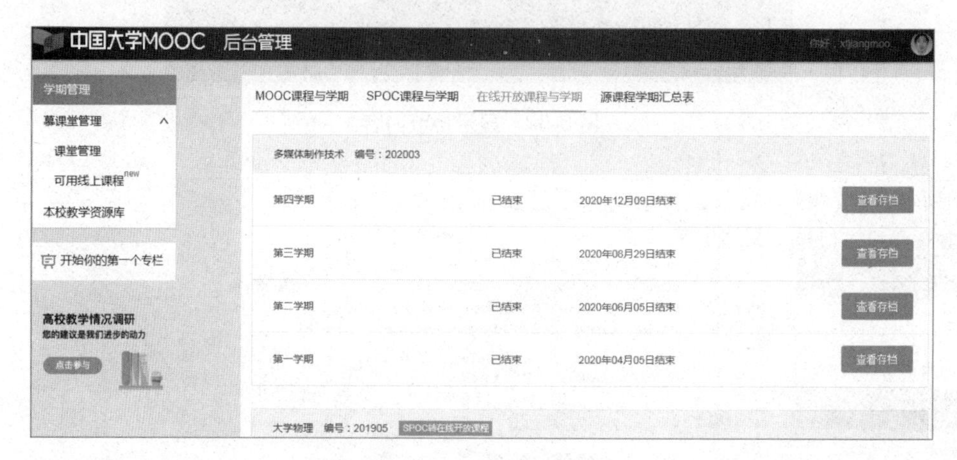

图 8-36　“后台管理”

中国大学 MOOC“多媒体制作技术”（编号：202003）已开课四期，单击“查看存档”，进入多媒体制作技术课程编辑界面，单击“内容”模块按钮，弹出“课程介绍页”“公告”“教学单元内容发布”“自定义栏目”，如图 8-37 所示；单击“教学单元内容发布”，显示“教学单元内容”界面，如图 8-38 所示。

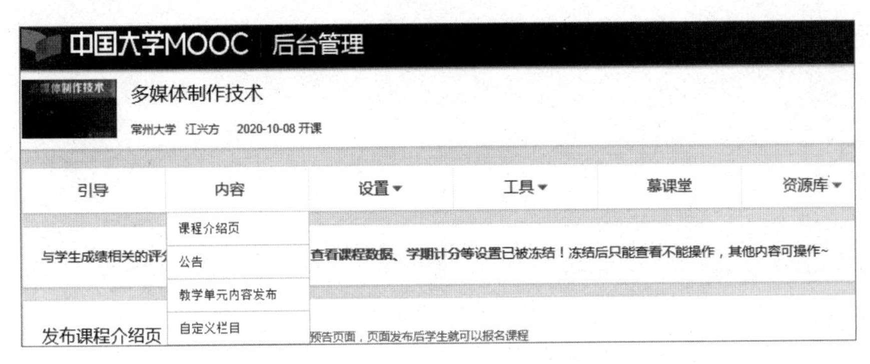

图 8-37 “多媒体制作技术”内容模块

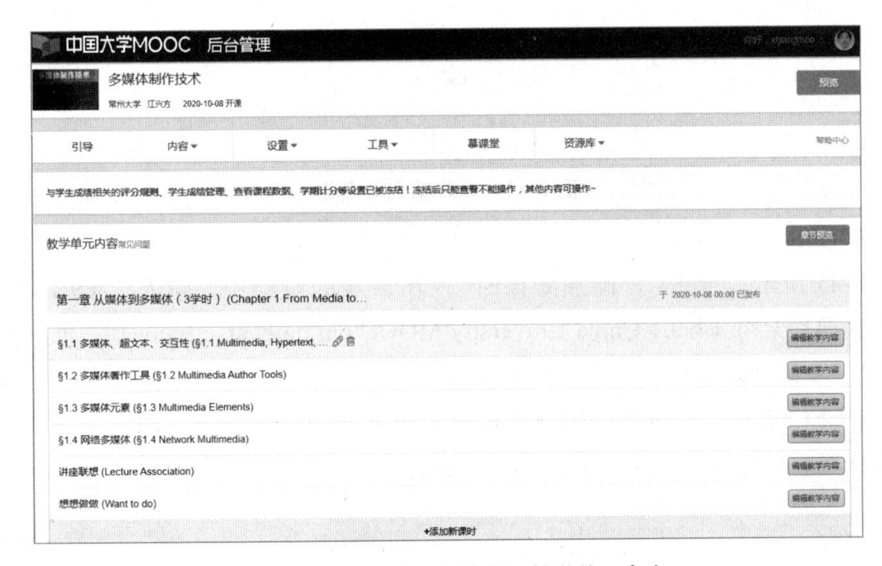

图 8-38 “多媒体制作技术”教学单元内容

（1）添加章

如图 8-39 所示，单击“+ 添加新章节”，在新增的空栏中，输入“第九章 中国大学 MOOC 课程制作技术（Chapter 9 The course production technology in Chinese Universities MOOC）”，单击“日期”按钮，选择“2022-2-14”，如图 8-40 所示，单击 14，如图 8-41 所示，第九章名称添加完成。

图 8-39 “添加”按钮

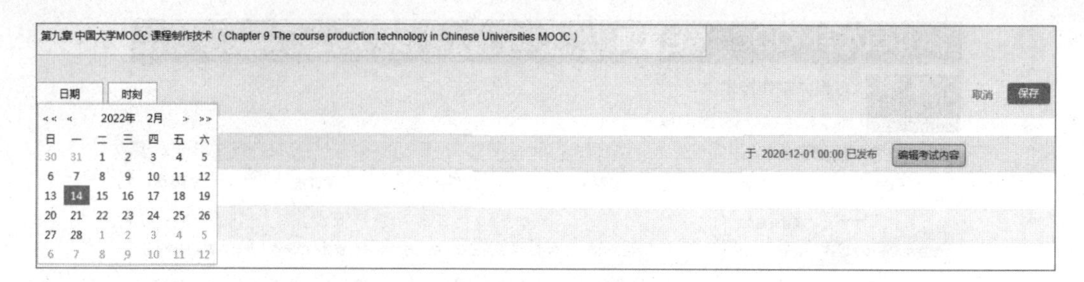

图 8-40 设置日期

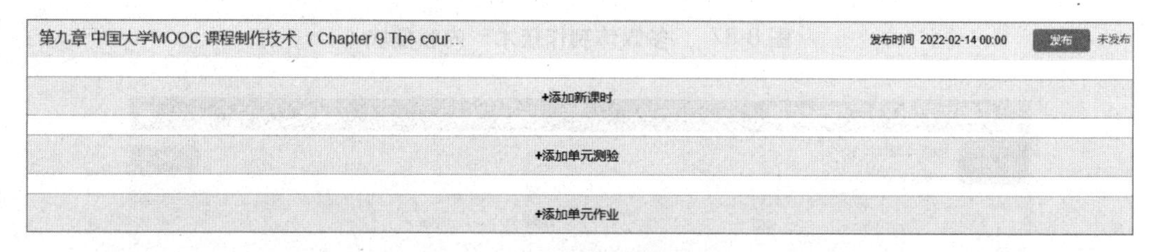

图 8-41 添加第九章名称

（2）添加节

如图 8-41 所示，单击“+ 添加新课时”，在新增的空栏中，输入“§9.1 中国大学 MOOC 在线课程架构（§9.1 China University MOOC online course frame)”，单击“保存”；同理，单击“+ 添加新课时”，在新增的空栏中，输入“§9.2 中国大学 MOOC 在线课程制作技术（§9.2 Chinese University MOOC online course production technology)”，单击“保存”，如图 8-42 所示，出现两个“添加教学内容”按钮。

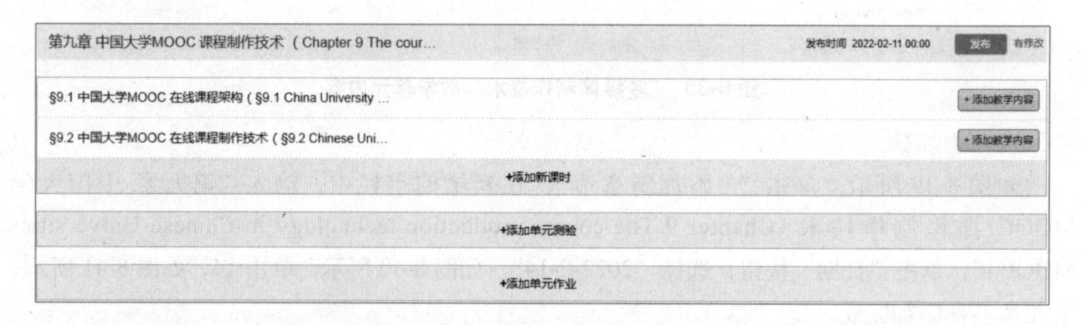

图 8-42 添加“§9.1”和“§9.2”名称

（3）添加录像

如图 8-42 所示，单击“添加教学内容”按钮，如图 8-43 所示，出现“视频”“文档”“富文本”“随堂测验”“讨论”五个按钮。单击按钮，在弹出的空栏中输入“中国大学 MOOC 大学物理简介（MOOC University Physics)”，如图 8-44 所示，出现“上传视频”“从资料库添加”“管理视频库”选项及“上传视频”按钮。图 8-45 所示为待插入或者链接录像界面。单击“管理视频库”，选择录像“大学物理确定波函数”和“孤立导体的电容 _ 双语字幕”，再单击“上传视频”按钮，如图 8-46 所示。

图 8-43 “教学内容编辑”界面

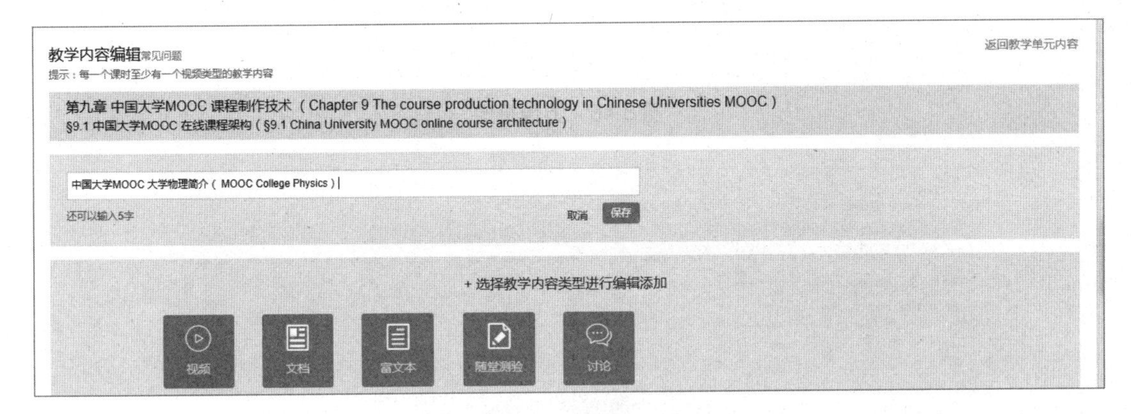

图 8-44 输入录像标题

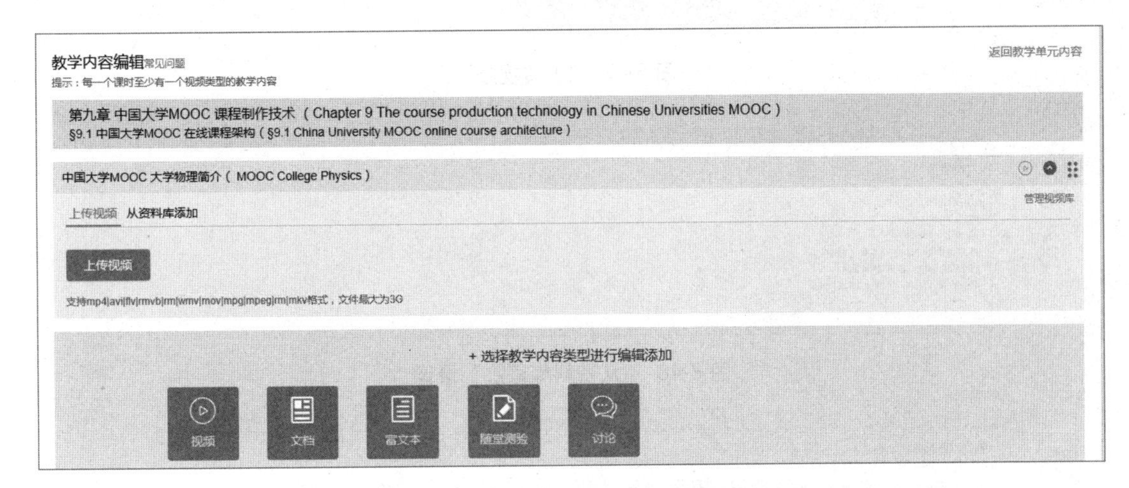

图 8-45 插入或者链接录像界面

在图 8-45 中，单击“上传视频”按钮，出现“上传视频”界面，如图 8-47 所示。

在图 8-45 中，单击“从资料库添加”按钮，通过滚动条寻找“大学物理确定波函数”，如图 8-48 所示，单击“添加”按钮；通过滚动条寻找“孤立导体的电容 _ 双语字幕”，单击“添加”按钮；“§9.1”三个录像输入后的界面如图 8-49 所示。

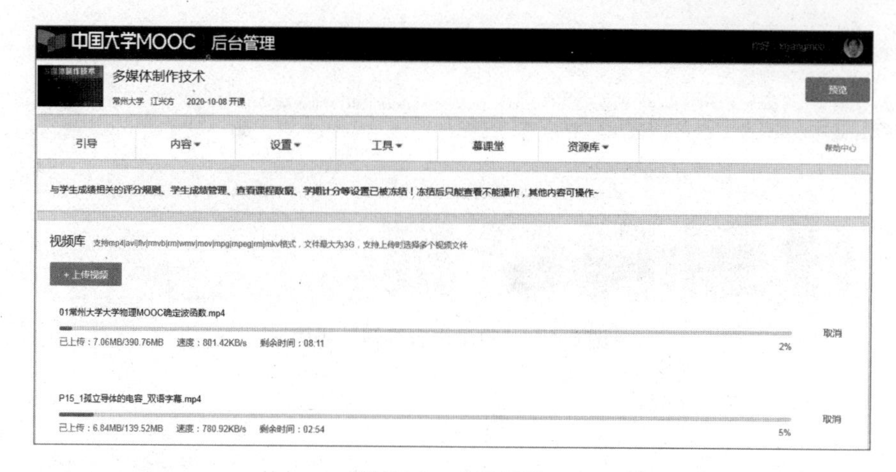

图 8-46　上传录像

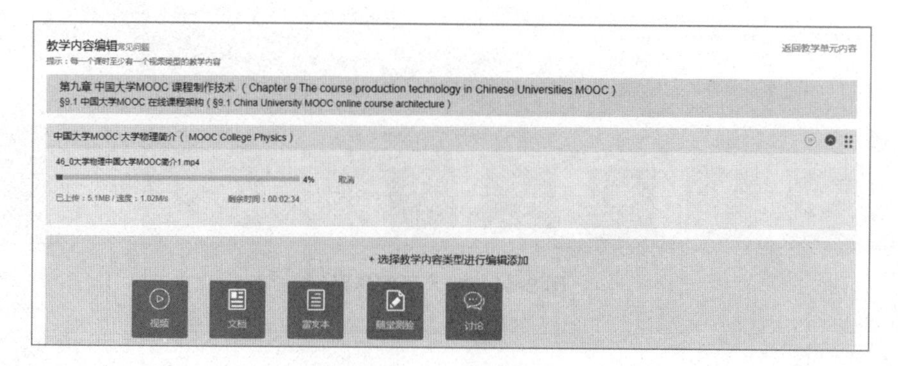

图 8-47　“上传视频”

图 8-48　“从资料库添加”录像

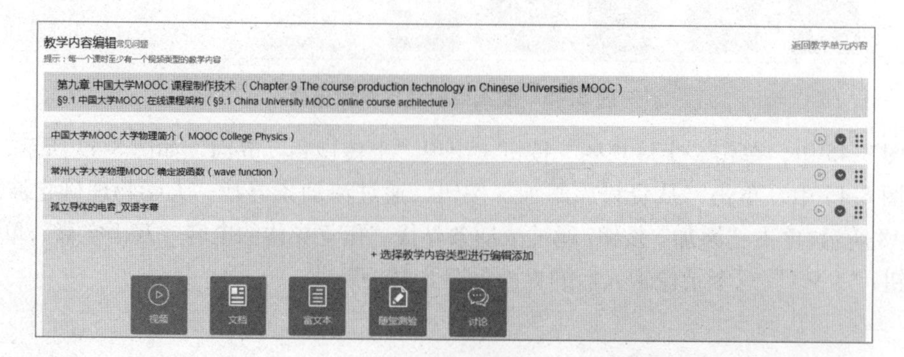

图 8-49　“§9.1”三个录像输入后的界面

（4）添加断点

在“中国大学 MOOC 大学物理简介”录像中设置断点，在讲解到“选择题，有两次机会，第二次选算成绩”时暂停，如图 8-50 所示。

图 8-50　看录像设置选择题

设置的选择题如图 8-51 所示。

图 8-51　设置的选择题

在“中国大学 MOOC 大学物理简介”录像中第 45 秒设置断点，制作好选择题后的界面如图 8-52 所示。

在“大学物理确定波函数”录像中第 4 分 20 秒设为断点，如图 8-53 所示，设置选择题如图 8-54 所示；在“孤立导体的电容 _ 双语字幕”录像中，第 18 秒设为断点，设置选择题。“孤立导体的电容 _ 双语字幕”录像设置选择题完整界面如图 8-55 所示。

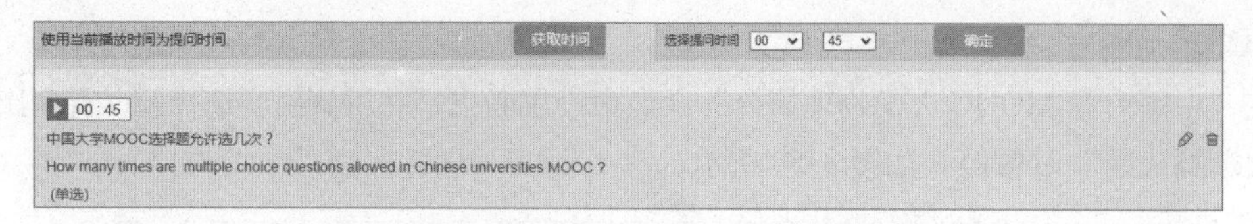

图 8-52　在第 45 秒处设置断点完整的界面

图 8-53　在第 4 分 20 秒处设置断点

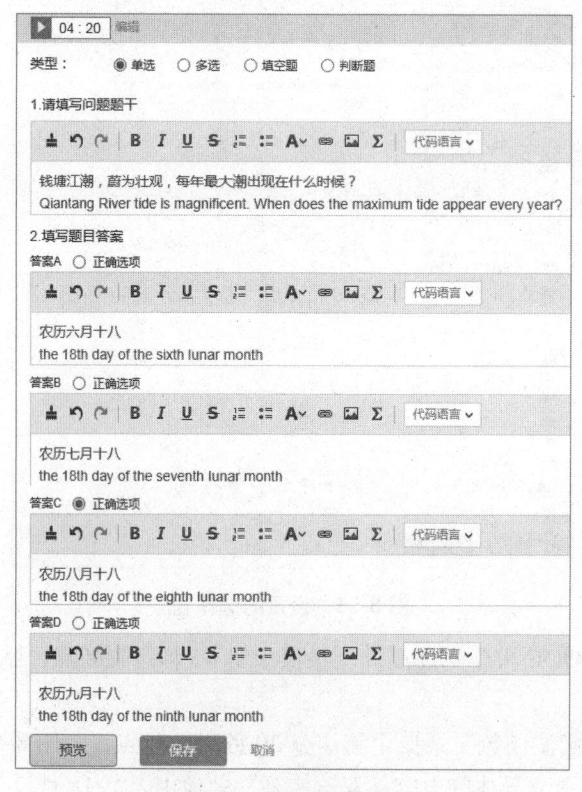

图 8-54　设置选择题

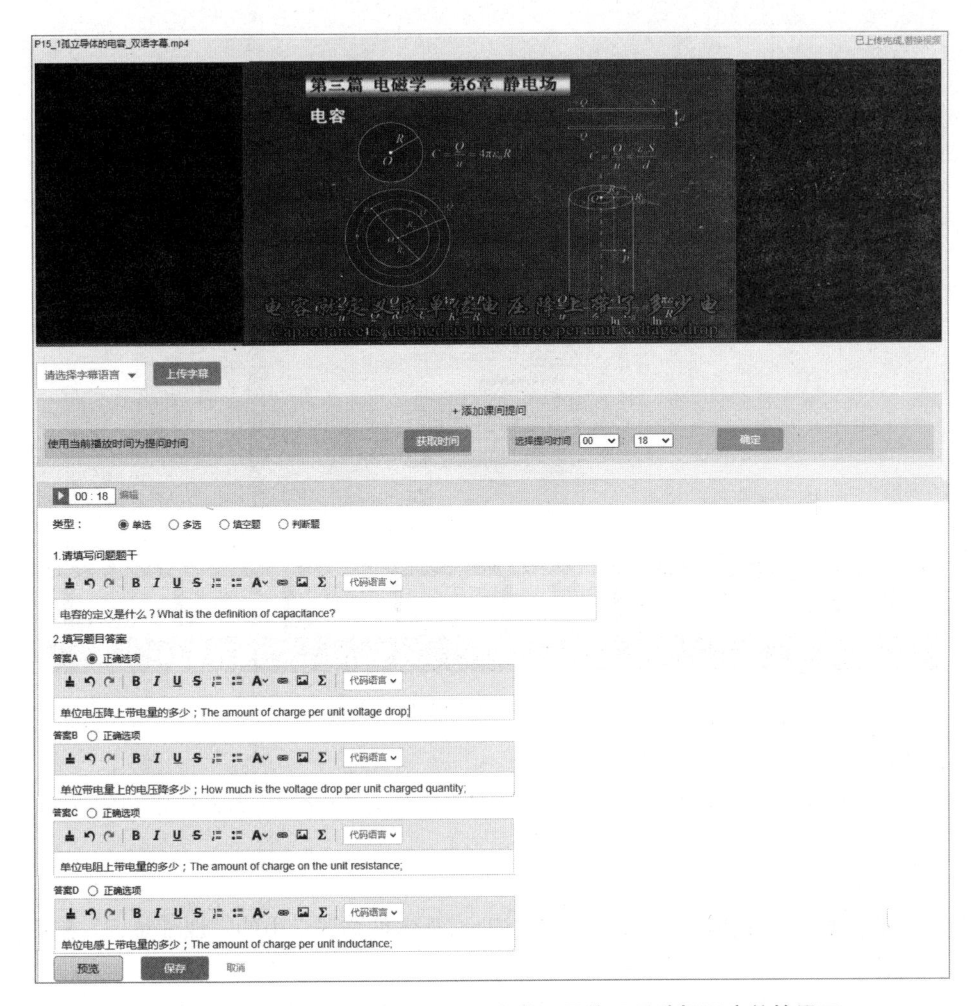

图 8-55 “孤立导体的电容 _ 双语字幕”录像设置选择题完整的界面

（5）上传“文档”

将本教材的每一节做成一个文件名，例如“szmt § 8.1”，另存为“szmt § 8.1.pdf”；单击按钮，在弹出的空栏中输入“新时代数字媒体制作技术 8.1（Digital media 8.1）”，如图 8-56 所示，单击“保存”按钮，出现“上传文档”按钮，如图 8-57 所示。单击“上传文档”按钮，上传文档按钮“szmt § 8.1.pdf”，如图 8-58 所示。

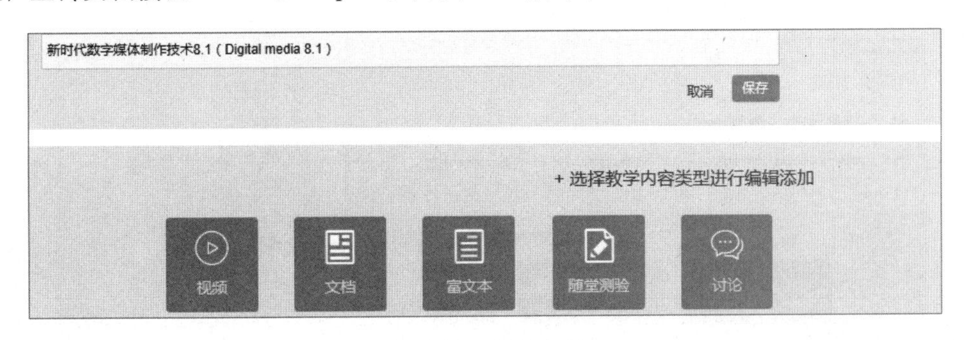

图 8-56 新建文档

图 8-57　上传文档

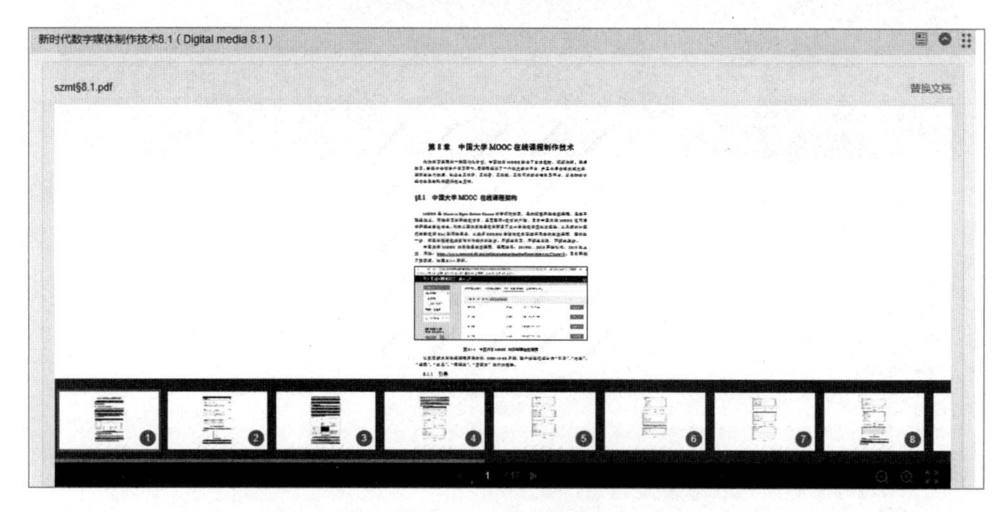

图 8-58　上传文档

(6) 上传教学资料

将讲课“.ppt”文件与其他相关的图片等素材压缩成“.rar”文本，单击“富文本”按钮，上传教学资料。

(7) 随堂测验

单击“随堂测验”按钮，可以上传随堂测验，具体见慕课堂中的“课堂练习”制作技术。

(8) 讨论

单击“讨论”按钮，在弹出的空栏中输入“讨论1(Discuss 1)”，如图8-59所示，单击“保存”按钮。设置“讨论1”的标题与内容，单击“保存”按钮，如图8-60所示。

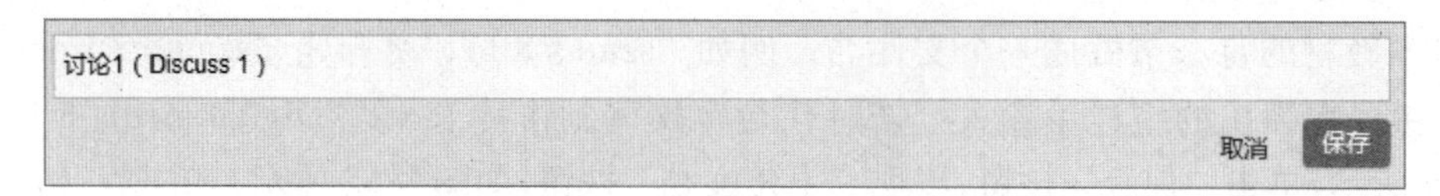

图 8-59　设置“讨论 1”

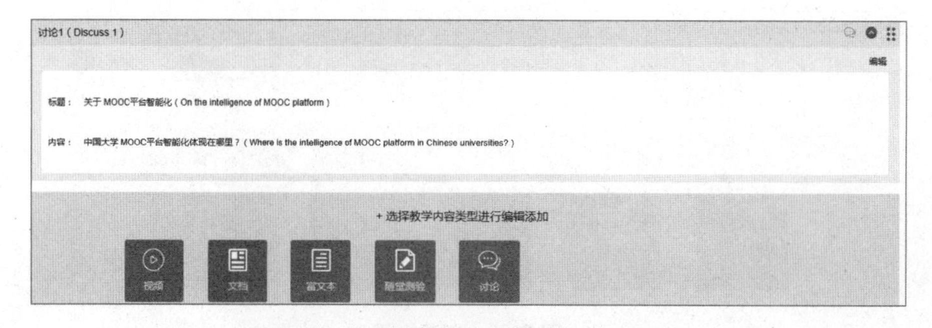

图 8-60　“讨论 1”设置“标题”与“内容”

（9）制作“单元测验”

以“大学物理”第 1 章“单元测验”为例，如图 8-61 所示，设置选择题 6 题，1 题分，可以选 2 次。具体选择题如图 8-62 所示，一个完整的“选择题”包括题干和四个选项，设置答案为“C”，更有意义的是，“答案顺序随机呈现”。

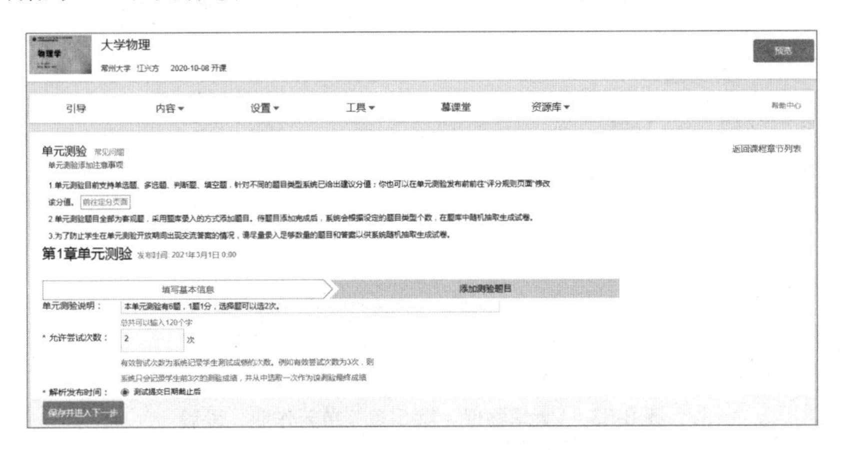

图 8-61 “大学物理”第 1 章“单元测验”设置

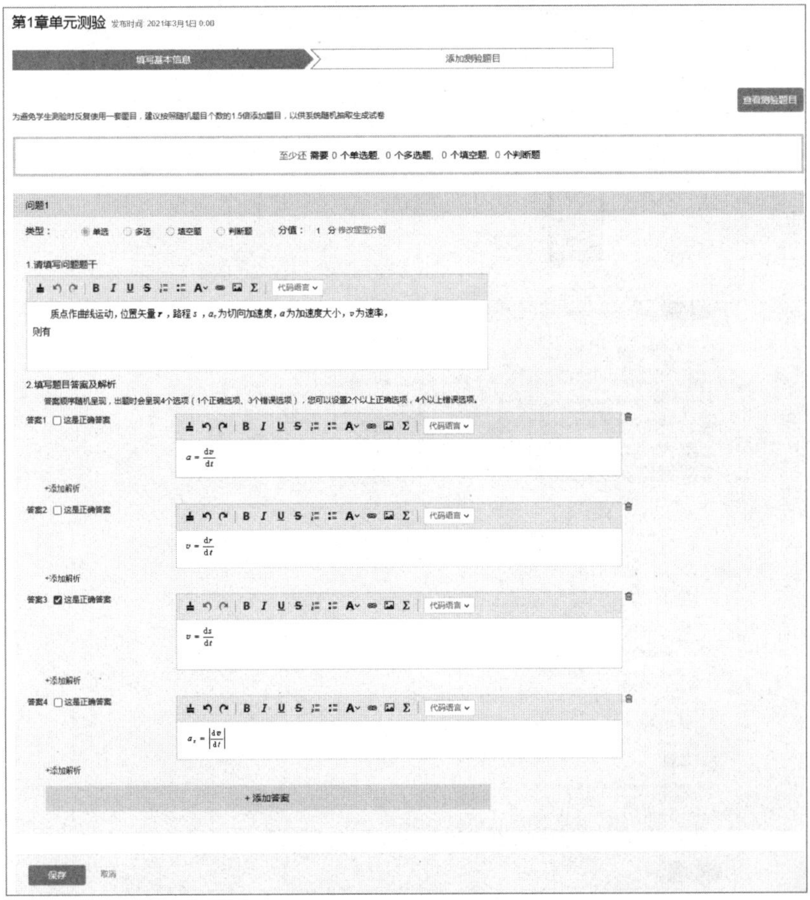

图 8-62 “选择题”

（10）制作“单元作业”

以“大学物理”第5章“单元作业”为例，如图8-63所示，设置主观题6题如图8-64所示。

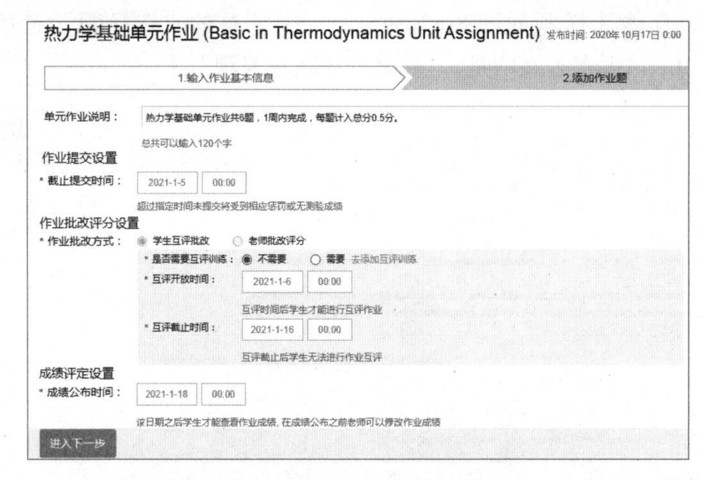

图8-63 “大学物理”第5章“单元作业”设置

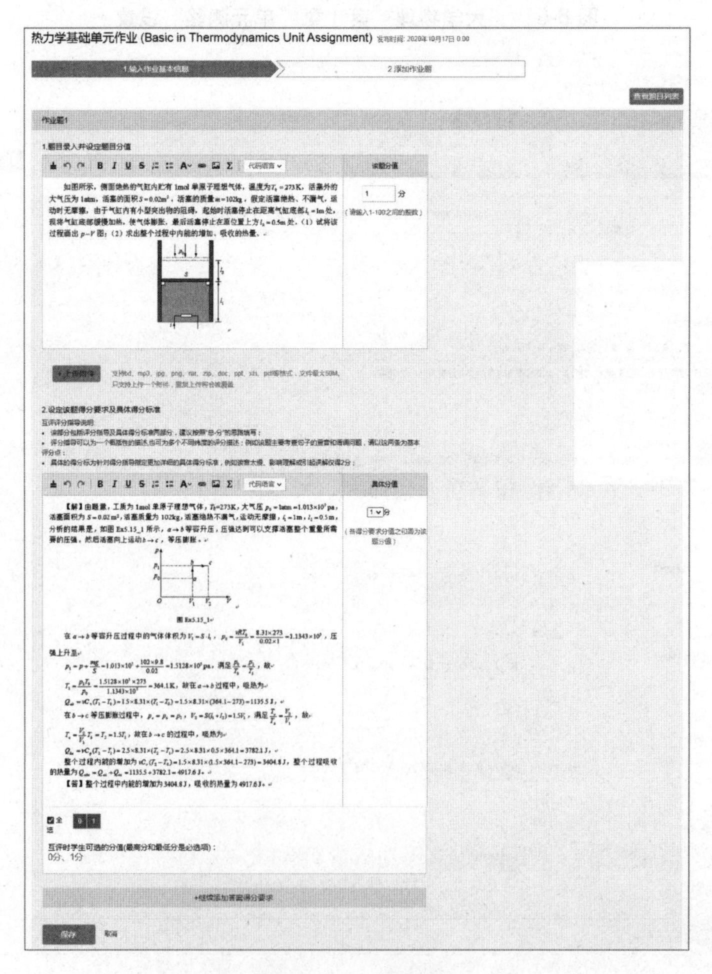

图8-64 “主观题”

(11) 制作“考试卷”

以“大学物理”中的“大学物理（上）期中考试卷”为例，如图 8-65 至图 8-69 所示。其中，“大学物理（上）期中考试卷主观题”总分 10 分，系统自动批阅；“大学物理（上）期中考试卷客观题”总分 40 分，需要教师批阅。

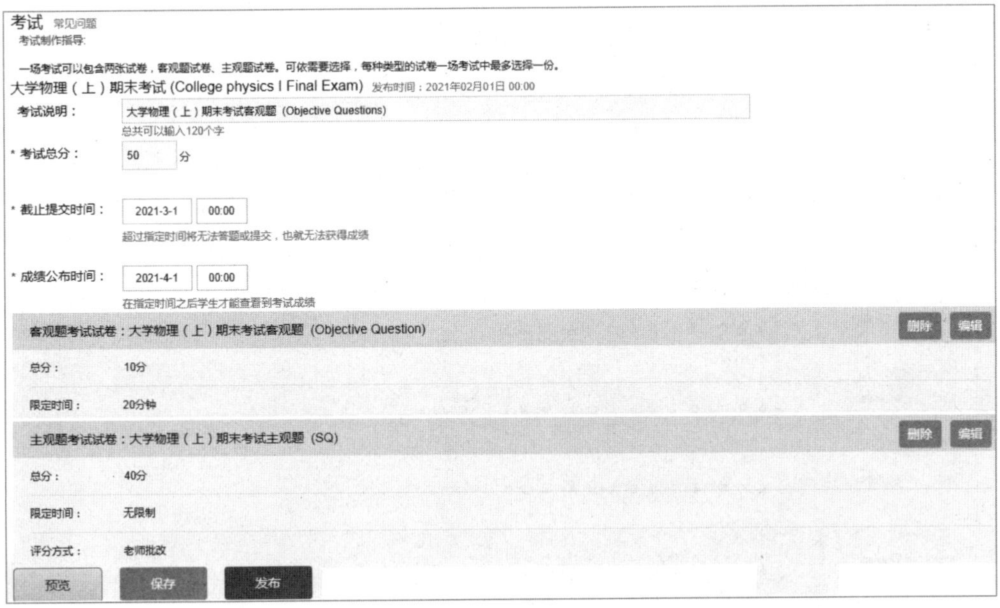

考试 常见问题
考试制作指导:
一场考试可以包含两张试卷，客观题试卷、主观题试卷。可依需要选择，每种类型的试卷一场考试中最多选择一份。
大学物理（上）期末考试 (College physics I Final Exam) 发布时间：2021年02月01日 00:00
考试说明： 大学物理（上）期末考试客观题 (Objective Questions)
总共可以输入120个字
* 考试总分： 50 分
* 截止提交时间： 2021-3-1 00:00
超过指定时间将无法答题或提交，也就无法获得成绩
* 成绩公布时间： 2021-4-1 00:00
在指定时间之后学生才能查看到考试成绩
客观题考试试卷：大学物理（上）期末考试客观题 (Objective Question) 删除 编辑
总分： 10分
限定时间： 20分钟
主观题考试试卷：大学物理（上）期末考试主观题 (SQ) 删除 编辑
总分： 40分
限定时间： 无限制
评分方式： 老师批改
预览 保存 发布

图 8-65 “大学物理（上）期中考试卷”客观题与主观题

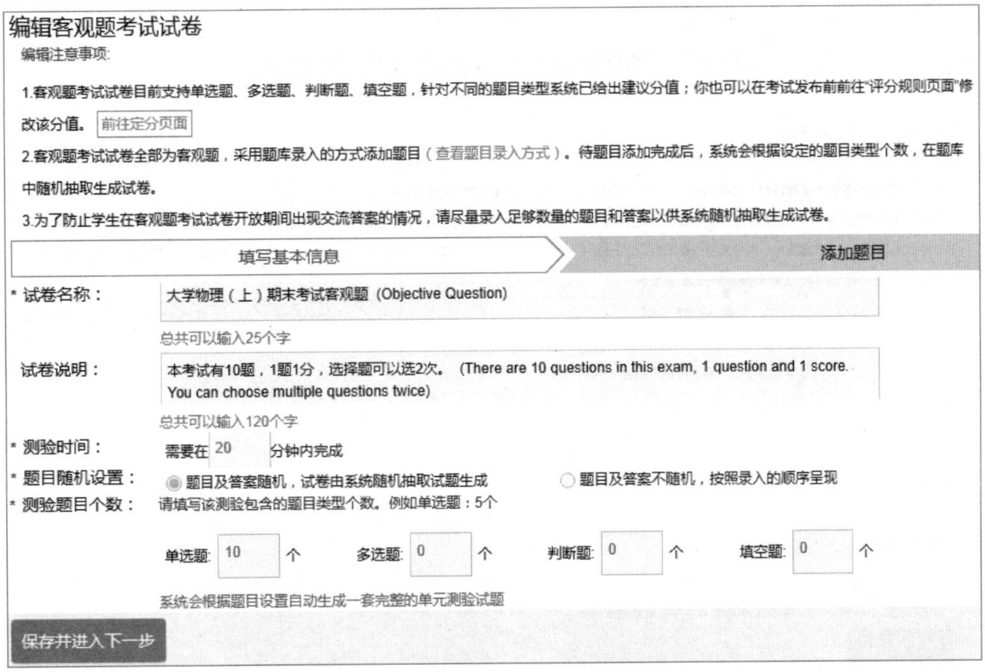

编辑客观题考试试卷
编辑注意事项:
1.客观题考试试卷目前支持单选题、多选题、判断题、填空题，针对不同的题目类型系统已给出建议分值；你也可以在考试发布前前往“评分规则页面”修改该分值。 前往定分页面
2.客观题考试试卷全部为客观题，采用题库录入的方式添加题目（查看题目录入方式）。待题目添加完成后，系统会根据设定的题目类型个数，在题库中随机抽取生成试卷。
3.为了防止学生在客观题考试试卷开放期间出现交流答案的情况，请尽量录入足够数量的题目和答案以供系统随机抽取生成试卷。
填写基本信息 添加题目
* 试卷名称： 大学物理（上）期末考试客观题 (Objective Question)
总共可以输入25个字
试卷说明： 本考试有10题，1题1分，选择题可以选2次。 (There are 10 questions in this exam, 1 question and 1 score. You can choose multiple questions twice)
总共可以输入120个字
* 测验时间： 需要在 20 分钟内完成
* 题目随机设置： 题目及答案随机，试卷由系统随机抽取试题生成 题目及答案不随机，按照录入的顺序呈现
* 测验题目个数： 请填写该测验包含的题目类型个数。例如单选题：5个
单选题: 10 个 多选题: 0 个 判断题: 0 个 填空题: 0 个
系统会根据题目设置自动生成一套完整的单元测验试题
保存并进入下一步

图 8-66 “大学物理（上）期中考试卷”客观题

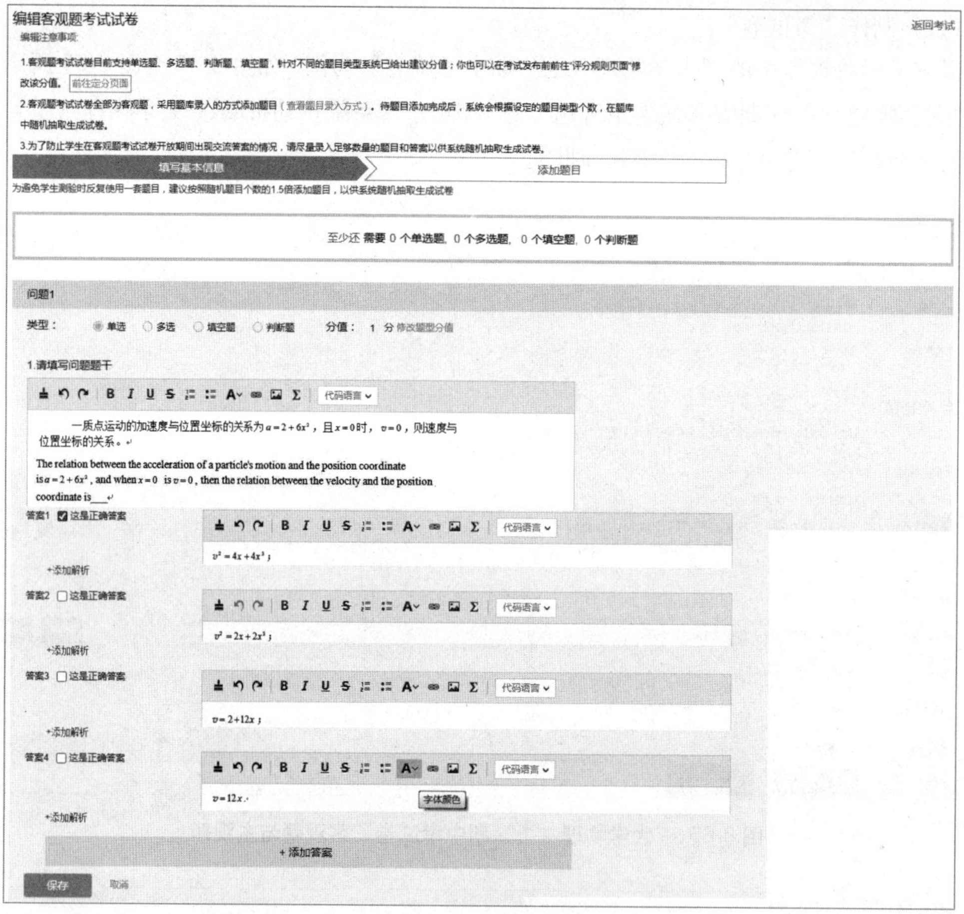

编辑客观题考试试卷　　返回考试

编辑注意事项:

1.客观题考试试卷目前支持单选题、多选题、判断题、填空题，针对不同的题目类型系统已给出建议分值；你也可以在考试发布前前往"评分规则页面"修改该分值。前往定分页面

2.客观题考试试卷全部为客观题，采用题库录入的方式添加题目（查看题目录入方式）。待题目添加完成后，系统会根据设定的题目类型个数，在题库中随机抽取生成试卷。

3.为了防止学生在客观题考试试卷开放期间出现交流答案的情况，请尽量录入足够数量的题目和答案以供系统随机抽取生成试卷。

填写基本信息　添加题目

为避免学生测验时反复使用一套题目，建议按照随机题目个数的1.5倍添加题目，以供系统随机抽取生成试卷

至少还 需要 0 个单选题，0 个多选题，0 个填空题，0 个判断题

问题1

类型：　单选　多选　填空题　判断题　分值：1 分 修改题型分值

1.请填写问题题干

代码语言

一质点运动的加速度与位置坐标的关系为 $a=2+6x^2$，且 $x=0$ 时，$v=0$，则速度与位置坐标的关系。

The relation between the acceleration of a particle's motion and the position coordinate is $a=2+6x^2$, and when $x=0$ is $v=0$, then the relation between the velocity and the position coordinate is___

答案1 ☑ 这是正确答案

$v^2=4x+4x^3$;

+添加解析

答案2 ☐ 这是正确答案

$v^2=2x+2x^3$;

+添加解析

答案3 ☐ 这是正确答案

$v=2+12x$;

+添加解析

答案4 ☐ 这是正确答案

$v=12x$.　字体颜色

+添加解析

+添加答案

保存　取消

图 8-67 "大学物理（上）期中考试卷"客观题题目

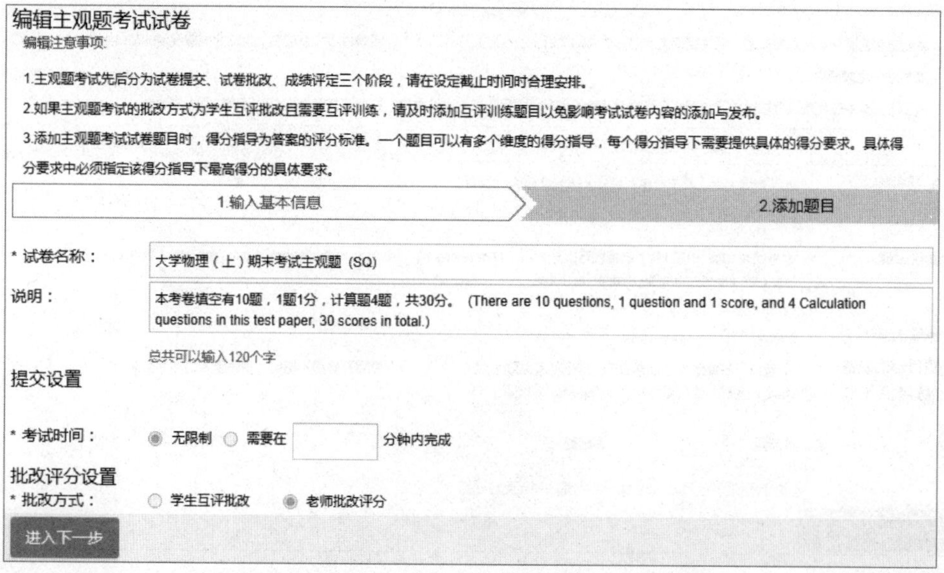

编辑主观题考试试卷

编辑注意事项:

1.主观题考试先后分为试卷提交、试卷批改、成绩评定三个阶段，请在设定截止时间时合理安排。

2.如果主观题考试的批改方式为学生互评批改且需要互评训练，请及时添加互评训练题目以免影响考试试卷内容的添加与发布。

3.添加主观题考试试卷题目时，得分指导为答案的评分标准。一个题目可以有多个维度的得分指导，每个得分指导下需要提供具体的得分要求。具体得分要求中必须指定该得分指导下最高得分的具体要求。

1.输入基本信息　2.添加题目

* 试卷名称：大学物理（上）期末考试主观题（SQ）

说明：本考卷填空有10题，1题1分，计算题4题，共30分。（There are 10 questions, 1 question and 1 score, and 4 Calculation questions in this test paper, 30 scores in total.）

总共可以输入120个字

提交设置

* 考试时间：◉ 无限制　○ 需要在　　分钟内完成

批改评分设置

* 批改方式：○ 学生互评批改　◉ 老师批改评分

进入下一步

图 8-68 "大学物理（上）期中考试卷"主观题

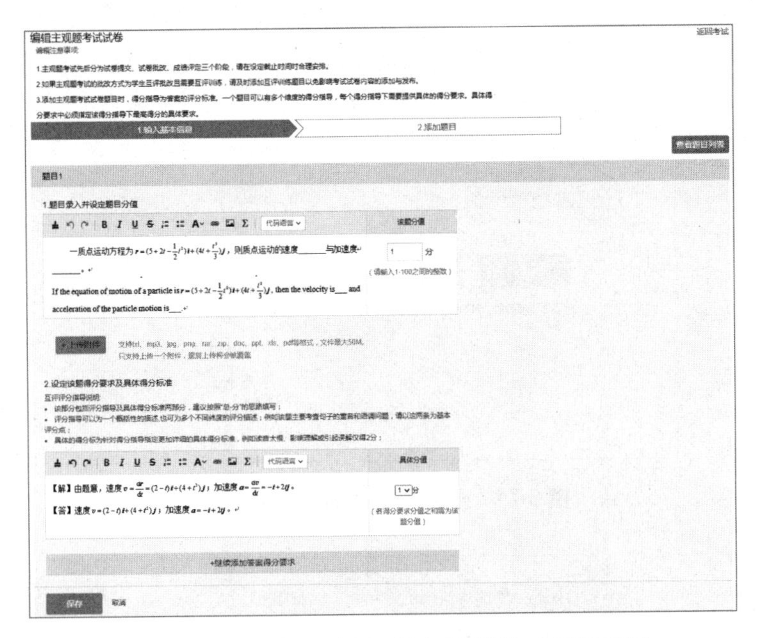

图 8-69 “大学物理（上）期中考试卷”主观题题目

8.2.3 慕课堂制作

单击“慕课堂”模块，“创建课堂”界面如图 8-70 所示，单击“+创建课堂”按钮，在“名称”栏中输入“2021 春电科电子班”,“课堂时间中”选择“2021/ 春 / 周二 / 周五”,如图 8-71 所示。单击“保存”按钮，产生二维码和 6 位课堂码 8Q3EXW，如图 8-72 所示。学生只需要用手机扫描二维码或者选择 6 位课堂码 8Q3EXW，即可以进入慕课堂，这个过程是双向的，教师也可以根据实际情况将那些不是 2021 春电科电子班的学生名字剔除。

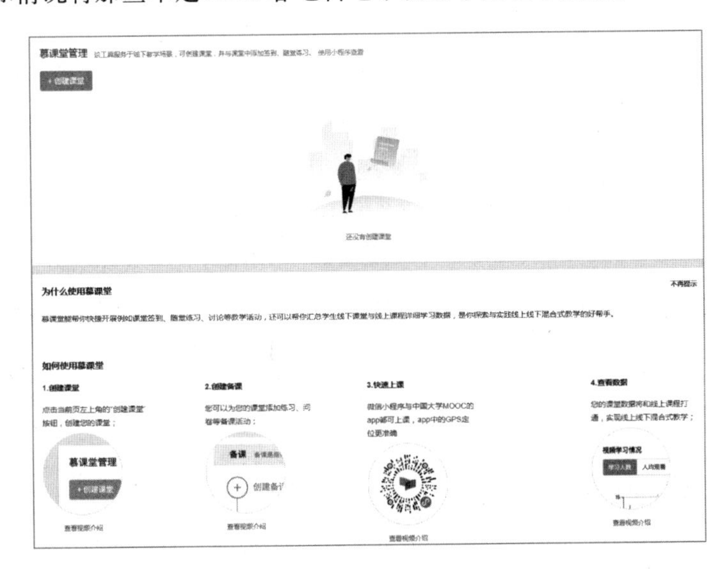

图 8-70 “创建课堂”界面

在图 8-72 中，单击“进入课堂”，然后单击“添加备课”，弹出对话框，如图 8-74 所示，“日期”为“2021-2-15”，“名称”为“第一次备课”。

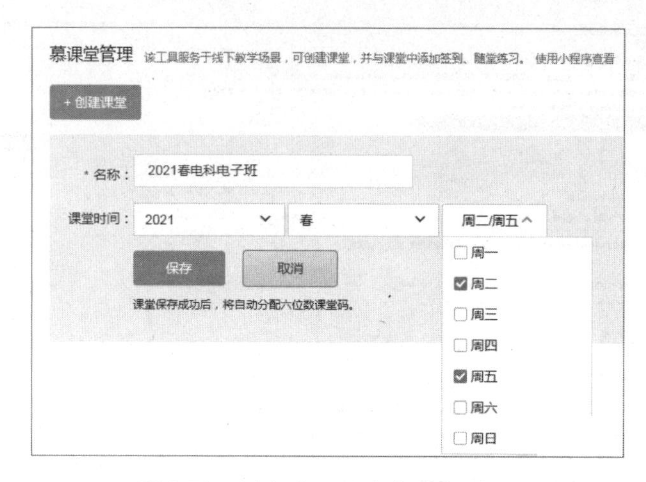

图 8-71　新建“2021 春电科电子班”

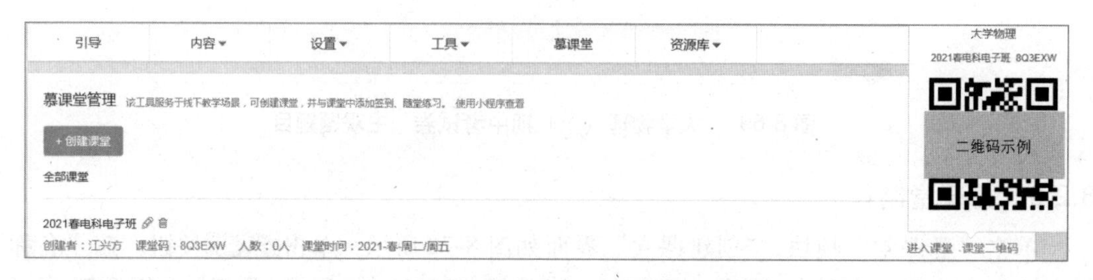

图 8-72　产生二维码和 6 位课堂码 8Q3EXW

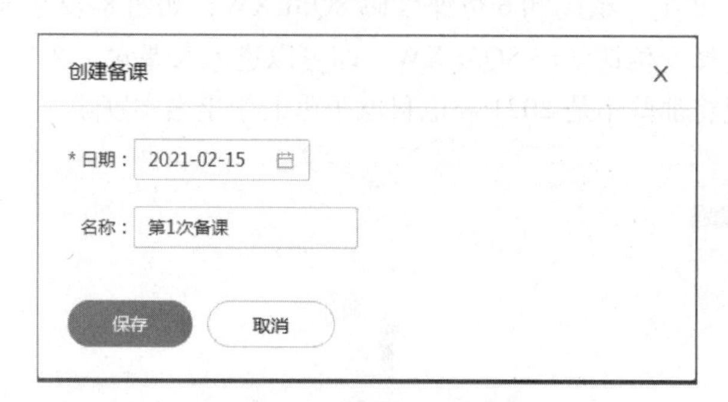

图 8-73　“创建备课”对话框

单击“保存”按钮，弹出的界面如图 8-74 所示，单击“添加活动”，弹出界面如图 8-75 所示。

图 8-74　创建好的备课信息

图 8-75 “备课区 / 创建备课”

单击“添加教案”按钮，弹出的对话框如图 8-76 所示，可以“从教案库中导入”，可以“从校级资源库中添加”，也可以“本地上传”，单击“本地上传”按钮，选择“物理学 _2017 版 ch1.ppt”上传后，如图 8-77 所示。

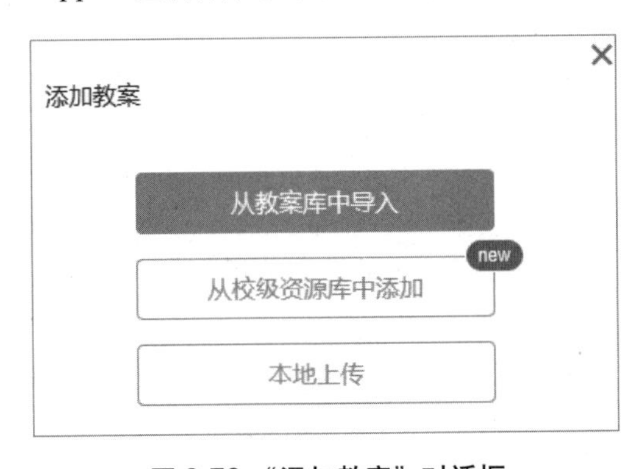

图 8-76 “添加教案”对话框

图 8-77 上传“物理学 _2017 版 ch1.ppt”

单击“添加练习”按钮，弹出对话框如图 8-78 所示，选择准备好的“热学振动与波 100 题”，如图 8-79 所示。

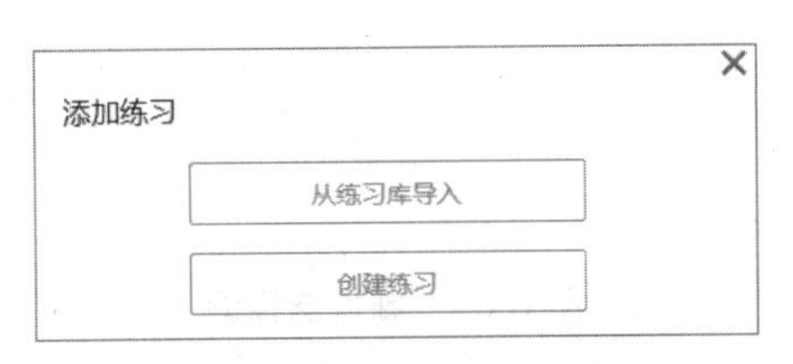

图 8-78 “添加练习”对话框

在图 8-78 中，单击“创建练习”按钮，弹出“添加练习”对话框，如图 8-80 所示。

1A. 29℃等于多少开?
What is the value of K at 29℃?
302.15　303　304　305
2C.理想气体是什么情况下的一种抽象?
Under what conditions is an ideal gas an abstraction?
不计分子的尺寸；Regardless of molecular size;
不计分子的尺寸，不计分子与分子之间的碰撞；Irrespective of the size of the molecules and the collisions between the molecules;
不计分子的尺寸，不计分子与分子之间的碰撞除了碰撞以外，分子与分子之间的碰撞、分子与器壁之间的碰撞是弹性碰撞；Not counting the size of molecules, not counting the collisions between molecules except the collisions between molecules, the collisions between molecules and the walls of the vessel are elastic collisions;
不计分子的尺寸，不计分子与分子之间的碰撞除了碰撞以外，分子与分子之间的碰撞是弹性碰撞；Not counting the size of the molecules, not counting the collisions between molecules except for the collisions, the collisions between molecules are elastic collisions;

图 8-79　预先准备的练习题

图 8-80　“添加练习”对话框

单击“保存”按钮，制作选择题如图 8-81 所示，有 100 个选择题，逐个制作即可。

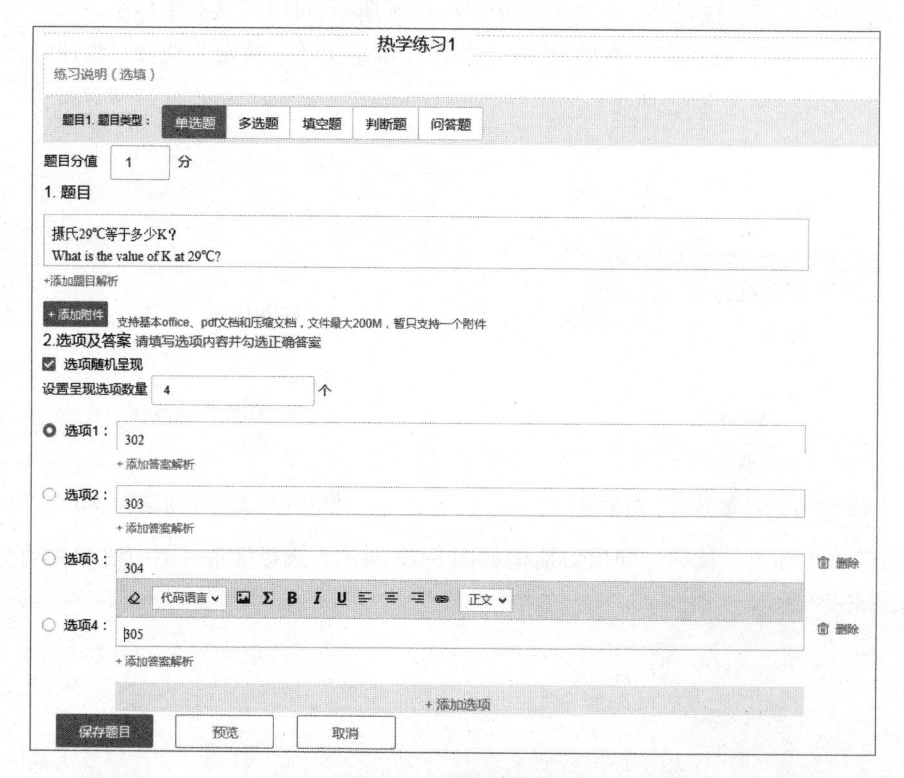

图 8-81　制作选择题

制作好的选择题如图 8-82 所示，值得注意的是，如果格式上有些小问题，那么再单击“编辑”重新检查一下，确保制作好的选择题如图 8-82 所示。

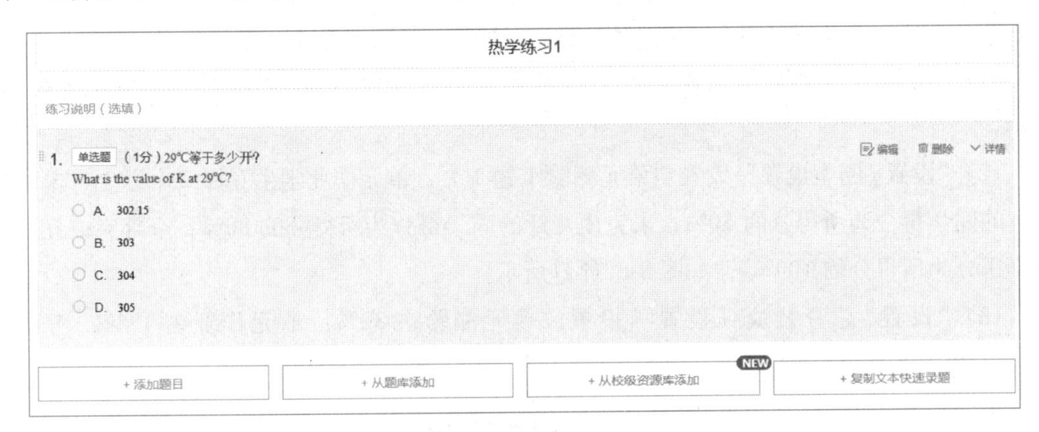

图 8-82　制作好的选择题

单击“发布设置”标签，在“时间设置”选项中设置“需要在 30 分钟内完成”，如图 8-83 所示。

图 8-83　“发布设置”

单击“保存”按钮，这样在上课时，只要单击“开始上课”，就弹出“上课”界面，如图 8-84 所示，单击右下角的“活动”按钮弹出“选择练习”界面，如图 8-85 所示。

图 8-84　“上课”界面

图 8-85　“选择练习”界面

单击“发布”按钮，系统统计同学们练习递交的情况。慕课堂的应用，大大地提高了同学们学习的积极性，学习成绩有了明显提高。

8.2.4　评分设置

除了上述慕课堂练习制作技术以外，综合性的评分设置也是十分重要的。

（1）“设置 / 评分规则”设置“单元测验 32%，单元作业 18%，考试 50%”，如图 8-6（a）所示。

（2）“设置 / 题型设置”设置“单元测验 1 题 1 分；单元作业学生互评 2 个以上，未参与互评的同学得分为所得分的 50%；未完成互评的同学得分为所得分的 80%；全部完成互评的同学得分为所得分的 100%”，如图 8-6（b）所示。

（3）“设置 / 总分及成绩设置”设置“单元测验占 32%；单元作业占 18%；考试占 50%”，如图 8-6（c）所示。

讨论与思考

1. 开发多媒体软件需要的硬件有________________________________

____

软件方面你了解的软件有：________________________________

熟悉的软件有：______________________________________

掌握的软件有：______________________________________

在使用软件的过程中，你遇到了什么问题？

2. 什么是多媒体应用系统？试论述多媒体应用系统开发过程。

3. 你应用所学到的知识制作了哪些作品？上传的文件名是什么？试介绍作品的制作过程，并分析其功能。

4. 在你制作作品过程中，遇到了哪些问题？采用了什么方法解决了什么难题？还有哪些难题需要解决？

5. 中国大学生计算机设计大赛是教育部高等学校计算机类专业教学指导委员会等主办的全国性在校大学生计算机作品大赛，其竞赛 Logo（见图 8-86）得益于红红火火的广玉兰花（见图 8-87），是每个大学生都可以参加的一年一度的盛会，2008—2024 年每年竞赛主题，见表 8-1。

图 8-86　竞赛 Logo

图 8-87　广玉兰

表 8-1 2008—2024 年每年竞赛主题

年份	竞赛主题	年份	竞赛主题
2008	奥运	2017	人与动物
2009	中国传统节日	2018	人工智能畅想
2010	民族	2019	海洋
2011	环保	2020	中华优秀文化
2012	运动与健康	2021	北京冬季奥林匹克运动会 / 冰雪运动 / 冬季体育运动 / 中国古代体育运动
2013	水	2022	学汉语用汉字，弘扬汉语言文化
2014	生命	2023	中医药——中华优秀传统文化系列之三
2015	空气	2024	中国古代数学——中华优秀传统文化系列之四
2016	绿色世界		

试问：2025 年是第 ______ 届竞赛？

2025 年设立的类别有（1）软件应用与开发；（2）微课与教学辅助；（3）物联网应用；（4）大数据应用；（5）人工智能应用；（6）信息可视化设计；（7/8）数媒静态设计（普通组 / 专业组)；(9/10）数媒动漫与短片（普通组 / 专业组)；(11/12）数媒游戏与交互设计（普通组 / 专业组）；（13/14）计算机音乐创作（普通组 / 专业组）。如果你准备 2025 年参赛，将制作 ________________ 作品参赛，试描述一下特色与制作方法。

如果你参与举办方设计一场比赛，一场比赛有 2 000 个学生、指导老师参加，评委教师 90 人，作品 500 件。你设计一下怎么分组，以确保一日内比赛完成，第二天上午特色作品点评，下午发奖。组织这样大规模赛事，准备工作需要做好哪些，才能确保大赛顺利进行？

【提示：比赛时间是每年 7 月和 8 月，涉及准备工作还是很复杂的，开幕式运用到体育馆，场景很大了，承办一场比赛涉及宣传广告、喷绘、彩旗、横幅等。还有清真食堂和普通食堂。具体包括安全保卫、志愿者招募，还有印刷品、画册、奖牌、衣服。一般来说，评委老师穿白色的 T 恤衫，志愿者、带队老师、参赛学生穿黄色的、蓝色的 T 恤衫。】

习　　题

1. 利用爱课程中国大学 MOOC 平台，你如何制作以下 10 个习题？

（1）实验室测量声速的方法是 ________。The method for measuring the speed of sound in the laboratory is ________.

（A）波长乘以频率法；Wavelength times frequency;

（B）速度乘以频率法；Velocity times frequency;

（C）速度乘以波长法；Velocity times wavelength;

（D）波长除以频率法；Wavelength divided by frequency;

（2）实验室选用的声源为什么采用超声波？ Why does the sound source chosen by the laboratory use ultrasound?

（A）超声波可以清洁空气；Ultrasound can clean the air;

（B）超声波听不见；Ultrasound can't hear;

（C）超声波波长大于 4cm；Ultrasonic wave length is greater than 4cm;

（D）超声波没有能量；Ultrasound has no energy;

（3）声速测定采用的方法是____。The method for determining the speed of sound is _____.

（A）行波法，因为行波具有确定的方向；The traveling wave method, because the traveling wave has a definite direction;

（B）行波法，因为行波具有确定的速度；The traveling wave method, because the traveling wave has a certain velocity;

（C）驻波法，因为驻波具有确定的波长；The standing wave method, because the standing wave has a certain wavelength;

（D）驻波法，因为驻波具有确定的波腹位置；The standing wave method, because the standing wave has a definite antinodes' position;

（4）声音在 0 ℃空气中传播的速度是____。The speed of sound spreading in 0℃ is ___.

（A）331.45 m/s；（B）340.45 m/s；（C）355.45 m/s；（D）360.45 m/s；

（5）在声速测定实验中，使用千分卡螺旋旋转带动接收器平移，在螺旋正反转动时可能会产生半个螺距的偏差，因此采用什么方法保证螺旋方向的同时，确定驻波波腹位置？In the sound velocity measurement experiment, the kilocalot helix rotation is used to drive the receiver translation, which may produce half pitch deviation when the helix rotation is positive and negative. Therefore, what method is adopted to ensure the direction of the helix while determining the position of the standing wave's stomach?

（A）随机确定；Random determination;

（B）目测确定；Visual determination;

（C）以较小的步长观察振幅的增加，记录相应的位置，直到振幅下降，确定最大振幅的位置；Observe the increase of amplitude with a small step size and record the corresponding position until the amplitude drops to determine the position of the maximum amplitude.

（D）以较大的步长观察振幅的增加，记录相应的位置，直到振幅下降，确定最大振幅的位置；Observe the increase of amplitude with a large step size and record the corresponding position until the amplitude drops to determine the position of the maximum amplitude.

（6）用驻波法测定声速，相邻两个波腹之间的距离是波的____倍。The standing wave method is used to measure the speed of sound. The distance between two adjacent abdomens is___ times that of the wave.

（A）1；（B）0.5；（C）0.25；（D）0.125；

（7）试估算一下以 40 kHz 频率的超声波的波长是多少？Try to estimate the wavelength of an ultrasonic wave at 40 kHz.

（A）8 mm;（B）8 cm;（C）8 dm;（D）8 m;

（8）声音传播速度与温度有关，它们是____。The speed of sound propagation is related to temperature, and they are ___.

（A）温度越高，声速越大；The higher the temperature, the higher the speed of sound;

（B）温度越高，声速越小；The higher the temperature, the lower the speed of sound;

（C）湿度越高，声速越大；The higher the humidity, the higher the speed of sound;

（D）湿度越高，声速越小；The higher the humidity, the lower the speed of sound;

（9）实验报告包括：___。Experimental reports include:___.

（A）预习报告；preparation of the report;

（B）预习报告、老师签字的原始数据；the raw data of the preview report and the teacher's signature;

（C）预习报告、老师签字的原始数据、实验报告正文；the preview report, the original data signed by the teacher, and the text of the experiment report;

（D）预习报告、老师签字的原始数据、实验报告正文、回答思考题与讨论题；preview report, original data signed by the teacher, the text of the experiment report, and answers to the thinking questions and discussion questions;

（10）实验报告正文包括：___。The experimental report body includes:___.

（A）实验题目；Experimental topics;

（B）实验题目、实验目的、实验原理；Experimental topics, purpose, and principle of the experiment;

（C）实验题目、实验目的、实验原理、实验器材、实验步骤；Experimental topic, experimental purpose, experimental principle, experimental equipment, and experimental procedures;

（D）实验题目、实验目的、实验原理、实验器材、实验步骤、数据处理、实验结果；Experimental topic, experimental purpose, experimental principle, experimental equipment, experimental procedures, data processing, and experimental results;

2. .txt 是 Microsoft 公司记事本文件格式；.rtf 是 ________________ 的简称，是由 Microsoft 公司开发的跨平台文件格式；.docx 是 _____________ 的文件格式。.swf 是 ________________ 格式；.wav 是 ______________________ 格式；.mp3 是 _______________________ 的格式；.rm 是 ____________________ 格式，其体积小，保真度远不如 .mp3；.avi 是 ________________ 的简称，Microsoft 公司 1992 推出的音频/视频混合播放的文件格式；.mpeg、.mpg 是 _______________________ 的简称，中文意义是运动图像专家组格式，去除后续图像和前面图像之间冗余的部分，达到最大限度的压缩。

参 考 文 献

[1] 彭波 . 多媒体技术教程 [M]. 北京 : 机械工业出版社 , 2011.

[2] 江兴方 . 多媒体制作技术 [M]. 北京 : 电子工业出版社 , 2016.

[3] 王显春 . 汉字的起源 [M]. 北京 : 中华学林出版社 , 2002.

[4] 宛华 . 世界历史全知道 [M]. 北京 : 北京联合出版公司 , 2014.

[5] 杨桂林 , 江兴方 , 柯善哲 . 近代物理 [M]. 北京 : 科学出版社 , 2007.

[6] 宣桂鑫 , 江兴方 . 多媒体物理教学软件开发与应用 [M]. 上海 : 华东师范大学出版社 , 2001.

[7] 秦明亮 . 动画造型与设计艺术 [M]. 北京 : 中国人民大学出版社 , 2005.

[8] DENNIS A B. Environmental effects on the speed of sound [J]. Journal Audio Engineer Society, 1987, 36(4): 1-9.

[9] 袁松鹤 , 刘选 . 中国大学 MOOC 实践现状及共有问题：来自中国大学 MOOC 实践报告 [J]. 现代远程教育研究 , 2014(4):3-12.

[10] 江兴方 . 声速测量实验中的三点思考 [J]. 大学物理 , 2002, 21(12): 28-30.

[11] 宋子午 , 王茂香 . 声速测量实验中反常现象的观察与分析 [J]. 大学物理 , 2018, 37(11): 41-45.

[12] 江兴方 , 谢建生 , 唐丽 . 物理实验 [M].2 版 . 北京 : 科学出版社 , 2019.

[13] 江兴方 . 用 ToolBook 研究振动合成的规律 [J]. 江苏石油化工学院学报 , 2003, 15(3): 51-53.

[14] 江兴方 . 一个静电场问题的数值计算 [J]. 江苏石油化工学院学报 , 2003, 15(2): 53-56.

[15] 李峰 , 吉高峰 , 江兴方 . 基于 MTB 导热系数的测定智能型数据处理系统的制作 [J]. 大学物理实验 , 2010, 23(5): 77-79.

[16] 唐斌 , 江兴方 . 半导体阻温曲线拟合方法的研究 [J]. 大学物理实验 , 2011, 24(5): 12-14.

[17] 江兴方 . 不等精度最小二乘法测定转动惯量和摩擦阻力矩 [J]. 江苏石油化工学院学报 , 1999, 11(4): 42-45.

[18] 刘万红 , 江兴方 , 江鸿 . 用光电效应测普朗克常量实验智能数据处理系统的开发 [J]. 大学物理实验 , 2013, 26(4): 85-88.

[19] 邓婷 . EDIUS 视频编辑软件的应用 [J]. 电脑编程技巧与维护 , 2019(7): 140-142.

[20] 潘洪波 , 张鹏 . 非线性编辑软件 Edius5.0 在视频编辑中的应用 [J]. 仪器仪表用户 , 2016, 23(11): 60-64.

[21] 金梅 , 莫占林 . EDIUS 6.0 调色功能解析 [J]. 数字传媒研究 , 2016(33):47-52.

[22] 高飞 . EDIUS 9 简介及使用技巧 [J]. 广播电视信息 , 2019, 329(9): 45-48.

[23] 刘绍娜 , 李书伟 , 汤沛 , 等 . 基于声卡和 Adobe Audition 的动弹性模量测试方法研究 [J]. 机械设计与制造 , 2011(10): 84-86.

[24] 张雪华 , 戚辉 , 郭春秩 , 等 . Adobe Audition 在声波和拍实验中的仿真与优化 [J]. 中原工学院学报 , 2017, 28(3): 87-90.

[25] 朱林珍 , 刘水红 . 用 Adobe Audition 1.5 软件演示声波干涉 [J]. 物理教师 , 2010, 31(9): 23.

[26] 王颖 , 吴斌 , 田冰涛 , 等 . 用 Audition 软件辅助测量弹簧振子的振动周期 [J]. 大学物理实验 , 2011, 24(3): 73-75.

[27] 李秀丽 . 我国高校慕课建设及课程利用情况调查分析：以中国大学 MOOC 等四大平台为例 [J]. 图书馆学研究 , 2017(10): 52-57.